中国石油科技进展丛书（2006—2015 年）

# 控压钻井技术与装备

主　编：周英操

副主编：刘　伟　伊　明　李枝林

U0363824

石油工业出版社

## 内 容 提 要

本书系统地阐述了中国石油2006—2015年在控压钻井技术与装备方面取得的重要成果和进展,详细介绍了精细控压钻井的工艺技术原理,PCDS精细控压钻井装备、CQMPD控压钻井装备和XZMPD控压钻井装备的结构组成、工作原理及现场试验等,并且给出应用案例。同时介绍了连续循环钻井技术与装备,最后根据国内外控压钻井技术的发展对我国控压钻井技术的发展趋势进行了展望。

本书可供现场钻井工程技术人员、科研院所钻井技术研发人员以及从事相关技术的管理人员阅读,也可供石油院校相关专业师生参考。

## 图书在版编目(CIP)数据

控压钻井技术与装备/周英操主编.—北京:石油工业出版社,2019.5

(中国石油科技进展丛书.2006—2015年)

ISBN 978-7-5183-2576-4

Ⅰ.①控… Ⅱ.①周… Ⅲ.①油气钻井 Ⅳ.① TE242

中国版本图书馆 CIP 数据核字(2019)第 033619 号

---

出版发行:石油工业出版社
  (北京安定门外安华里2区1号  100011)
  网  址:www.petropub.com
  编辑部:(010)64523583  图书营销中心:(010)64523633
经  销:全国新华书店
印  刷:北京中石油彩色印刷有限责任公司

---

2019年5月第1版  2019年5月第1次印刷
787×1092毫米  开本:1/16  印张:16.75
字数:420千字

---

定价:135.00元

# 《控压钻井技术与装备》编写组

主　　编：周英操

副 丰 编：刘　伟　伊　明　李枝林

编写人员：

| | | | | |
|---|---|---|---|---|
| 翟小强 | 郭庆丰 | 王　瑛 | 罗良波 | 滕学清 | 宋周成 |
| 马金山 | 马青芳 | 段永贤 | 周泊奇 | 戴　勇 | 周长虹 |
| 梁玉林 | 杨　玻 | 胡志坚 | 黄学刚 | 付加胜 | 许朝辉 |
| 朱卫新 | 梁　磊 | 王国伟 | 张　鑫 | 门明磊 | 李鹏飞 |
| 康　健 | 屈宪伟 | 赵莉萍 | 王一博 | | |

# 序

习近平总书记指出，创新是引领发展的第一动力，是建设现代化经济体系的战略支撑，要瞄准世界科技前沿，拓展实施国家重大科技项目，突出关键共性技术、前沿引领技术、现代工程技术、颠覆性技术创新，建立以企业为主体、市场为导向、产学研深度融合的技术创新体系，加快建设创新型国家。

中国石油认真学习贯彻习近平总书记关于科技创新的一系列重要论述，把创新作为高质量发展的第一驱动力，围绕建设世界一流综合性国际能源公司的战略目标，坚持国家"自主创新、重点跨越、支撑发展、引领未来"的科技工作指导方针，贯彻公司"业务主导、自主创新、强化激励、开放共享"的科技发展理念，全力实施"优势领域持续保持领先、赶超领域跨越式提升、储备领域占领技术制高点"的科技创新三大工程。

"十一五"以来，尤其是"十二五"期间，中国石油坚持"主营业务战略驱动、发展目标导向、顶层设计"的科技工作思路，以国家科技重大专项为龙头、公司重大科技专项为抓手，取得一大批标志性成果，一批新技术实现规模化应用，一批超前储备技术获重要进展，创新能力大幅提升。为了全面系统总结这一时期中国石油在国家和公司层面形成的重大科研创新成果，强化成果的传承、宣传和推广，我们组织编写了《中国石油科技进展丛书（2006—2015年）》（以下简称《丛书》）。

《丛书》是中国石油重大科技成果的集中展示。近些年来，世界能源市场特别是油气市场供需格局发生了深刻变革，企业间围绕资源、市场、技术的竞争日趋激烈。油气资源勘探开发领域不断向低渗透、深层、海洋、非常规扩展，炼油加工资源劣质化、多元化趋势明显，化工新材料、新产品需求持续增长。国际社会更加关注气候变化，各国对生态环境保护、节能减排等方面的监管日益严格，对能源生产和消费的绿色清洁要求不断提高。面对新形势新挑战，能源企业必须将科技创新作为发展战略支点，持续提升自主创新能力，加快构筑竞争新优势。"十一五"以来，中国石油突破了一批制约主营业务发展的关键技术，多项重要技术与产品填补空白，多项重大装备与软件满足国内外生产急需。截至 2015 年底，共获得国家科技奖励 30 项、获得授权专利 17813 项。《丛书》全面系统地梳理了中国石油"十一五""十二五"期间各专业领域基础研究、技术开发、技术应用中取得的主要创新性成果，总结了中国石油科技创新的成功经验。

《丛书》是中国石油科技发展辉煌历史的高度凝练。中国石油的发展史，就是一部创业创新的历史。建国初期，我国石油工业基础十分薄弱，20 世纪 50 年代以来，随着陆相生油理论和勘探技术的突破，成功发现和开发建设了大庆油田，使我国一举甩掉贫油的帽子；此后随着海相碳酸盐岩、岩性地层理论的创新发展和开发技术的进步，又陆续发现和建成了一批大中型油气田。在炼油化工方面，"五朵金花"炼化技术的开发成功打破了国外技术封锁，相继建成了一个又一个炼化企业，实现了炼化业务的不断发展壮大。重组改制后特别是"十二五"以来，我们将"创新"纳入公司总体发展战略，着力强化创新引领，这是中国石油在深入贯彻落实中央精神、系统总结"十二五"发展经验基础上、根据形势变化和公司发展需要作出的重要战略决策，意义重大而深远。《丛书》从石油地质、物探、测井、钻完井、采油、油气藏工程、提高采收率、地面工程、井下作业、油气储运、石油炼制、石油化工、安全环保、海外油气勘探开发和非常规油气勘探开发等 15 个方面，记述了中国石油艰难曲折的理论创新、科技进步、推广应用的历史。它的出版真实反映了一个时期中国石油科技工作者百折不挠、顽强拼搏、敢于创新的科学精神，弘扬了中国石油科技人员秉承"我为祖国献石油"的核心价值观和"三老四严"的工作作风。

《丛书》是广大科技工作者的交流平台。创新驱动的实质是人才驱动，人才是创新的第一资源。中国石油拥有 21 名院士、3 万多名科研人员和 1.6 万名信息技术人员，星光璀璨，人文荟萃、成果斐然。这是我们宝贵的人才资源。我们始终致力于抓好人才培养、引进、使用三个关键环节，打造一支数量充足、结构合理、素质优良的创新型人才队伍。《丛书》的出版搭建了一个展示交流的有形化平台，丰富了中国石油科技知识共享体系，对于科技管理人员系统掌握科技发展情况，做出科学规划和决策具有重要参考价值。同时，便于科研工作者全面把握本领域技术进展现状，准确了解学科前沿技术，明确学科发展方向，更好地指导生产与科研工作，对于提高中国石油科技创新的整体水平，加强科技成果宣传和推广，也具有十分重要的意义。

掩卷沉思，深感创新艰难、良作难得。《丛书》的编写出版是一项规模宏大的科技创新历史编纂工程，参与编写的单位有60多家，参加编写的科技人员有1000多人，参加审稿的专家学者有200多人次。自编写工作启动以来，中国石油党组对这项浩大的出版工程始终非常重视和关注。我高兴地看到，两年来，在各编写单位的精心组织下，在广大科研人员的辛勤付出下，《丛书》得以高质量出版。在此，我真诚地感谢所有参与《丛书》组织、研究、编写、出版工作的广大科技工作者和参编人员，真切地希望这套《丛书》能成为广大科技管理人员和科研工作者的案头必备图书，为中国石油整体科技创新水平的提升发挥应有的作用。我们要以习近平新时代中国特色社会主义思想为指引，认真贯彻落实党中央、国务院的决策部署，坚定信心、改革攻坚，以奋发有为的精神状态、卓有成效的创新成果，不断开创中国石油稳健发展新局面，高质量建设世界一流综合性国际能源公司，为国家推动能源革命和全面建成小康社会作出新贡献。

2018 年 12 月

# 丛书前言

石油工业的发展史，就是一部科技创新史。"十一五"以来尤其是"十二五"期间，中国石油进一步加大理论创新和各类新技术、新材料的研发与应用，科技贡献率进一步提高，引领和推动了可持续跨越发展。

十余年来，中国石油以国家科技发展规划为统领，坚持国家"自主创新、重点跨越、支撑发展、引领未来"的科技工作指导方针，贯彻公司"主营业务战略驱动、发展目标导向、顶层设计"的科技工作思路，实施"优势领域持续保持领先、赶超领域跨越式提升、储备领域占领技术制高点"科技创新三大工程；以国家重大专项为龙头，以公司重大科技专项为核心，以重大现场试验为抓手，按照"超前储备、技术攻关、试验配套与推广"三个层次，紧紧围绕建设世界一流综合性国际能源公司目标，组织开展了 50 个重大科技项目，取得一批重大成果和重要突破。

形成 40 项标志性成果。（1）勘探开发领域：创新发展了深层古老碳酸盐岩、冲断带深层天然气、高原咸化湖盆等地质理论与勘探配套技术，特高含水油田提高采收率技术，低渗透／特低渗透油气田勘探开发理论与配套技术，稠油／超稠油蒸汽驱开采等核心技术，全球资源评价、被动裂谷盆地石油地质理论及勘探、大型碳酸盐岩油气田开发等核心技术。（2）炼油化工领域：创新发展了清洁汽柴油生产、劣质重油加工和环烷基稠油深加工、炼化主体系列催化剂、高附加值聚烯烃和橡胶新产品等技术，千万吨级炼厂、百万吨级乙烯、大氮肥等成套技术。（3）油气储运领域：研发了高钢级大口径天然气管道建设和管网集中调控运行技术、大功率电驱和燃驱压缩机组等 16 大类国产化管道装备，大型天然气液化工艺和 20 万立方米低温储罐建设技术。（4）工程技术与装备领域：研发了 G3i 大型地震仪等核心装备，"两宽一高"地震勘探技术，快速与成像测井装备、大型复杂储层测井处理解释一体化软件等，8000 米超深井钻机及 9000 米四单根立柱钻机等重大装备。（5）安全环保与节能节水领域：

研发了 $CO_2$ 驱油与埋存、钻井液不落地、炼化能量系统优化、烟气脱硫脱硝、挥发性有机物综合管控等核心技术。（6）非常规油气与新能源领域：创新发展了致密油气成藏地质理论，致密气田规模效益开发模式，中低煤阶煤层气勘探理论和开采技术，页岩气勘探开发关键工艺与工具等。

取得 15 项重要进展。（1）上游领域：连续型油气聚集理论和含油气盆地全过程模拟技术创新发展，非常规资源评价与有效动用配套技术初步成型，纳米智能驱油二氧化硅载体制备方法研发形成，稠油火驱技术攻关和试验获得重大突破，井下油水分离同井注采技术系统可靠性、稳定性进一步提高；（2）下游领域：自主研发的新一代炼化催化材料及绿色制备技术、苯甲醇烷基化和甲醇制烯烃芳烃等碳一化工新技术等。

这些创新成果，有力支撑了中国石油的生产经营和各项业务快速发展。为了全面系统反映中国石油 2006—2015 年科技发展和创新成果，总结成功经验，提高整体水平，加强科技成果宣传推广、传承和传播，中国石油决定组织编写《中国石油科技进展丛书（2006—2015 年）》（以下简称《丛书》）。

《丛书》编写工作在编委会统一组织下实施。中国石油集团董事长王宜林担任编委会主任。参与编写的单位有 60 多家，参加编写的科技人员 1000 多人，参加审稿的专家学者 200 多人次。《丛书》各分册编写由相关行政单位牵头，集合学术带头人、知名专家和有学术影响的技术人员组成编写团队。《丛书》编写始终坚持：一是突出站位高度，从石油工业战略发展出发，体现中国石油的最新成果；二是突出组织领导，各单位高度重视，每个分册成立编写组，确保组织架构落实有效；三是突出编写水平，集中一大批高水平专家，基本代表各个专业领域的最高水平；四是突出《丛书》质量，各分册完成初稿后，由编写单位和科技管理部共同推荐审稿专家对稿件审查把关，确保书稿质量。

《丛书》全面系统反映中国石油 2006—2015 年取得的标志性重大科技创新成果，重点突出"十二五"，兼顾"十一五"，以科技计划为基础，以重大研究项目和攻关项目为重点内容。丛书各分册既有重点成果，又形成相对完整的知识体系，具有以下显著特点：一是继承性。《丛书》是《中国石油"十五"科技进展丛书》的延续和发展，凸显中国石油一以贯之的科技发展脉络。二是完整性。《丛书》涵盖中国石油所有科技领域进展，全面反映科技创新成果。三是标志性。《丛书》在综合记述各领域科技发展成果基础上，突出中国石油领先、高端、前沿的标志性重大科技成果，是核心竞争力的集中展示。四是创新性。《丛书》全面梳理中国石油自主创新科技成果，总结成功经验，有助于提高科技创新整体水平。五是前瞻性。《丛书》设置专门章节对世界石油科技中长期发展做出基本预测，有助于石油工业管理者和科技工作者全面了解产业前沿、把握发展机遇。

《丛书》将中国石油技术体系按 15 个领域进行成果梳理、凝练提升、系统总结，以领域进展和重点专著两个层次的组合模式组织出版，形成专有技术集成和知识共享体系。其中，领域进展图书，综述各领域的科技进展与展望，对技术领域进行全覆盖，包括石油地质、物探、测井、钻完井、采油、油气藏工程、提高采收率、地面工程、井下作业、油气储运、石油炼制、石油化工、安全环保节能、海外油气勘探开发和非常规油气勘探开发等 15 个领域。31 部重点专著图书反映了各领域的重大标志性成果，突出专业深度和学术水平。

《丛书》的组织编写和出版工作任务量浩大，自 2016 年启动以来，得到了中国石油天然气集团公司党组的高度重视。王宜林董事长对《丛书》出版做了重要批示。在两年多的时间里，编委会组织各分册编写人员，在科研和生产任务十分紧张的情况下，高质量高标准完成了《丛书》的编写工作。在集团公司科技管理部的统一安排下，各分册编写组在完成分册稿件的编写后，进行了多轮次的内部和外部专家审稿，最终达到出版要求。石油工业出版社组织一流的编辑出版力量，将《丛书》打造成精品图书。值此《丛书》出版之际，对所有参与这项工作的院士、专家、科研人员、科技管理人员及出版工作者的辛勤工作表示衷心感谢。

人类总是在不断地创新、总结和进步。这套丛书是对中国石油 2006—2015 年主要科技创新活动的集中总结和凝练。也由于时间、人力和能力等方面原因，还有许多进展和成果不可能充分全面地吸收到《丛书》中来。我们期盼有更多的科技创新成果不断地出版发行，期望《丛书》对石油行业的同行们起到借鉴学习作用，希望广大科技工作者多提宝贵意见，使中国石油今后的科技创新工作得到更好的总结提升。

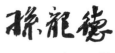

2018 年 12 月

# 前　言

　　2008 年，中国石油天然气集团公司（简称集团公司）组织中国石油相关科研攻关团队，依托国家科技重大专项项目自主研发精细控压钻井成套工艺装备，经过几年的攻关取得重大突破，填补了国内空白，使中国成为少数掌握该项技术的国家。该成果在理论技术上有重大创新，整体达到国际先进水平，在欠平衡控压钻井工艺、工况模拟与系统评价方法上达到国际领先。于 2010 年研发了 PCDS（Pressure Control Drilling System，简称 PCDS）精细控压钻井系统与技术，2012 年评为国家重点新产品、获国家优秀产品奖、评为中国石油十大科技进展，2013 年获省部级科技进步特等奖，2014 年获中国石油自主创新重要产品、中国专利优秀奖，2016 年获中国石油"十二五"十大工程技术利器。于 2010年 8 月配套完成了 XZMPD 型控压钻井系统第一台工业样机，XZMPD 型控压钻井系统在新疆油田、青海油田狮子沟区块、乌兹别克斯坦明格布拉克油田进行了应用，较好地解决了钻井溢漏复杂问题。于 2011 年成功研发了 CQMPD 型控压钻井系统，并于当年 11 月在冀东油田 NP23-P2009 井上实现该技术的首次工业化应用，入选了"2011 年度中国石油十大科技进展"，2014 年获集团公司自主创新重要产品。2011—2017 年 CQMPD 精细控压钻井技术先后在川渝、冀东、土库曼斯坦等进行了应用，有效解决了涌漏复杂难题，取得了显著效果。

　　控压钻井技术可使复杂地层普遍存在的井涌、漏失、坍塌、卡钻等井下复杂，特别是"溢漏同存"的窄密度窗口这一世界性钻井难题得到有效解决，提高复杂压力地层钻探成功率，降低成本，实现安全、高效、快速钻井作业。控压钻井技术越来越多地体现出常规钻井技术无法比拟的技术优势，是未来闭环钻井技术发展的一项重要基石。

　　本书详细介绍了精细控压钻井工艺原理、相关装备、工具与作业，系统总结了 PCDS 精细控压钻井系统、CQMPD 型控压钻井系统、XZMPD 型控压钻井系统的成果和应用，同时介绍了连续循环钻井技术与装备，最后对控压钻井技术提出展望。本书的编写突出了理论性、实用性和可操作性相结合的特点，目的是希望能给读者提供参考和启迪，促进控压钻井技术与装备的深入研究和广泛推广应用，从而推动该技术领域的进步。

本书主编：周英操，副主编：刘伟、伊明、李枝林。各章编写具体分工如下：第一章由周英操、刘伟、翟小强编写；第二章由周英操、刘伟、滕学清、宋周成、翟小强、周泊奇编写；第三章由周英操、郭庆丰、王瑛、罗良波、马金山、段永贤编写；第四章由李枝林、梁玉林、杨玻编写；第五章由伊明、戴勇、黄学刚编写；第六章由马青芳、周长虹、胡志坚编写；第七章由周英操、刘伟编写；参加本书编写的人员还有：付加胜、许朝辉、朱卫新、梁磊、王国伟、张鑫、门明磊、李鹏飞、康健、屈宪伟、赵莉萍、王一博等。全书由周英操策划、统稿，苏义脑、谢正凯审稿。本书在编写过程中参考引用了很多专家、学者的文献资料，同时中国石油集团工程技术研究院有限公司对本书的出版给予了大力的支持与帮助，在此一并表示感谢。

由于作者水平所限，书中难免存在疏漏和错误，敬请广大读者批评指正。

# 目　录

# 第一章 绪 论

窄密度安全窗口是指地层孔隙压力和破裂压力、漏失压力之间的安全钻井密度窗口较小，在常规钻井方式下环空压力波动范围将超过此安全钻井窗口，易造成井漏、井涌、井壁失稳、卡钻等复杂事故，使生产时效低，钻井周期长，成本高。窄密度窗口安全钻井的问题，已成为制约这类油气藏勘探开发的技术瓶颈。控压钻井技术是国际上解决窄密度窗口问题的最新方法是当前钻井工程前沿技术之一，目前已开始推广应用，成为许多油田开发必备的钻井技术。

## 第一节 控压钻井技术的特点与优势

控压钻井技术在提高井筒压力控制精度以及井控安全性方面具有独特的优势，是实现窄安全密度窗口安全钻进、保护储层和减少井下复杂的一项先进钻井技术。国际钻井承包商协会（IADC）对控压钻井（MPD）定义如下：控压钻井是一种用于精确控制整个井眼环空压力剖面的自适应钻井过程，其目的是确定井下压力环境界限，并以此控制井眼环空液柱压力剖面的钻井技术。

随着控压钻井技术的发展，逐渐形成了系统的工艺理论，形成了不同控压钻井的工艺技术和方法，主要包括井底恒压控压钻井技术（CBHP）、微流量控制钻井技术（MFC）、加压钻井液帽钻井技术（PMCD）、双梯度钻井技术（DGD）、HSE（健康、安全、环境）控压钻井技术等。

### 一、控压钻井技术的特点

控压钻井系统不同于常规的敞开式压力控制系统，而是采用封闭的循环系统，更精确地控制整个环空的压力剖面，通过调节井眼的环空压力来补偿钻井液循环而产生的附加摩擦压力。正常情况下，控压钻井是一种平衡和较常规近平衡钻井压力波动更小的钻井方式，不会诱导地层流体侵入，不同于常规钻井，它能消除很多常规钻井存在的风险。该技术具有以下几个特点：

（1）使用欠平衡井口设备及其他相关技术与装备；

（2）以较常规钻井方式更精确地控制井筒剖面（或特定复杂地层）压力为目标，实现安全钻井；

（3）能有效解决井漏、井涌和井塌等井筒稳定性问题。

控压钻井技术[1, 2]的重要特征就是使用了封闭的钻井循环压力控制系统，可增加钻井液返出系统的钻井液压力，在钻井作业的过程中，保持适当环空压力剖面。防止了钻井液漏入地层，造成对地层的伤害。以"防溢防漏"为主，这种控制压力变化的工艺有更好的井控能力，能更加精确地进行井眼压力控制，同时能保持对返出钻井液的导流功能，保证钻井顺利，减少井下复杂情况。

## 二、控压钻井技术的优势

控压钻井技术的目标是解决一系列与钻井压力控制相关的问题，增强钻井作业的安全性、可靠性，降低钻井成本。在美国的陆上钻井程序中，使用闭合与承压的钻井液循环系统钻井已成为陆地钻井技术的一个发展方向。更少的钻井非生产时间，更低的成本和更强的井控能力已经成为陆上钻井程序的关键技术标准。减少非生产时间和钻井事故，对钻井地质情况不清楚的油气井，在钻进的过程中能够根据需要更精确地进行压力控制，增强井控能力，减少调整钻井液密度次数，使复杂井的作业变得更加容易。具体来讲，控压钻井技术主要有以下几个方面的优势：

（1）可以精确地控制整个井眼压力剖面，避免地层流体的侵入；

（2）使用封闭与承压的钻井液循环系统，能够控制和处理钻井过程中可能产生的任何形式的溢流；

（3）能解决裂缝性等复杂地层的漏失问题，减少易漏地层钻井液材料损失；

（4）能减少井底压力波动，延伸大位移井或长水平段水平井的水平位移，减少对储层的污染与伤害；

（5）减少不稳定性地层失稳与垮塌问题，避免阻卡发生；

（6）在特定情况下可以减少套管层次；

（7）降低钻井成本。

# 第二节  国外控压钻井发展历程

早在20世纪60年代中期控压钻井技术就开始在陆地钻井作业中应用，但没有引起业界足够的关注。近年来，随着复杂压力系统钻井和对钻井安全的关注，特别是海上勘探开发的不断发展，这项技术越来越受到钻井决策者的重视，从而使控压钻井技术得到了快速发展。2003年IADC/SPE会议上提出精细控压钻井技术[3]，该技术主要是通过对井口回压、流体密度、流体流变性、环空液面高度、钻井液循环压耗和井眼几何尺寸的综合控制，使整个井筒的压力得到有效地控制，进行欠平衡、平衡或近平衡钻井，有效控制地层流体侵入井筒，减少井涌、井漏、卡钻等多种钻井复杂情况，非常适宜孔隙压力和破裂压力窗口较窄的地层作业。据报道，精细控压钻井对井眼的精确控制可解决80%的常规钻井问题，减少非生产时间20%~40%，从而降低钻井成本。

世界上使用闭合、承压的钻井液循环系统钻井[4]，已成为陆地钻井技术的发展趋势。目前，在美国所有的陆地钻井作业中：约1/4的井未使用闭合、承压的钻井液循环系统；有1/4的井使用该系统来实现真正的欠平衡钻井；1/4的井在应用该系统钻井时，需要使用可压缩流体（空气、天然气、泡沫、雾）；1/4的井使用闭合、承压的循环系统以MPD的某种形式进行作业。MPD技术在陆地钻井和海上钻井中，均获得了良好的经济效益。巴西国家石油公司应用以微流控制系统为基础的新型控压钻井技术，在4口井中进行试验，有效地控制了溢流和漏失，提高了钻井速度和安全性；挪威国家石油公司应用Varco公司的连续循环系统，有效地解决了钻井窗口狭窄问题，降低了钻井风险；MPD技术在墨西哥湾Mars张力腿平台的应用中，有效控制了井漏、溢流和井眼不稳定等事故，减少了

59%的非生产时间；壳牌公司在墨西哥湾的 AugerTLP 油田实施 MPD 作业，应用动态环空压力控制技术，实现无漏失、无安全事故的良好效果。

2004年8月，在安哥拉海域完成了第一口从带有地面防喷器的自升式平台上进行的主动型 MPD 钻井作业的加压钻井液帽钻井。2005年，Transocean 和 Santos 公司将地面防喷器技术与 MPD 技术相结合，在印度尼西亚海域水深683m的 Sedec 601 半潜式平台上进行了应用。Chevron 公司的 Transocean's Trident 自升式平台，在非洲海上遇到漏失问题后采用了 PMCD 技术，使用 Weatherford 7100 旋转防喷器在钻井过程中控制环空压力。在墨西哥湾的得克萨斯 Galveston 南部，Unocal 公司使用地面防喷器组，应用 CBHP 技术从生产平台上完成了井下压力窗口狭窄的钻井作业。自2004年至今，全世界已有超过50个海上 MPD 项目，在所有类型海洋钻机应用上都取得了成功，MPD 技术在安全快速钻井中发挥着越来越重要的作用。

2000年，Maris 公司成立连续循环钻井项目组，得到了由 Shell、BP、Total、Statoil、BG 和 ENI 公司组成的"工业技术联合组织"的支持。2001年，该项目选择 Varco Shaffer（2005年合并为 NOV）作为设备制造与供应商参与研制。2003年，项目组在 BP 公司位于美国 Oklahoma 的一口陆上井对井口连续循环系统样机进行了现场测试，成功完成 $\phi$114.3mm 钻杆接单根72次，循环流量50L/s，泵压19~20MPa，压力波动1.4~2.1MPa。2005年，项目组在 ENI 公司位于意大利南部 Agri 油田的 Monte Enoc 10 井成功完成了第一套工程样机现场试验，连续循环钻进井段为660~1866m，共完成了82次 $\phi$127mm 钻杆的连接操作，循环立压13.8~20.7MPa，流量为0.04~0.047m³/s。在 Monte Enoc 10 井的试验成功，使 ENI 公司决定使用井口连续循环系统重新钻进位于埃及海岸 PortFouad 油田的一口探井 PFMD-1 井，在4000m 以下存在当量循环密度大于2.0的临界孔隙压力梯度带，并且具有最低达 0.1g/cm³ 的孔隙压力和破裂压力梯度带。该井从2005年5月重新开钻，钻至目的层共历时175d，成功完成522次连续循环连接作业，危险压力梯度带用恒定的当量循环密度钻井液钻进，最终成功完钻，实现了井口连续循环系统的首次商业化应用。从2006年开始，井口连续循环钻井系统进入油田服务开发阶段，主要服务区域集中在北海油田和墨西哥湾等地区。据不完全统计，到目前为止，NOV 公司已成功完成十多口井的连续循环钻井技术服务，现场应用表明，该系统可靠性高，可显著降低钻井非生产作业时间，提高钻井效率。

## 第三节 中国石油控压钻井技术重要成果

### 一、PCDS 精细控压钻井技术

2008年，中国石油集团钻井工程技术研究院（后改为中国石油集团工程技术研究院有限公司），依托国家科技重大专项项目自主研发。经过几年的科技攻关，在精细控压钻井成套工艺装备等方面取得重大突破，填补了国内空白，使中国成为少数掌握该项技术的国家。该成果在理论技术上有重大创新，整体达到国际先进水平，在欠平衡控压钻井工艺、工况模拟与系统评价方法上达到国际领先。取得的创新点如下：

（1）自主研发国内首套精细控压钻井成套工艺装备，包括自动节流、回压补偿、井下随钻测量、监测与控制软件系统。创新形成多策略、自适应的环空压力闭环监测与优化控制技术，实现了9种工况、4种控制模式和13种复杂条件应急转换的精细控制，井底压力控制精度0.2MPa以内，技术指标优于国际同类技术，形成规范和行业标准。

（2）创新建立集钻井、录井、测井于一体的控压钻井方法，实现了作业现场数据采集、处理与实时控制；独创了井筒压力与流量双目标融合控制的钻井工艺及井筒动态压力实时、快速、精确计算方法。实现了深井井下复杂预警时间较常规钻井提前10min以上，为安全控制赢得时间；成功实现穿越深部碳酸盐岩水平井多套缝洞组合，水平段延伸能力平均增加210%，显著提高了单井产能。

（3）首次突破国际控压钻井采用微过平衡的作业理念，率先开展欠平衡控压钻井应用，创新形成欠平衡精细控压钻井工艺。建立了井筒压力、井壁稳定及溢流控制理论新认识，现场应用证明欠平衡控压优于国际通行的微过平衡控压，更加精细安全，应用领域大幅拓展。通过可控微溢流控压钻井同时解决了发现与保护储层、提速增效及防止窄密度窗口井筒复杂的世界难题，为国际首创。

（4）发明了控压钻井工况模拟装置及系统评价方法。该装置可完成井底与井口压力模式、主备阀切换、高节流压力工作模式、模拟溢流、漏失、溢漏同存的控压钻进等10类测试，属国内外首创，实现了对控压钻井工艺与装备的测试与评价，为产品质量、安全生产和规模应用提供了重要保障。

2010年中国石油集团钻井工程技术研究院研发了PCDS（Pressure Control Drilling System，简称PCDS）精细控压钻井装备与技术，该成果2012年获国家重点新产品、国家优秀产品奖、中国石油十大科技进展，2013年获省部级科技进步特等奖，2014年获中国石油自主创新重要产品，2015年获中国专利优秀奖，2016年获中国石油"十二五"十大工程技术利器。

## 二、CQMPD 精细控压钻井系统

2011年川庆钻探工程有限公司成功研发了CQMPD精细控压钻井系统，并于当年11月在冀东油田NP23-P2009井上实现该技术的首次工业化应用。该成果入选了"2011年度中国石油十大科技进展"，2014年获集团公司自主创新重要产品。该系统主要包括自动节流控制系统、回压补偿系统、井下压力随钻测量系统、监测与控制系统4大核心部分；采用模块化、可组合策略，具有微流量和井底动态压力监控双功能，可实现压力闭环、快速、精确控制，井底压力控制精度±0.35MPa，能有效避免井涌、井漏等钻井复杂情况，尤其适宜于窄密度窗口地层的安全钻进。2011—2017年CQMPD精细控压钻井技术先后在川渝、冀东、土库曼斯坦进行了应用，有效解决了冀东、四川、土库曼斯坦的涌漏复杂难题，取得了显著效果。

## 三、XZMPD 控压钻井系统

2009年6月西部钻探工程有限公司开始研发XZMPD型控压钻井系统研究，于2010年8月配套完成了第一台工业样机。XZMPD型控压钻井系统主要由钻井参数监测系统（包括井下PWD）、决策分析系统、电控系统、地面自动节流控制及回压补偿系统五部分组成，具备自动闭环逻辑分析—分系统联动—连续智能井筒压力控制功能，是解决窄安全密度窗口地层常规钻井涌、漏等复杂问题的利器。通过使用小于地层孔隙压力的钻井液密度，应用自动节流回压控制技术，对整个井筒压力进行闭环管理，抵销钻进、停泵、接单根、起下钻产生的井筒压力波动，将井筒压力锁定在目标值附近的一个很小的波动范围内，从而有效地解决在窄密度窗口、压力敏感地层难以克服的漏涌同层和井壁坍塌等复杂钻井问题。XZMPD 型控压钻井系统在新疆油田、青海油田狮子沟区块、乌兹别克斯坦明格布拉克油田进行了应用，在解决钻井溢漏复杂、保护发现油气上取得了显著效果。

## 四、连续循环钻井技术

2008 年中国石油集团钻井工程技术研究院依托国家科技重大专项和中国石油天燃气集团公司项目开展井口连续循环钻井系统研究。2010 年底完成国内首台井口连续循环钻井系统试验样机组装，并开展了系统调试、上卸扣扭矩载荷试验等一系列的室内测试。2011 年 9 月至 2012 年 10 月，在大港科学实验井累计开展了 3 次连续循环试验，完成了试验样机的系统联调、关键参数和技术检测、井场适应性测试以及连续循环接单根模拟试验等重要任务，在 10~20MPa 压力条件下成功完成 24 次连续循环接单根作业，最快作业时间缩短至 20min 以内，达到了预期试验目标。2013 年开始，在试验样机基础上对井口连续循环钻井系统进行工业化改进和升级，主要集中在动力钳性能提升、电液控制系统和控制软件改进以及作业流程和参数优化等，同时建立了专用的动力钳和整机室内循环测试平台，为样机改进测试提供了重要保障。2014 年完成了国内唯一一台井口连续循环钻井系统工业样机试制，并进行了动力钳和整机室内循环测试。2015 年在大港科学实验井开展了井口连续循环钻井系统工业样机试验，在 5~20MPa 压力下累计成功完成接、卸单根 40 次，为现场应用积累了宝贵经验。试验结果表明，工业样机的动力钳最大卸扣扭矩提高至 100kN·m 以上，作业过程中压力波动显著降低，系统可靠性得到进一步提高，具备完整的连续循环钻井和起下钻作业能力，整体性能达到国际先进水平。

目前该技术已在川渝、新疆等多个构造开展现场试验 15 口井，最终完善形成了阀式连续循环钻井技术，定型了系列装备和工具。

## 参 考 文 献

［1］周英操，崔猛，查永进.控压钻井技术探讨与展望［J］.石油钻探技术，2008，36（4）：1-4.

［2］周英操，翟洪军，等.欠平衡钻井技术与应用［M］.北京：石油工业出版社，2003.

［3］HANNERGAN D M，et al.Wanzer.Well Control Considerations-Offshore Applications of Underbalanced Drilling Technology［C］.SPE/IADC 79854，2003.

［4］聂兴平，陈一健，孟英峰，等.控制压力钻井技术现状和发展策略［J］.2010，33（2）：38-39.

# 第二章　精细控压钻井技术

精细控压钻井的压力控制目标是：在整个钻井作业过程中无论钻进，还是循环钻井液、停钻接单根，都能根据需要精确地控制井底压力，并使其维持恒定。主要包括井底恒压控压钻井技术和微流量控压钻井技术等。

## 第一节　精细控压钻井工艺原理

精细控压钻井通过装备与工艺相结合，合理逻辑判断，提供井口回压保持井底压力稳定，使井底压力相对地层压力保持在一个微过、微欠和近平衡状态，实现环空压力动态自适应控制。精细控压钻井的核心就是对井底压力实现精确控制，保持井底压力在安全密度窗口之内。井底压力等于静液柱压力、环空压耗和井口回压三者之和。精细控压钻井基本原理[1]如图2-1、图2-2所示。

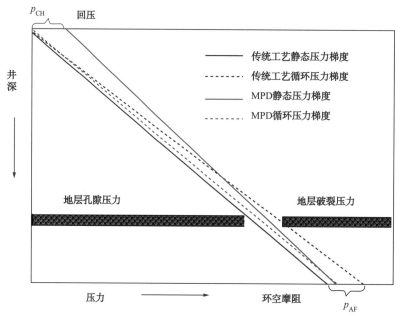

图 2-1　精细控压钻井基本原理示意图

在控压钻井设计计算中，既有单相流的计算，又有两相流的计算，一般情况下以单相流居多。其计算原理可以参考环空水力学计算模型中的钻杆流动模型和环空流动模型，就可以进行控压钻井的压力计算。如果在井口回压的计算中，只有一种流体密度，属于单相流的计算模型。通过令两相流模型中的含气率为零，就可以使用两相流的模型进行单相流的计算。

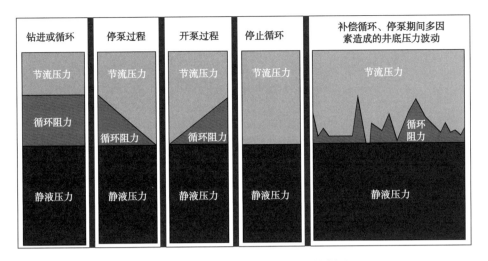

图 2-2　精细控压钻井各阶段压力控制图

精细控压钻井利用回压来控制井底压力是基于下面的公式：

$$p_b = p_m + p_a + p_t \qquad (2-1)$$

式中　$p_b$——井底压力，MPa；

　　　$p_m$——钻井液静液柱压力，MPa；

　　　$p_a$——环空压耗，MPa；

　　　$p_t$——井口回压，MPa。

精细控压钻井的压力控制的任务主要表现在两个方面：一方面，通过调节钻井液密度、井口回压和环空压耗等方法使钻井在合适的井底压力与地层压力差下进行；另一方面，在地层流体侵入井眼过量后，通过合理的改变钻井液密度以及精细控压钻井装备控制的方法，将侵入钻井液中的地层流体安全排出，并在井眼中建立新的压力平衡。

## 第二节　井底恒压控压钻井技术

井底恒压（Constant Bottom Hole Pressure，CBHP）控压钻井又称动态环空压力控制钻井[2]（Dynamic Annular Pressure Control，DAPC）。井底恒压控制是通过施加井口回压，保持井底压力恒定的控制模式，主要由旋转防喷器、自动节流系统、钻柱止回阀、压力溢流阀、钻井液四相分离器（可选）、回压泵、流量计、井下隔离阀及井下随钻环空压力测量装置等组成。主要用来解决窄压力窗口地层和高温高压地层所出现的钻井问题。

动态环空压力控制系统[3]主要由自动节流系统、回压泵、旋转防喷器、水力学计算模型、数据采集处理系统（含质量流量计）以及配套的自动控制系统、附加管汇等组成（图2-3）。该系统通过高速网络把泵、节流管汇和实时精确的水力学模型连接成一个系统，可以自动地测量、管理和控制井下压力。综合压力控制器、水力学模型、节流管汇、回压泵协同工作，提供不间断的、精确压力控制，使井底压力控制在允许范围内。动态环空压力控制系统实现钻井过程压力自动控制，能够在钻进、接单根、起钻、下钻等过程保持井底压力在合适的密度窗口之内，避免或减少井涌、漏失等事故的发生，特别适合用于解决窄安全密度窗口和高温高压地层钻井所出现的涌漏同存、高压井控风险等难题。

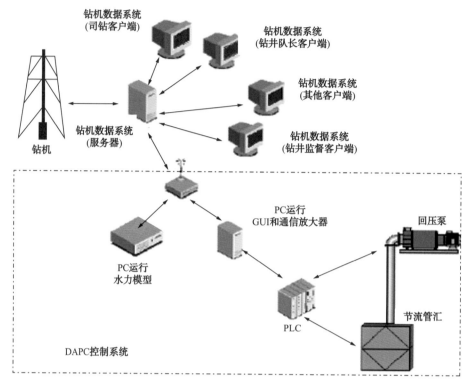

图 2-3　动态环空压力控制系统组成图

井底恒压控压钻井的工艺流程[4]：在封闭循环系统中，钻井液从钻井液池通过钻井泵到立管进入到钻杆，通过浮阀和钻头上部的环空，然后从旋转防喷器流出，通过一系列的节流阀，到振动筛或脱气装置，最后回到钻井液池。环空中的钻井液压力通过使用旋转防喷器和节流管汇，被控制在钻井泵出口和节流阀之间。井底恒压控压钻井封闭循环系统如图 2-4 所示。

## 一、钻进过程

在钻进过程中，钻井液由钻井泵经水龙头、立管、钻杆进入到井底，然后再经环空上返到井口，经井口节流管汇和钻井液分离设备回流到钻井液池，完成一个钻进过程循环。在井底，井下压力随钻测量系统在随钻过程中可以实时测量井底环空压力数据，通过专用钻井液脉冲发生器、MWD 或 EM－MWD 实时将数据传送到地面，在井口地面上，综合压力控制器（IPM）利用装在节流管汇上的压力检测仪器监测回压，使它保持在水力模型实时计算得出的范围内。在 IPM 的控制下，节流阀对回压变化迅速做出调整。如果检测到压力异常，IPM 对节流管汇发出指令，节流管汇迅速做出适当调整。节流管汇管线口径大，配有备用阀并具有自动切换功能，可保证钻井液流动畅通。节流阀的最大内径是 3in。如果岩屑阻塞节流阀，IPM 会自动开大节流阀，泄压并清除岩屑。如果节流阀置于最大位置仍不能泄压，IPM 会自动切换到备用阀，并报警。

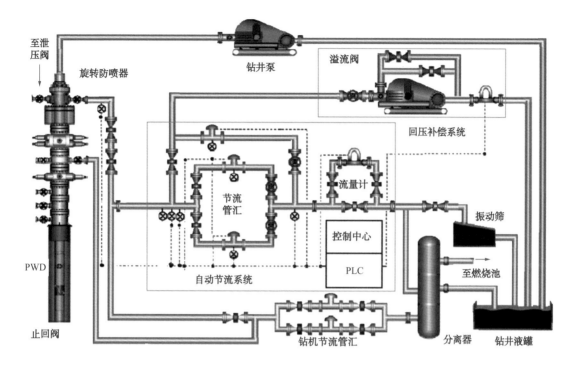

图 2-4 井底恒压控压钻井封闭循环系统

## 二、接单根、起下钻过程

在接单根、起下钻过程中,钻井泵停止工作,井下由于钻井液的中断造成井底压力下降,环空中产生动态压差,导致地层流体侵入等问题,此时可编程逻辑控制器(PLC)自动关闭钻进节流管汇、启动回压泵,回压泵在 IPM 的控制下,立刻对井口回压变化迅速做出调整,向节流管汇供钻井液,使它保持在水力模型实时计算得出的范围内。如果检测到压力异常,PLC 对节流管汇发出指令,节流管汇迅速做出适当调整,保持回压,维持井底压力在安全窗口内。

## 第三节 微流量控压钻井技术

Weatherford 的微流量控压钻井系统[5](Micro-Flow Control Pressure Drilling System,MFC)能精确检测泵入和返出钻井液的质量流量、密度、黏度、温度等参数,能在井涌量小于 80L 时就能检测到,并可在 2min 内控制溢流,使地层流体的总溢流体积小于800L,该套系统不一定需要 PWD 工具,其主要装备如图 2-5 所示。

图 2-5 MFC 主要装备及控制系统

　　微流量控压钻井在传统的钻井液循环管汇上安装精确的传感器和钻井液节流阀，对进出口钻井液的微小压力、质量流量、钻井液密度、流速等参数进行实时监测，钻井工程人员在地面可以通过简单的操作即可快速改变钻井液的特性以满足钻井工艺要求，预防和解决钻井事故的发生。该技术控制程序简单，可与常规钻井方式相互切换，便于操作，提高了钻井效率和钻井安全，该系统能快速监测井底压力，并保持井底压力的稳定。

　　微流量控压钻井技术工作原理是通过维持井筒内流体的流量平衡来实现控压钻进，由于目的是保持钻井液泵入和返出量维持平衡，所以其直接监测对象是井筒内流体。通过在钻井液出口、入口处安装高精度的质量流量计（泵入量还可通过泵冲计数器来计算）可以实时获得钻井液进口、出口流量值，再监测对比进口、出口流量的变化来判断循环系统是处在不漏不溢，还是漏失或者溢流状态。由于采用了高精度的质量流量计，所以监测精度高，可以很快地发现井下复杂，并及时采取处理措施，能有效地应对窄窗口甚至无安全密度窗口的裂缝性压力敏感地层非溢即漏的钻井难点，实现无风险安全钻进。

# 第四节　精细控压钻井作业

## 一、精细控压钻井设备施工基本要求

　　精细控压钻井地面设备包括自动节流系统和回压补偿系统，如图2-6所示。

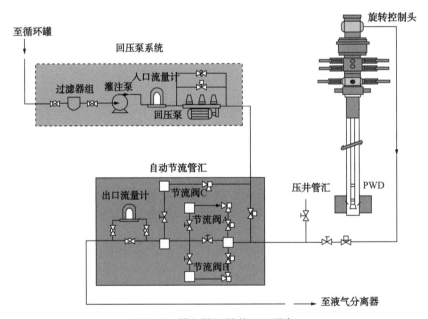

图2-6　精细控压钻井地面设备

　　1.精细控压钻井设备使用条件

　　（1）根据设备金属材料、非金属材料及柔性管线的温度等级确定精细控压钻井系统的温度使用范围，最低温度为设备使用期间可能遇到的最低环境温度。最高温度为设备使用期间可能流过设备的最高流体温度，见表2-1。

表 2-1 精细控压钻井设备温度使用范围

| 等级 | 温度范围，℃ | 等级 | 温度范围，℃ |
|---|---|---|---|
| A | −20~82 | P | −29~82 |
| B | −20~100 | U | −18~121 |
| K | −60~82 | | |

（2）精细控压钻井设备可以用于可能遇到酸性流体的地方。与井内流体接触的金属材料应满足 NACE MR 0175《油气开采中用于含硫化氢环境的材料》的要求。若遇到严重腐蚀性、磨蚀性、高温或高含硫气体，用户与制造商应共同提出要求，确定适用的产品。

（3）根据精细控压钻井系统电器部分防爆柜类型及等级，按照 GB3836.2《爆炸性气体环境用电气设备 第 1 部分：隔爆型"d"》，根据不同爆炸性环境及不同湿度环境进行精细控压钻井系统的使用。

2. 精细控压钻井系统相关配套设备

主要包括旋转防喷器、钻具内止回阀、随钻环空压力测量装置（简称 PWD）、液气分离器、发电机、录井系统、气源设备、六方钻杆及方补心或顶驱、钻井液循环罐等，见表 2-2。

表 2-2 精细控压钻井系统相关配套设备

| 序号 | 名称 | 规格型号 | 数量 | 备注 |
|---|---|---|---|---|
| 1 | 自动节流系统 | 35MPa | 1 台 | 控压钻井技术服务单位 |
| 2 | 回压补偿系统 | 12L/s | 1 台 | |
| 3 | 控制中心房 | — | 1 套 | |
| 4 | 配件房 | — | 1 套 | |
| 5 | 防爆手提对讲机 | — | 6 个 | |
| 6 | 正压式呼吸器 | 30min | 3 个 | |
| 7 | H₂S 检测仪 | — | 6 个 | |
| 8 | 液动平板阀 | 35MPa | 1 只 | |
| 9 | PWD 系统 | — | 2 套 | |
| 10 | 手动平板阀 | 35MPa | 2 只 | |
| 11 | 地面连接硬管线 | — | 1 套 | |
| 12 | 旋转防喷器 | FX35-17.5/35 | 1 台 | 欠平衡钻井技术服务公司 |
| 13 | 胶芯 | — | 10 只 | |
| 14 | 柴油发电机 | 400kW | 1 组 | |
| 15 | 浮阀 | — | 10 只 | |
| 16 | 下旋塞 | — | 4 只 | |
| 17 | 手动平板阀 | 35MPa | 2 只 | |
| 18 | 滚子方补心 | — | 1 套 | |
| 19 | 六方钻杆 | — | 1 套 | |

3. 精细控压钻井系统相关配套设备要求

（1）旋转防喷器系统应符合SY/T 6543《欠平衡钻井技术规范》的规定，旋转防喷器承压能力不小于控压钻井设备最大工作压力。

（2）钻具止回阀符合SY/T 6426《钻井井控技术规程》和SY/T 6543《欠平衡钻井技术规范》的规定。钻具止回阀级别应与钻井现场闸板防喷器级别一致。

（3）随钻环空压力测量系统应符合SY 5974《钻井井场、设备、作业安全》的规定。依据预测井底压力、温度选取大于该量程范围且测量数据精确的仪器。

（4）液气分离器应符合SY/T 6543《欠平衡钻井技术规范》和液气分离器现场使用技术规范的规定。

（5）发电机应符合SY 5974《钻井井场、设备、作业安全》的规定，且额定电压、频率、功率应与控压钻井设备匹配。

（6）其他应符合SY/T 5466《钻前工程及井场布置》、SY/T 7018《控压钻井系统》、SY/T 5323《节流和压井系统》、SY/T6283《石油天然气钻井健康、安全与环境管理体系指南》、AQ 2046《石油行业安全生产标准化工程建设施工实施规范》等标准的规定。

（7）钻具、井口特殊工具配备数量要求见表2-3。

表2-3  精细控压钻井系统钻具、井口特殊工具数量要求

| 序号 | 名称 | 单位 | 数量 |
| --- | --- | --- | --- |
| 1 | 六方方钻杆[①] | 根 | 1 |
| 2 | 六方方钻杆补心[①] | 套 | 1 |
| 3 | 18°斜坡钻杆 | m | 视具体情况定 |
| 4 | 18°斜坡钻杆吊卡 | 只 | ≥ 3 |
| 5 | 旋塞 | 只 | 视具体情况定 |
| 6 | 钻具止回阀 | 只 | 视具体情况定 |
| 7 | 旁通阀 | 只 | 视具体情况定 |
| 8 | PWD | 套 | 1 |

①仅当使用转盘钻井时应用。

## 二、精细控压钻井系统施工准备

1. 施工队伍准备资料

精细控压钻井施工前，应按照QHSE体系完成相关文件和资料。

（1）精细控压钻井设计书；

（2）精细控压钻井HSE作业计划书；

（3）精细控压钻井应急预案；

（4）精细控压钻井设备、管汇及配件清单；

（5）精细控压钻井作业人员相关证件。

2. 设备安装

整体系统的布局应满足不干扰钻机地面系统而又可以和钻机地面系统有机融合的原

则。系统及系统管线的布局与连接应以满足油田井控实施细则的要求为原则，安装应规范合理、便于操作控制、观测检查及维护保养等。

1）布置要求

（1）井口及井控装置按照 SY/T 6543《欠平衡钻井技术规范》的要求选择。

（2）由于不同井场面积及布置不尽相同，根据井场实际情况，以安全、不影响井队正常施工为原则进行合理摆放控压钻井设备。

（3）旋转防喷器至自动节流系统入口端之间的连接管道应安装液控平板阀以及一个手动平板阀，液控平板阀可通过防喷器控制装置遥控。

（4）自动节流系统钻井液返出端至液气分离器之间连接管道上应安装手动平板阀。

（5）钻井液罐至回压补偿系统上水端的连接管道应至少有一个蝶阀和一个过滤器。

（6）井队节流管汇（或压井管汇）与精细控压钻井系统井口钻井液返出管线之间应连接出一条管线通道并安装手动平板阀。在旋转防喷器被环形防喷器（或闸板防喷器）隔离的时候（如更换旋转防喷器密封件），仍然可以实施控压作业。

2）安装要求

（1）精细控压钻井设备井场管线连接如图 2-7 所示。

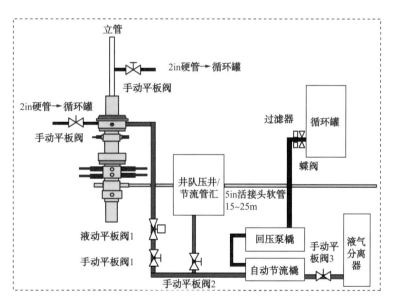

图 2-7　精细控压钻井设备井场管线连接图

（2）旋转防喷器应符合 SY/T 6543《欠平衡钻井技术规范》的规定。

（3）设备照明、保温等电器设备的安装符合 SY/T 5957《井场电器安装技术要求》的规定。

（4）整体系统所有部件应连接牢固，振动或承载部件应固定在主框架上，在承受振动和冲击的情况下无变形、脱落。

（5）管汇高压区域应设立明显警示标志。

（6）管线应用硬管线或高压软管与硬管线相结合方式连接，管线转弯处，应采用整体铸（锻）钢弯头，连接管线按照要求用基墩固定。

（7）安装应按 AQ 2046《石油行业安全生产标准化工程建设施工实施规范》执行。

3. 调试与试压

1）调试前检查

（1）检查系统上电是否正常：

①控制中心房输入电压显示 380V，频率在 50Hz；

②24V 电源柜工作正常，UPS 电源工作正常；

③回压补偿系统控制柜 380V 电源指示灯显示正常，24V 电源指示灯显示正常。

（2）检查气源压力是否正常，油压是否正常：

①观察气源压力在 0.6~0.9MPa 之间，油压在 10.5MPa 左右；

②液压流量 30L/min、供气量大于 150m³/h，可满足要求。

2）单元测试

精细控压钻井系统连接完成后，应进行系统的单元测试（表2-4）。单元测试要求包括：

（1）节流阀及阀位传感器工作正常；

（2）平板阀开关动作迅速、平稳，阀位显示准确；

（3）质量流量计、压力变送器、温度变送器等传感器工作正常；

（4）灌注泵、风机、回压泵启停正常；

（5）部件动作与计算机系统通信正常；

（6）在自动控制状态下各工作部件功能达到设计要求、工作正常。

表 2-4 精细控压钻井装备单元测试内容

| 名称 | 编号 | 测试内容 |
|---|---|---|
| 自动节流阀 | A | 开度、响应速度 |
| | B | 开度、响应速度 |
| | C | 开度、响应速度 |
| 气动平板阀 | G1 | 开关动作 |
| | G2 | 开关动作 |
| | G3 | 开关动作 |
| 质量流量计 | 1# | 读数、显示 |
| | 2# | 读数、显示 |
| 压力变送器 | P1 | 读数、显示 |
| | P2 | 读数、显示 |
| | P3 | 读数、显示 |
| | P4 | 读数、显示 |
| | P5 | 读数、显示 |
| 温度变送器 | T1 | 读数、显示 |
| 回压补偿系统 | 风机 | 启停动作 |
| | 灌注泵 | 启停动作 |
| | 回压泵 | 启停动作 |
| | 系统急停 | 启停动作 |

3）回压泵初次运行测试

回压补偿系统上电后，380V 动力电源和 24V 控制电源显示正常后，手动启动回压泵测试工作状态及上水情况，要求回压泵工作平稳，流量达到额定流量。若上水存在问题，则可打开一个排水阀，通过顶阀器完成上水管线的排气，灌入适量的水后盖上压盖重新测试。

4）装置试压

井口装置、节流管汇、压井管汇、井场装备、管线等的安装、调试，按照 SY/T 5964《钻井井控装置组合配套、安装调试与维护》和 SY/T 5323《压井管汇及节流管汇》的规定验收。

（1）装备试压前准备：

①精细控压钻井设备安装完毕，对其进行调试，确保信号传输通畅、阀门灵活可靠、各控制系统运行正常，对应阀门统一编号并挂牌标识。

②通知甲方准备进行精细控压钻井系统试压，精细控压钻井技术服务方提供试压方案，甲方提供配套条件。

（2）装备试压要求：

试压是检验设备及连接管线安全性的重要依据，应严格按照各承压设备试压标准进行试压，包括：

①旋转防喷器应按照 SY/T 6543《欠平衡钻井技术规范》的规定试压。

②地面流程高压区管汇及自动节流系统高压区试压主要包括整体试压、截止试压和管线试压三个部分。用试压泵先打低压至 3.5MPa，稳压 5min，压降小于 0.7MPa 为合格；低压试压合格后打高压至不低于精细控压钻井设备额定压力的 70%，即 24.5MPa，稳压 15min，压降小于 0.7MPa 为合格。

③精细控压钻井设备及连接管线安装和试压完后，应按精细控压钻井循环流程试运转。要求运转正常，连接部位不刺不漏，正常运转时间不少于 10min。

④试压完成后，出试压合格报告并存档。

试压过程参数记录见表 2-5~ 表 2-7。

表 2-5　精细控压钻井装备及连接管线整体试压表

| 名称 | 低压，MPa | 稳压时间，min | 压降，MPa | 高压，MPa | 稳压时间，min | 压降，MPa | 结论 |
|---|---|---|---|---|---|---|---|
| 节流高压管汇 | | | | | | | |
| A 通道 | | | | | | | |
| B 通道 | | | | | | | |
| C 通道 | | | | | | | |
| 直通通道 | | | | | | | |

表 2-6　精细控压钻井装备及连接管线截止试压参数表

| 名称 | 低压，MPa | 稳压时间，min | 压降，MPa | 高压，MPa | 稳压时间，min | 压降，MPa | 结论 |
|---|---|---|---|---|---|---|---|
| A 气动平板阀 | | | | | | | |
| B 气动平板阀 | | | | | | | |

续表

| 名称 | 低压，MPa | 稳压时间，min | 压降，MPa | 高压，MPa | 稳压时间，min | 压降，MPa | 结论 |
|------|-----------|---------------|-----------|-----------|---------------|-----------|------|
| C 气动平板阀 | | | | | | | |
| A 手动平板阀 | | | | | | | |
| B 手动平板阀 | | | | | | | |
| C 手动平板阀 | | | | | | | |
| 直通手动平板阀 | | | | | | | |
| 井口手动平板阀 | | | | | | | |
| 井口液动平板阀 | | | | | | | |
| 压井管汇手动平板阀 | | | | | | | |

表 2-7　精细控压钻井装备及连接管线试压参数表

| 名称 | 低压，MPa | 稳压时间，min | 压降，MPa | 高压，MPa | 稳压时间，min | 压降，MPa | 结论 |
|------|-----------|---------------|-----------|-----------|---------------|-----------|------|
| 井口 4in 管汇 | | | | | | | |
| 橇间 2in 管汇 | | | | | | | |

5）钻前装备联调测试

精细控压钻井系统各流程及功能进行逐项测试，并验收合格，保证其满足工作要求。

（1）联调测试内容：

①对自动节流系统进行基本动作测试，检验节流管汇各部件的基本功能，测试自动节流系统是否能按控制系统指令实现自动控制动作；

②对回压补偿系统进行基本动作试验，检验回压补偿系统各功能部件的动作，测试该装备是否能按给定指令进行开停泵的基本动作；

③监测与控制系统功能试验，测试该系统关键装备的系统监测、远程自动控制。

（2）测试要求：

①平板阀开关动作迅速、平稳，平板阀阀位显示准确；

②液控节流阀开度调节，工作平稳，调节性能好，节流阀阀位传感器响应速度快、测量准确；

③质量流量计等仪器仪表显示清晰、正常；

④灌注泵、回压泵启停正常；

⑤部件动作与计算机系统通信正常；

⑥在自动控制状态下各工作部件功能达到设计要求、工作正常。

6）装备与随钻环空压力测量数据、综合录井仪数据传输通信对接测试

保证随钻环空压力测量数据、综合录井数据通讯达到实时性、准确性和稳定性的要求。

4. 技术交底和培训

精细控压钻井技术人员应对甲方、安全监督、井队、地质及其他施工协作单位人员进行技术交底和培训，内容包括：

（1）精细控压钻井工艺技术的基本原理；

（2）精细控压钻井工艺的流程；

（3）精细控压钻井钻进、接单根、起钻、下钻、循环的工艺要求；

（4）精细控压钻井参数的要求及井筒压力控制；

（5）精细控压钻井井控要求及防喷、防硫化氢（H₂S）演习的要求；

（6）钻开油气层坐岗制度。

5. 应急演练

精细控压钻井作业实施前，应进行防喷、防硫化氢中毒等应急演练。具体演练内容根据所钻井的实际工况确定。

## 三、精细控压钻井作业程序与安全规程

1. 精细控压钻井作业程序

1）精细控压钻进

（1）录入井身结构、井眼轨迹、现场钻具组合和钻井液性能参数等。将钻井液密度调整至设计范围之内，然后以 1/3~1/2 的钻进排量测一次低泵速循环压力，并作好泵冲次、排量、循环压力记录；当钻井液性能或钻具组合发生较大改变时应重作上述低泵冲试验，便于回压控制和为后期作业提供依据。

（2）按照控压钻井工程师的指令，使用数据采集系统采集的随钻环空压力测量装置（PWD）数据和地面实时数据，对水力参数模型、回压泵和自动节流系统进行校正调试。

（3）通过精细控压钻井自动节流系统按设计精细控压值开始控压钻进。司钻准备"开关泵"前要通知精细控压钻井工程师，在得到答复后才能操作，控压钻井工程师接到通知后调整井口控压值以保持井底压力稳定。司钻上提下放钻具要缓慢，避免产生过大的井底压力波动。钻井液要严格按照精细控压钻井工程设计要求进行维护，保持性能稳定，防止由于性能不稳定造成井底压力的较大波动。

（4）精细控压钻井期间，要求坐岗人员和地质录井人员连续监测液面，每10min记录一次液面，发现液面变化 ±0.2m³ 以上，立即汇报控压钻井工程师，并加密监测。控压钻井技术人员通过微溢流监测装置和数据采集系统，连续监测钻井液动态变化，通过井队、录井、精细控压钻井三方的联合监测做到及时发现溢流和井漏。

（5）发现液面上涨量在 1m³ 以内，停止钻进，保持循环，按以下程序处理：控压钻井工程师首先增加井口压力 2MPa，井队坐岗人员和录井加密至 2min 观察一次液面。如液面保持不变，则由控压钻井工程师根据情况采取措施；如果液面继续上涨，则井口压力应以 1MPa 为基数增加，直至液面上涨停止。若井口压力大于规定值（如5MPa），则转入井控程序。

（6）液面上涨量超过 1m³，应立即采用常规井控装备，直接由井队控制井口，实施井控作业程序。

（7）当钻遇有油气显示后，在确保环空钻井液没有油气侵的前提下，关井求取地层压力。

地层压力 = 环空静液柱压力 + 井口套压

在正常精细控压钻进时井口精细控压值长时间超过 3MPa，要请示甲方提高钻井液密度，以降低井口回压，保证井口安全。

（8）精细控压钻井的目标是保持井口处于可控状态，要求地面出气量不超过 $14000m^3/d$。否则停止精细控压钻井作业，转换到常规井控进行处理。

（9）实施精细控压钻井作业过程中，现场工作人员应密切注意精细控压钻井设备处于完好状态，一旦发现设备异常，无法进行正常精细控压钻井作业，应立即转入常规井控装备。

（10）精细控压钻井所有阀门的开关必须由精细控压钻井工作人员操作，井队的节流管汇、压井管汇由井队人员操作。正常精细控压钻进时，井控设备的待命工况必须满足井控细则的规定。一旦旋转防喷器失效，立即关闭环形防喷器，不需要等指令。

2）精细控压接单根或立柱

（1）钻完单根或立柱深度，停转盘（或顶驱），按照精细控压钻井排量循环 5~10min，上提到接单根或立柱位置坐吊卡，准备接单根或立柱。告知控压钻井工程师准备接单根或立柱。上提钻具要缓慢，避免产生过大的井底压力波动。

（2）控压钻井工程师根据地层压力预测值或实测值设定合理的井底压力控制目标值，确定停止循环状态下需要补偿的井口压力；按设定排量启动回压补偿系统，进行压力补偿。

（3）控压钻井工程师通知司钻关钻井泵后，司钻缓慢降低泵排量至 0L/s。

（4）泄掉方钻杆或钻杆和立管内的圈闭压力，确认立压为 0MPa 后再卸扣接单根或立柱。

（5）单根或立柱接完后，司钻通知控压钻井工程师准备开泵，得到确认后缓慢开泵，逐渐增加钻井泵排量至钻进排量。控压钻井工程师相应调整井口压力，停回压泵。

（6）用锉刀或砂轮机将接头上被钳牙刮起的毛刺磨平，直到肉眼看不见毛刺，以免旋转防喷器胶芯过早损坏。

（7）循环下放钻具，恢复钻进。下放钻具要缓慢，将井底压力波动控制在设计要求内。

3）精细控压起钻

（1）重钻井液帽设计原则：重钻井液帽设计应满足下式：

$$0.00981\rho_1 (h-h_1) + 0.00981\rho_2 h_1 = p_p + c \qquad (2-2)$$

式中　$\rho_1$——井筒内原控压钻井液密度，$g/cm^3$；

　　　$\rho_2$——重钻井液帽密度，$g/cm^3$；

　　　$h$——井筒垂深，m；

　　　$h_1$——重钻井液帽在环空段的垂深，m；

　　　$p_p$——地层压力，MPa；

　　　$c$——允许压力波动值，MPa。

（2）控压钻井工程师和井队工程师共同确定重钻井液密度和替入深度、计算需要的重钻井液体积、替入时井口压力降低步骤表。

（3）循环充分，保证井眼清洁。在此期间活动钻杆时，工具接头通过旋转防喷器的速度要低于 2m/min。

（4）控压钻井工程师启动自动节流系统和回压补偿系统，在井口压力控制模式下，保持井底压力稳定。

（5）司钻通知控压钻井工程师准备停泵，控压钻井工程师调节井口回压，保持稳定的井底压力。泄钻具内压力为0MPa之后，卸方钻杆或立柱。

（6）通过回压补偿系统精细控压起钻至预定深度，期间起钻速度按照控压钻井工程师的要求操作，钻井液工程师核实钻井液灌入量，保证实际钻井液灌入量不小于理论灌入量，否则应适当提高回压控制值。

（7）连接方钻杆或立柱，准备打入隔离液。启动钻井泵，然后停止回压补偿系统，控压钻井工师调节井口回压，保证井底压力大于地层压力。

（8）隔离液顶替至预定深度，启动回压补偿系统，停泵，卸钻具内压力为0MPa之后卸方钻杆或立柱，精细控压起钻至隔离液段顶部。

（9）连接方钻杆或立柱，准备重钻井液。启动钻井泵，然后停止回压补偿系统，控压钻井工程师确定井口压力降低步骤和顶替排量，保持井底压力连续稳定。如作业需要，精细控压钻井操作人员手动操作回压补偿系统和自动节流系统。

（10）按照顶替方案注入重钻井液返至地面，井口回压降为0MPa。要求返出的钻井液与设计的重钻井液密度偏差小于等于0.01g/cm³，然后观察30min井口无外溢之后，拆掉旋转防喷器总成，装上防溢管。

（11）按照常规方式起完钻，关闭全封闸板。常规起钻期间钻井液工程师核实钻井液灌入量，发现异常立即报告司钻。

4）精细控压下钻

（1）下钻之前，钻井液工程师和控压钻井工程师核实回收重钻井液体积。控压钻井工程师计算顶替钻井液时井口压力提高步骤表和顶替体积量。钻井液工程师准备钻井液罐回收重钻井液。

（2）打开全封闸板防喷器。

（3）根据控压钻井工程师和定向井工程师的指令，连接并下入下部钻具组合，必要时，对井下工具进行浅层测试。

（4）常规下钻至隔离液段底部。按照控压钻井工程师要求的速度下钻，以减少激动压力。

（5）接上方钻杆或立柱，拆防溢管，安装旋转防喷器总成，准备循环重钻井液。

（6）按照顶替方案泵入精细控压钻井用钻井液替出重钻井液，顶替期间按照计算的井口压力提高步骤表和顶替体积量的关系，逐渐提高井口回压。

（7）顶替结束后，启动回压补偿系统，停止循环，保持合适的井口压力，泄钻具内压力为0MPa之后卸方钻杆或立柱。

（8）通过回压补偿系统及自动节流系统精细控压下钻至井底，接方钻杆或立柱，启动钻井泵，停止回压补偿系统，将自动节流系统转换到井底压力控制模式。

（9）常规下钻期间，按井控实施细则规定，灌满重钻井液，钻井液工程师记录钻井液的返出量，要求钻井液实际返出量不大于理论返出量，发现异常立即向司钻报告。

（10）装入旋转防喷器总成之后，用锉刀或砂轮机将接头上被钳牙刮起的毛刺磨平滑，以免过早损坏旋转防喷器胶芯，并在胶芯内倒入润滑剂润滑旋转防喷器胶芯。

5）精细控压换胶芯

（1）精细控压钻进期间如发现胶芯刺漏较严重，司钻可直接停泵，打开自动节流系统至井队节流（压井）管汇阀门到多功能四通的全部阀门，关闭环形防喷器，关闭自动节流系统与旋转防喷器间的闸阀。根据作业井的具体情况立即更换胶芯或者起钻至安全井段再更换胶芯。

（2）打开卸压阀卸掉旋转防喷器内的圈闭压力，然后将环形防喷器的控制压力调低至3~5MPa，拆旋转防喷器的锁紧装置及相关管线，打开旋转防喷器液缸，缓慢上提钻具，将旋转防喷器总成提出转盘面。

（3）更换旋转防喷器总成，缓慢下放总成到位并安装好，关闭旋转防喷器卸压阀，打开自动节流系统与旋转防喷器间的闸阀，使环形防喷器上下压力平衡，然后打开环形防喷器，关闭井队节流（压井）管汇至自动节流系统的通道。

（4）精细控压下钻至井底，启动钻井泵，停止回压补偿系统，将精细控压井口模式调整至井底模式，恢复精细控压钻进。

（5）正常情况下换胶芯作业期间不需要关闭闸板防喷器，井口不需要接内防喷工具，异常情况下根据井控实施细则进行作业。

2. 精细控压钻井作业应急程序

1）井口套压异常升高

井口套压迅速升高（5min内套压上升超过规定值，如3MPa）时，转入常规井控程序。

2）溢流

（1）如果能够确认液面上涨是由于单根峰、后效气和短暂欠平衡，气体进入井筒并在上移过程中膨胀造成，液面上涨小于1m³，能够通过增加井口压力保持所需要的井底压力，继续由控压钻井工程师控制井口。

（2）发现溢流，停止钻进，提离井底，控压钻井工程师首先增加井口压力2MPa，井队和录井加密监测并及时相互沟通，钻井液工程师实时汇报液面变化。如液面保持不变，则由控压钻井工程师根据情况采取措施；如果液面继续上涨，则井口压力应以1~3MPa为基数，连续增加，直至溢流停止。

（3）若液面上涨≥1m³或者井口压力超过规定值（如5MPa），井内压力失衡时应停止精细控压钻进关井并按溢流汇报程序报告，确定压井方案并准备到位，在不溢流状态下节流循环压井，恢复精细控压钻井。

（4）精细控压钻进期间如需要关井，按关井程序执行，以减少溢流量。

3）井漏

（1）井漏的处理：首先由控压钻井工程师根据井漏情况，在能够建立循环的条件下，逐步降低井口压力，寻找压力平衡点。如果井口压力降为0时仍无效，则逐步降低钻井液密度，每循环周降低0.01~0.02g/cm³，待液面稳定后恢复钻进。在降低钻井液密度寻找平衡点时，如果当量循环压力降至实测地层压力或设计地层压力时仍无效，转换到常规井控程序实施作业。

（2）出现放空、失返、大漏（漏速大于10m³/h）时，应立即上提钻具观察，监测环空液面，测漏速，采取适当反推、注凝胶段塞、投球堵漏等综合措施，控制到微漏状态，将钻具起钻至套管鞋以上10~20m，方可循环压井回到微过平衡状态，恢复钻进。

（3）如果采取了各种技术措施，经过反复堵漏，仍无法建立循环，用环空液面监测仪进行定时液面监测，吊灌起钻至套管鞋，并上报至有关部门，不再继续钻进，考虑是否提前完钻。

4）溢漏同存

（1）存在密度窗口：在保证井控安全的条件下，寻找微漏条件下的钻进平衡点。具体步骤是先增加井口压力至溢流停止或漏失发生，然后逐步降低井口压力寻找微漏时的钻进平衡点，保持该井口压力钻进，在钻进和循环时，控制漏失量不大于 $50m^3/d$，并持续补充漏失的钻井液；起钻时仍然保持微量漏失精细控压起钻，如果替完重钻井液帽后，起钻时仍然继续漏失，可以根据现场情况灌入控压钻进用钻井液，以减缓漏速，保持井底压力相对稳定。

（2）无密度窗口：转换到常规井控程序，按照井控实施细则进行下步作业。

5）出现硫化氢

硫化氢浓度超过 $30mg/m^3$，转换到常规井控程序，按照井控技术规范与油田井控实施细则进行下步作业。

6）其他应急程序

（1）自动节流系统节流阀堵塞：

①发现节流阀堵塞后，自动节流系统转换到备用通道，确保操作参数恢复到正常状态，继续进行精细控压钻进作业。

②检查并清理堵塞的节流阀。

③清理完毕并将此节流阀调整到自动控制状态，将此通道备用。

（2）随钻环空压力测量装置（PWD）失效：

①随钻环空压力测量装置工程师向控压钻井工程师报告随钻环空压力测量装置失效，失去信号。

②按照随钻环空压力测量装置工程师的指令进行调整，以重新得到信号。

③若无法重新得到信号，使用水力参数模型，预计井底压力，继续精细控压钻进。控压钻井工程师每 15min 用水力参数模型，计算一次井底压力。

（3）回压泵失效应急程序：

①接单根停泵前通过适当提高回压值进行压力补偿。

②精细控压起钻时用钻井泵通过自动节流系统进行回压补偿。

（4）自动节流系统失效：

转入手动节流阀，用手动节流阀进行人工手动精细控压。

（5）控制系统失效应急程序：

精细控压钻井控制系统失效后，应立即转入相应手动操作，控压钻井工程师排查控制系统故障。

（6）液压系统失效应急程序：

精细控压钻井液压系统失效后，应立即转入相应手动操作，控压钻井工程师排查液压系统故障。

（7）测量及采集系统失效应急程序：

精细控压钻井数据测量及采集系统中的一个（或几个）采集点（测量点）失效后，应根据现场情况转入相应手动操作，控压钻井工程师排查系统故障点。

（8）出口流量计失效应急程序：

出口流量计失效后，应立即转入相应手动操作，控压钻井工程师排查流量计故障。

（9）内防喷工具失效应急程序：

①接单根时内防喷工具失效：将井口套压降为0MPa，然后在钻具上抢接回压阀，用回压补偿系统对井口进行补压，保持井底压力的稳定，进行接单根作业。

②精细控压起下钻时内防喷工具失效：进行压井作业，满足常规起下钻的要求，然后起钻更换内防喷工具。

3. 精细控压钻井作业终止条件

（1）如果钻遇大裂缝或溶洞，井漏严重，无法找到微漏钻进平衡点，导致精细控压钻井不能正常进行。

（2）精细控压钻井设备不能满足精细控压钻井作业要求。

（3）实施精细控压钻井作业中，如果井下频繁出现溢漏复杂情况，无法实施正常精细控压钻井作业。

（4）井眼条件不能满足精细控压钻井正常施工要求。

4. 健康、安全与环保要求及应急程序

1）健康、安全与环保要求

（1）精细控压钻井作业区应设置安全警戒线，禁止非作业人员及车辆进入作业区内，禁止携带火种或易燃易爆物品进入作业区。

（2）值班人员每班配备不少于两套正压式呼吸器，完整的急救器械及药品，每人应配备硫化氢检测仪，作业员工应接受培训，做到人人会用。

（3）精细控压钻井作业人员作业安全应符合SY/T 6228《油气井钻井及修井作业职业安全的推荐作法》的规定。

（4）按照SY/T 6283《石油天然气钻井健康、安全与环境管理体系指南》的规定执行。

2）应急程序

（1）火灾应急措施：

①发现火情立即发出火灾报警，报告各合作单位及人员，执行相关程序。

②在允许的情况下，首先要救助受伤人员，然后采用设备、设施控制事态；在不允许的情况下，迅速撤离到安全区。

③若火灾对工程影响较大，精细控压钻井HSE现场负责人及时向相关部门汇报，并将处理情况通报相关部门。

（2）人员伤亡应急措施：

①发现伤者立即发出求救信号，就近人员通知卫生员和井队长。

②卫生员赶到现场对伤者检查，根据情况进行急救处理。

③根据卫生员的决定落实车辆、路线、医院和护理人员。

④如果伤势较重，将伤者送往就近医院。同时向医院急救室通报伤者情况：姓名、性别、年龄、单位、出事地点、出事时间、受伤部位、伤情以及能够到达的大致时间等。精细控压钻井HSE现场负责人同时向相关单位汇报情况。

⑤送走伤员后，立即查找原因。必须落实整改或采取防范措施后，方可恢复生产。

（3）出现硫化氢应急程序：

①接到硫化氢报警后，应立即向上风口、地势较高地区撤离，切忌处于地势低洼处和下风口。

②若需要协助控制险情或危险区抢救中毒人员，则必须正确带上正压式呼吸器，并在正压式呼吸器报警前撤离。

③当大量硫化氢出现时，断电停机后迅速撤离人员，人员紧急疏散时应有专人引导护送，清点人数。

④精细控压钻井 HSE 现场负责人同时向相关单位汇报情况。

（4）硫化氢中毒时紧急救护程序：

①急救组迅速实施救援，急救人员在自身防护的基础上，控制事故扩展恶化，救出伤员，疏散人员。

②立即将患者移送至上风处，注意保暖及呼吸畅通。

③一般中毒病员应平坐或平卧休息。

④神志不清的中毒病员侧卧休息，以防止气道梗阻。

⑤尽量稳定伤员情绪，使其安静，如活动过多或精神紧张往往促使肺水肿。

⑥脸色发紫，呕吐者和呼吸困难者立即输氧。

⑦窒息的患者立即进行人工呼吸。

⑧心跳停止者立即实施胸外心脏挤压复苏法。

⑨切勿给神志不清的患者喂食和饮水，以免食物、水和呕吐物误入气管。

⑩眼部伤者应尽快用生理盐水冲洗。

⑪对重度中毒患者进行人工呼吸时，救护者一定要将由患者肺部吸出的气体吐出，然后自己深深吸气，再继续人工呼吸，避免救护者自己中毒。

⑫立即送往就近医院，精细控压钻井 HSE 现场负责人同时向相关单位汇报情况。

## 参 考 文 献

［1］蒋宏伟，周英操，赵庆，等.控压钻井关键技术研究［J］.石油矿场机械，2012（1）：1-5.

［2］姜英健，周英操，杨甘生，等.井底恒压式与微流量式控压钻井系统控制机理差异分析［J］.探矿工程：岩土钻掘工程，2014，41（5）：6-9.

［3］向雪琳，朱丽华，单素华，等.国外控制压力钻井工艺技术［J］.钻采工艺，2009（1）：32.

［4］赖敏斌，樊洪海，彭齐，等.井底恒压控压钻井井口回压分析研究［J］.石油机械，2015，43（11）：13-17.

［5］王希勇，蒋祖军，朱礼平，等.微流量控制式控压钻井系统及应用［J］.钻采工艺，2013，36（1）：105-106.

# 第三章　PCDS 精细控压钻井装备与应用

中国石油集团工程技术研究院有限公司自主研制了 PCDS-Ⅰ、PCDS-Ⅱ、PCDS-S 精细控压钻井系列装置，集恒定井底压力控制与微流量控制于一体，井底压力控制精度 0.2MPa，达到国际同类技术产品先进水平。

## 第一节　PCDS-I 精细控压钻井系统

PCDS-Ⅰ精细控压钻井系统[1]是三通道精细控压钻井装备，该装置集恒定井底压力与微流量控制功能于一体，主要由自动节流系统、回压补偿系统、自动控制系统、随钻环空压力测量装置、控压钻井软件等系统组成。

PCDS-Ⅰ精细控压钻井系统与现场钻机的钻井液循环系统形成闭环控制回路，随钻环空压力测量装置（PWD）实时采集地层压力信号传输至地面控制中心，水力计算模块分析井口所需回压值，并通过在线智能监控的自动控制软件，实时精确调节井口补偿压力，确保在钻进、接单根、起下钻等不同钻井工况下，井底压力均在最佳的设定范围内。当钻进过程中发生井下溢流时，PCDS-Ⅰ精细控压钻井系统可自动检测并实时控制、调节自动节流系统节流阀开度，及时控制溢流，可适用于过平衡、近平衡及欠平衡状态下的精细控压钻井作业。

自动节流系统由高精度自动节流阀、主辅节流通道、高精度液控节流控制操作台等部分组成，具备多种操作模式、安全报警、出口流量实时监测等功能。回压补偿系统由三缸柱塞泵、交流变频电机及高精度质量流量计等部分构成。可在钻井循环或停泵的作业中进行流量补偿，以维持节流阀最佳功能。

### 一、设备的组成、功能及技术指标

精细控压钻井装备由自动节流管汇橇、回压泵橇、控制中心及配件房等主体部分组成。精细控压钻井系统总体技术指标为：

（1）额定压力 35MPa；

（2）工作压力 14MPa；

（3）节流精度 ±0.2MPa。

1. 自动节流管汇橇

1）自动节流管汇橇组成

自动节流管汇橇主要由自动节流管汇、高精度液控节流控制操作台以及控制箱组成，如图 3-1 所示。

自动节流管汇有三个节流通道，备用通道增强了系统的安全性。

（1）主节流通道，钻井液流经节流阀 A；

图 3-1　自动节流管汇橇

（2）备用节流通道，钻井液流经节流阀 B；

（3）辅助节流通道，钻井液流经节流阀 C。

每个通道由气动平板阀、液动节流阀、手动平板阀、过滤器组成。气动平板阀适用于切换节流通道，节流阀用于调节井口回压，手动平板阀用于关闭通道，在线维护维修时使用，过滤器用于过滤大颗粒，防止流量计堵塞整压而损坏。

节流阀 A、B 为大通径的节流阀，供正常钻井大排量时使用，A 为主节流阀，正常钻井时使用；在节流阀 A 工作异常或堵塞时，才自动启动节流阀 B，并通过平板阀关闭节流阀 A 的通道。节流阀 C 为辅助节流阀，通径较小，在钻井小排量或钻井泵停止循环时，启动回压泵，节流施加回压使用。

自动控制的气动平板阀，在不同钻井工况下转换时，用于切换节流通道。其他阀门在管汇中正常工作时均处于常开或常关状态。

流量计可以精确计量钻井出口流量，用于测量排量变化，为实时计算环空压耗，及时调整回压提供实时数据；流量计的另一个作用是微流量判断，判断井下是否存在微量的溢流和漏失。

2）自动节流管汇技术参数

（1）高压端额定压力：35MPa；

（2）低压端管汇压力：14MPa；

（3）管汇通径：主、备 $4\frac{1}{16}$in，辅助 $3\frac{1}{8}$in；

（4）加工标准：API 16A。

3）节流阀技术参数

节流阀作为完成节流控压的核心部件，主要技术参数为：

（1）额定压力：35MPa；

（2）最佳节流控制压力：0~14MPa；

（3）钻井液密度、流量范围：0.8~2.4g/cm$^3$、6~45L/s；

（4）主、备节流通径：2in，通道通径 $4\frac{1}{16}$in；

（5）辅助节流阀通径：1in，通道通径 $3\frac{1}{8}$in；

（6）节流压力控制精度：±0.2MPa；

（7）控制方式：液压马达驱动；

（8）执行标准：全部阀门、法兰、管线、连接器加工标准按 API 16A 执行。

4）自动节流管汇控制模式

（1）节流阀控制：液压马达驱动，自动控制/本地控制；

（2）自动平板阀：气缸驱动，自动控制/本地。

另外，由于自动节流管汇橇是 PCDS-I 精细控压钻井系统的压力控制部分，所以必须经过严格的压力测试，在出厂时要完成规定的静水压力测试，运到现场后要完成规定的静水压测试。

2. 回压泵橇

1）组成

回压泵橇主要由一台电动三缸泵、一台交流电机、一条上水管线和一条排水管线组成，如图 3-2 所示。交流电动机采用软启动器控制启动，由系统自动控制；上水管线装有过滤器、入口流量计；排水管线有空气包、截止阀、单流阀。

图 3-2　回压泵橇

回压泵是一个小排量的电动三缸泵，交流电动机驱动、采用软启动器，由系统进行自动控制。回压泵的主要作用是流量补偿，它能够在循环或停泵的作业过程中进行流量补偿，提供节流阀工作必要的流量。它也能在整个工作期间，排量过小时，对系统进行流量补偿，维持井口节流所需要的流量，其目的是维持节流阀有效的节流功能。回压泵循环时是地面小循环，不通过井底。自动控制的回压泵系统采用动态过程控制，能快速响应，在钻井工况需要时有自动产生回压的功能。

回压泵与自动节流管汇连接，在控制中心的控制下工作，其主要作用就是在控压钻井过程中，在需要时以恒定排量提供钻井液，钻井液流经辅助节流阀，控制中心通过调整节流阀控制回压。正常钻进时，自动节流管汇由钻井泵提供钻井液，控制回压。当钻井泵流速下降（如接单根时），井眼返出流量无法满足节流阀的正常节流，控制中心会自动启动回压泵，回压泵向自动节流管汇提供钻井液，流经节流阀，使节流阀工作在正常的区间内，以保持回压，维持井底压力在安全窗口内。为了保证安全，回压泵的管路中设计泄压阀、单流阀，防止压力过高和井口回流。

2）基本功能

（1）流量补偿；

（2）自动或手动控制；

（3）软启动；

（4）入口流量监测；

（5）安全泄压、防回流。

3）回压泵主要技术参数

（1）输入功率：160kW；

（2）额定压力：35MPa；

（3）工作压力：最大 12MPa；

（4）工作流量：12L/s。

3. 控制中心及配件房

控制中心是 PCDS-I 精细控压钻井系统的大脑，可实现数据采集的资料汇总、处理，实时水力计算以及控制指令的发布；配件房则用于存放精细控压钻井系统配备的工具和配件。PCDS-I 精细控压钻井系统核心部分，即自动控制系统放置在控制中心房内，其系统框架结构如图 3-3 所示。

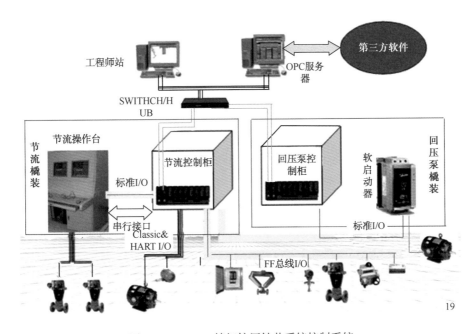

图 3-3　PCDS-I 精细控压钻井系统控制系统

自动节流管汇橇和回压泵橇分别安装一个现场控制站（置于防爆控制柜中），分别实现对自动节流管汇和回压泵的控制，在控制中心房放置一台工程师站（兼有操作员站和 OPC 通信的功能），实现对两个橇装上设备的集中监控。在节流管汇橇上，节流操作台和现场控制站进行互连和通信；在回压泵橇上，现场控制站和软启动器进行互连和通信。

## 二、设备设计

PCDS-I精细控压钻井系统可在有旋转防喷器的条件下独立工作，当配有井下测量、止回阀工具后可进行恒定井底压力控压钻井作业。

PCDS-I精细控压钻井系统构成：自动节流系统、回压补偿系统、液气控制系统、自动控制系统、工艺及控制软件、辅助设备及工具等。

（1）自动节流系统：包括由一个主节流阀、一个备用节流阀、一个辅助节流阀组成的三个节流通道，带有直流通道和出口流量计的节流管汇。

（2）回压补偿系统：专用的小功率电动钻井泵系统，带有上水过滤器、入口流量计、电动三缸柱塞泵。

（3）液气控制系统：可对节流管汇系统和回压泵系统阀件进行控制的液气控制台及控制管线。

（4）自动控制系统：能对精细控压钻井系统进行实时控制的数据采集和控制的自动化系统，具有人机交互式操作。

（5）工艺及控制软件：用水力学模型进行实时采集计算，有控压钻井设计功能，适用于上述自动控制硬件系统，并能实时控制的软件。

（6）辅助设备及工具：发电机、备用气源、手动节流阀、止回阀卸压工具、法兰连接管线、活接头连接管线、软管、库房等。

1. 节流管汇系统设计

（1）设计依据：

①工作介质：钻井液（含气钻井液、加重剂的高密度钻井液钻屑、$H_2S$、$CO_2$等强腐蚀的酸性气体），冲蚀性强；

②工作温度：设备长期处在野外作业，能在低温下保存，工作温度在0~100℃；

③工作精度：适应窄密度窗口钻井条件，井底压力控制范围 ±0.2MPa；

④井眼条件：$\phi$311mm以下井眼；

⑤安全要求：设备运行安全自动报警，井下溢流、漏失监测，管汇堵塞报警和节流通道自动切换；

⑥压力等级：35MPa；

⑦节流压力：14MPa；

⑧压力控制精度：±0.2MPa；

⑨钻井液密度：0.8~2.4g/cm³；

⑩工作温度：0~100℃。

（2）系统组成：

节流管汇设计如图3-4、图3-5所示。

（3）传感器、数据采集与控制安装：

自动节流管汇由一个控制器集中控制，全部采集和控制信号均由控制器来处理。

①主节流通道：节流前压力传感器、温度传感器、压力指示器。

②辅助节流通道：节流前压力传感器。

图 3-4  节流管汇三维设计图

③三个节流通道后：压力传感器、压力指示器、流量计（质量流量、密度、温度）。

④三个液控节流阀装有阀芯位置传感器；三个气动平板阀装有开关位置传感器。

⑤液控节流阀通过两根液压管线与控制台相连接，气动平板阀通过两根气管线与控制台相连接。

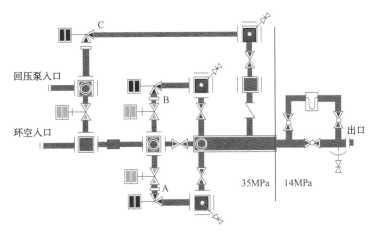

图 3-5  主要控制阀门连接图

2. 回压泵系统设计

如图 3-6 所示，回压泵系统组成：电动三缸泵，交流电机驱动、软启动器；上水管装有过滤器、入口流量计；排出口有空气包、截止阀、单流阀等。

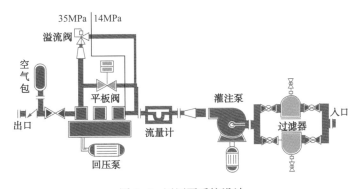

图 3-6  回压泵系统设计

回压泵的两个主要参数为排量和压力。排量由节流阀的节流特性决定，回压泵的压力大小取决于所需补偿的环空压耗的大小。井越深，流动阻力越大，所需要的压力越高。回压泵结构设计如图3-7所示。

图3-7　回压泵三维设计图

3. 液气控制系统设计

（1）液气控制单元的组成。液气控制单元是精细控压钻井系统的核心技术之一。液气控制单元由三部分组成：气源、液气控制柜及控制管汇、电控系统。其中，气源采用压缩空气站供气，供气站应满足液气控制柜的气源供应。

气源规格参数：压力0.8MPa；流量150m³/h。

通过总线，电控系统实现对液气控制柜的液气数据显示、远程中央控制及电控安全设定。

（2）液气控制单元工作原理：

①动力源技术参数：

气源压力：0.8MPa；

液压压力：10.5MPa；

液压流量：30L/min；

液压工作介质：ISO VG32液压油；

工作温度范围：-10~+60℃；

环境温度范围：-10~+45℃。

②动力源功能：包括：油液储存、压缩空气处理、将压缩空气动力转化为液压能、手动应急能源提供、油液过滤、数据采集。

a 油液储存。有两个油液储存装置：油箱及蓄能器。

油箱：油箱为开式油箱，无压，容积为75L，采用304不锈钢制成，设有液气泵和手动泵吸油接口及系统回油接口，油箱顶部设加油口及空气过滤器及液位继电器（本安型），继电器可在液位低至报警位时开关点接通报警。为观察油箱液位，油箱侧壁上设2个目测液位计，油液温度则通过热电阻检测将电阻信号输出给中控。油箱还设有排污口及油液检测口。

蓄能器：蓄能器为活塞式蓄能器，容积为20L，压力级别为30MPa，活塞蓄能器需充氮气，充氮压力为5.5MPa。

b 压缩空气处理。压缩空气站提供的气源压力为0.6~0.8MPa，向液气控制柜及补压站供气，经过外接空气过滤器过滤接入液气控制柜压缩空气回路，先接入设在面板上的截止阀，该阀是液气控制柜压缩空气回路的总开关，开关打开，气体进入控制柜内管道，面板上的压力表（机械指针式）显示气源压力，同时压力传感器通过 FF 总线向中控实时输出压力信号，供中控数显及控制。为了设备安全，该气路设气体安全阀，设定压力为 1.0MPa；之后气路分三路：

第一路：提供液气泵气源回路，该回路进口设总开关截止阀，设在面板上，液气泵的启/停由该阀控制，打开阀门，气体进入气体减压阀，通过调节设定减压可控制液气泵输出的液压压力至 10.5MPa。

第二路：AP1 提供节流阀控制模式转换回路。

第三路：AP2 提供平板阀开/关控制回路。

c 将压缩空气动力转化为液压能。由于控压钻井环境条件要求设备具有良好的防爆性能，液气泵的无火花及不发热性能满足这方面要求，故系统采用了 HASKEL 的 GW-35 液气泵，其特点：压缩比 1:35，它由气体驱动部分液压部分及换向控制阀组成，气体驱动部分的活塞与液压驱动部分的柱塞连在一起，由换向阀控制自动做往复运动，大面积的活塞与小面积的柱塞将作用在活塞上的驱动气体压强传递给柱塞，从而提高液体的出口压力。

为稳定泵口压力及应急供油，泵口设 20L 活塞蓄能器，应急供油量为 8L。泵口还设有液压安全阀，设定压力为 12.5MPa。为便于设备维修，设有维修系统前切断蓄能器路及释放系统压力的截止阀。为便于系统压力调节，在面板上设显示系统压力的压力表（机械指针式），同时压力传感器通过 FF 总线向中控实时输出压力，供中控数显及控制。

d 手动应急能源提供。系统除设计液气泵源外，还设计一套人工为动力的液压泵，该泵的原理为：人工驱动手柄上下摆动（作用力 20kg），手柄带动柱塞往复运动，将人工动力转换为液体压力（10.5MPa）。

该泵设置与液气泵并联，在液气泵回路失效时应急使用。

e 系统过滤。系统过滤分为两类：气体过滤和液压过滤。

气体过滤：对进入液气控制柜的压缩空气进行过滤，减少气动回路中阀的故障，延长使用寿命；

液压过滤：设油箱空气过滤器精度 10u，泵吸油过滤精度 30u 及系统回油过滤精度 10u。过滤器的设置可保持液压油的清洁度，减少液压回路中阀的故障，延长油液及控制阀的使用寿命。

f 数据采集。由于设中央控制，系统的压力、温度及关键工作模式需要中控操作人员掌握或自动控制点设定。

4. 自动控制系统设计

（1）设计的基本思路：

以满足设备功能为原则，要求性能可靠，抗干扰能力强，现场系统全部采用防爆设计。采用 FF 现场总线为主体构建系统的总体框架，控制器、输入输出模块、电源采用冗余配置本安防爆等级。

（2）系统总线：

①全数字、双向传输、多点通信、总线供电用于连接智能仪表和自动化系统的通信链路，FF 总线可以视为一种基于现场的局域网；

②信号传输的数字化，使 FCS 更具实用性，可大幅度减少电缆用量；

③数字信号传输精度较模拟信号高得多（约 10 倍），抗干扰能力强，因此控制质量更好；

④总线仪表可以提供更多关于仪表的运行信息，具备故障诊断和高级诊断功能，可以将自控设备的运行情况及时反馈到控制系统中；

⑤ FF 总线的优势：

a 总线：现场基金会总线（Fieldbus Foundation）；

b 信号：数字化双向通信；

c 速度：HSE 高速现场总线通信速率为 100Mbps；

d 网络：开放式的数据网络；

e 多站：一条总线挂接多台设备；

f 互换性：即插即用，任何厂商设备只要符合总线标准即可使用；

g 方便：多个设备只需一个安全栅和一根电缆；

h 直观：现场总线视野扩展到现场仪表；

i 抗干扰：数字信号采集传输抗干扰能力强。

（3）Delta V 系统的性能：

①系统数据结构完全符合基金会现场总线（FF）标准，在实行 DCS 所有功能的同时，可以毫无障碍地支持 FF 功能的现场总线设备。DeltaV 系统可在接收 4~20mA 信号、1~5VDC 信号、热阻热偶信号、HART 智能信号、开关量信号的同时，非常方便地处理 FF 智能仪表的所有信息；并且 FF 和其他信号同在一个数据库，使组态和信息传输极其方便。

②内置的智能设备管理系统（AMS）对智能设备进行远程诊断、预维护，减少因仪表、阀门等故障引起的非计划停车，增加连续生产周期，保证生产的平稳性。

③ DeltaV 系统的流程图组态软件采用 iFix，并支持 VBA 编程，使用户随心所欲开发最出色的流程画面。

④即插即用、自动识别系统硬件、控制器和卡件带电插拔等功能，大大降低了系统安装、组态及维护的工作量。

⑤强大的集成功能，提供 PLC 的集成接口，提供 ProfiBus、AS-I、DeviceNet 等总线接口。

⑥ APC（先进控制）组件，使用户方便地实现各种先进控制要求，功能块的实现方式使用户的 APC 实现同简单控制回路的实现一样容易。

⑦ DeltaV 系统可接受来自智能现场设备的数据，显示生产过程中的质量、状态和故障诊断信息，并可明确指出报警是出现在过程中还是设备上。

⑧ OPC 技术的采用，可以将 DeltaV 系统毫无困难地与第三方软件实现连接。

## 三、控压钻井软件

控压钻井软件系统分为控制软件与应用软件，控制软件是为硬件工作服务，应用软件是现场工程师工作使用的软件，主要功能不一样，如图 3-8 所示。

（1）设计原则：

控压钻井软件及其控制部分作为控压钻井技术成套装备的一部分，犹如这一系统的大脑神经中枢，在整体的协同作业中扮演着十分重要的角色。软件如果按照运行环境来分，主要分为控制器和 PC 两大部分。其中控制器上主要表达一些实时性要求较强，反映工况和流程的控制逻辑；PC 上的软件行使实时采集、人机交互、复杂算法模型描述、表格图形输出等功能。

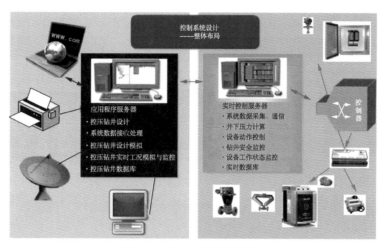

图 3-8　自动控制系统设计

PC 中的系统基于 Windows 平台，软件设计必须确保软件既可以无差错地行使采集—判断—控制的职能，又可以兼顾现场的调试改造。在对系统的初步调研后，提出以下几点设计原则：

①稳定性原则。稳定性无疑是首先必须考虑的，作为一个日夜运转的系统，软件必须有 $24h \times 7d$ 的稳定性级别。为了尽可能提高系统稳定性，必须细心编码，充分测试，多次现场试验，多阶段保障系统足够稳定。

②易维护原则。过于复杂的组织结构并不适合对实时性要求较强的工控系统，架构的设计应做到功能定义明确，模块接口简洁，有利于现场的维护工作，让模块间的耦合度尽可能降低。

③直观性原则。图形化的界面表达是 PC 上开发软件的优势之一，多采用图表的形式，以反应数据的变化，达到所见即所得的视觉效果。

④高性能原则。提高性能的方法有很多，在系统设计的各个环节都有优化的可能性。因此应采用多线程、高压缩、异步通信、优化数据结构、优化算法流程等手段，尽可能提高软件的性能。

⑤易用性原则。从用户使用的角度出发，充分考虑一线录入的便捷性和使用的高效性。这将在系统的培训和推广中产生直接的效益。

⑥安全原则。多种授权方式，角色管理保证数据的访问安全；必要的用户口令保证软件的使用安全；记录操作日志保证事后的分析处理。

（2）软件系统的架构：构建用于监测、分析的数据平台（图 3-9），是本系统的关键。针对井场数据不同类型、不同格式、不同来源和采集量大、采集时间长等特点，需要建立专门的数据接口对各种来源数据进行转换处理，才能供实时监测系统使用。

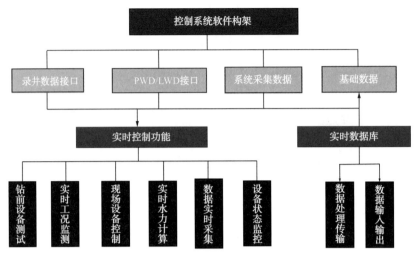

图3-9　控制系统软件框架

（3）数据管理：

①数据操作功能：

a 可以根据不同数据类别进行添加、修改、删除、恢复和保存等基本操作；

b 具有增加行、删除行、自动统计功能；

c 对于缺省状态数据具有自动计算功能；

d 提供数据复制、剪切和粘贴功能。

②数据导入与导出：

a 可将数据库中的全部或部分数据取出来以文件的形式保存；

b 将存放文件的内容重新引入数据库以达到恢复和添加数据的目的。

③数据查询功能：

a 数据查询：对系统中包含的各种数据进行查询，查询结果可在屏幕上预览和输出到 Word 文件及打印机上；

b 知识查询：可通过关键字或定义各种查询条件，查询特定客户需求结果，支持模糊查询，查询结果可输出到屏幕、Word 文件和打印机上。

④数据统计分析功能：可按客户定义的各种条件，进行统计汇总分析，查询数据可生成饼图和直方图。

⑤单位转换功能：

a 用户自动定义缺省单位；

b 支持国际单位、油田单位和客户缺省单位的转换。

（4）工程设计与计算：

① 控压钻井设计模块：

a 地层孔隙压力预测，包括地震层速度法、声波时差法、dc 指数法、RFT 测井等多种预测方法，和已有的孔隙压力数据导入。

b 地层破裂压力预测，包括 Eaton 法、Staphen 法、Anderson 法、声波法、液压试验法。

c 地层坍塌压力预测，运用测井资料和实测岩石力学性能综合资料预测地层坍塌压力。

d 优化井身结构设计，包括传统井身结构设计方法（自下而上，套管层次最少）、优化井身结构设计方法（平衡压力，确保钻遇成功）、合理套管下入区间确定与设计。

e 钻井液合理密度确定与设计，包括钻井液合理密度设计、钻井液合理密度确定。

f 井控评价与基准设计，包括井控余量设计、正常钻井、溢流过程、井漏过程的不同钻进过程设计与计算。

g 压井参数计算，包括主要压井液密度、黏度、流变特性等一些基础参数的计算。

h 常规压井方法，包括常规压井计算方法：工程师压井法、司钻压井法、综合压井法，非常规压井方法：体积控制 / 置换法、压回法（直推法）、反循环压井法、顶部压井法、动力压井法、超重钻井液压井法、低节流压力法。

i 特殊工艺井控压钻井设计，包括水平井控压钻井设计、定向井控压钻井设计、大位移井控压钻井设计。

② 水力参数计算模块：

a 钻井液流变参数优选。

b 流变模式选择，包括牛顿、宾汉、幂率、赫巴、卡森、四参数。

c 范氏黏度计参数直接输入，包括简易计算方法（2 参数）、回归分析方法（多参数）、流性指数 $K$、稠度系数 $n$、动切应力 $YP$、塑性黏度 $PV$ 等。

d 非牛顿流体水力学计算模块，包括非牛顿流体同心环空水力学计算、非牛顿流体偏心环空水力学计算。

e 小井眼水力学计算。

f 钻头水力学计算模块（音速和亚音速流动），包括波动压力计算、稳态波动压力计算、瞬态波动压力计算。

g 两相流体水力学计算模块。

h 垂直井常规多相流计算，包括 Okisiki、Beggs–Brill、Hagdorn–Brown、Duns–Ros、Hasan–Kabir、Aziz。

i 倾斜井常规多相流计算，包括 Ferria、Beggs–Brill。

j 水平井常规多相流计算，包括 Dukler、Baker、Lockhart–Martinelli。

k 多相流数值计算模型，包括非常规 ZNLF 多相流理论。

l 环空携岩计算模块，包括环空返速和合理排量设计、岩屑浓度计算分析、特殊工艺井环空携岩计算、岩屑自重静压力。

m 井筒温度计算模块，包括测量数据直接输入、井筒动态传热计算、钻进时温度分布、停钻温度分布、接单根过程温度分布、异常温度工况判断。

n PVT 参数计算模块，包括相态选择（油、气、水）、经验公式计算、泡点压力 $p_b$、原油黏度、溶解气油比、体积系数、表面张力等实测数据输入与拟合、混合流体 PVT 参数计算。

（5）钻前检测、钻时监测和决策：

①钻前试压模拟检测；

②钻井实时监测与决策；

③不同工况钻井作业选择，包括钻井过程、接单根过程、起钻过程、下钻过程、换胶芯、重钻井液帽压井、压井作业、溢流、井漏和降密度；

④异常情况报警处理；

⑤常规井控处理。

（6）报表及文档生成：

①树型数据列表结构展开；

②根据客户需要可输出 Word 或 Excel 报表；

③自动生成控压钻井设计与计算报告。

（7）图形显示与绘制：

①井下 PWD 数据实时监测与显示；

②井底压力、井口压力、立管压力、出口流量、入口流量、上水罐液面、节流前压力、节流压力、节流后压力；

③录井数据实时监测与显示；

④地面节流控制系统参数显示。

（8）系统安全维护：

①权限管理模块；

②口令密码输入；

③用户类别选择；

④用户权限管理；

⑤管理人员、技术人员、操作人员。

（9）帮助模块：

①系统版本信息；

②系统操作说明；

③相关标准与手册；

④石油天然气行业标准；

⑤钻井施工常用数据手册；

⑥甲方手册；

⑦操作规程手册；

⑧复杂事故处理程序。

（10）数据接口处理：

建立公共数据来源处理模块，使多方面的数据能够相互校正、相互补充，更精确的监测井眼状况。实时监测数据来源主要包括以下几个方面：

①录井数据接口。录井数据由两大部分组成，一是由传感器连续采集的 20 余项参数和由此派生的 500 余项地质数据和工程数据；二是由作业者定点采集的观测数据和分析化验数据。

公共数据源模块对各种录井数据根据需要提取所需的数据项，然后进行转换和抽取，统一数据格式，以供实时监测系统使用，从而为及时、准确的决策分析提供数据基础。

②PWD 数据接口。PWD 数据是井下近钻头处的测量数据，其实时数据对井下情况的

分析具有非常重要作用。

软件系统预留 PWD 数据接口。在具备试验条件的情况下，尝试对 PWD 数据应用进行探讨性的研究，从中提取所需的数据项，可供公共数据源使用。

③井底压力实时计算数据。分别由环空内计算和实测数据计算井底循环压力，对这两个压力值进行对比分析，实时判断井下情况，其计算、判断结果传递给公共数据源模块，以供统一分析、处理。

# 第二节　PCDS-Ⅱ精细控压钻井系统

PCDS-Ⅱ精细控压钻井系统是在 PCDS-Ⅰ精细控压钻井系统基础上研发的一种新型 PCDS 系列产品，该新型装置结合了现场试验应用情况以及实际作业要求，优化了设计及加工方案，具有两个节流通道。

## 一、自动节流系统

1. 自动节流管汇

（1）主体框架：分为双节流通道、直通通道及测量通道。

①节流 A 通道由气动平板阀（4in）、自动节流阀（2in）、过滤方通、手动平板阀（4in）构成，节流通径为 2in，备有可更换为 $1\frac{1}{2}$in 的阀座。

②节流 B 通道既可作为 A 通道的备用通道，又需作为回压补偿的辅助通道，由汇流方通、气动平板阀（2in）、气动平板阀（4in）、自动节流阀（2in 或 $1\frac{1}{2}$in）、过滤方通、手动平板阀（4in）构成，节流通径为 2in，备有可更换为 $1\frac{1}{2}$in 的阀座。

③直通通道由手动平板阀（4in）与测量通道直接相连。

④测量通道由 3 个手动平板阀（4in）与质量流量计构成。

⑤单流阀为 4in 法兰通径。

（2）管汇：在低压区八通侧面安装旋塞阀，便于泄压和排污。2in 管线的活接头规格统一定为 1502，4in 管线活接头规格为 602，方便现场配套。橇上安装专用接地螺栓、接线杆，橇内安装两个防爆照明灯，功率不低于 100W/ 只。自动节流橇框架如图 3-10 所示。

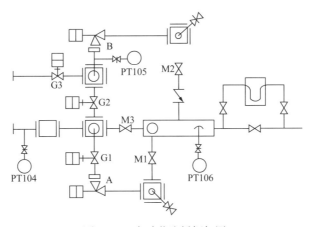

图 3-10　自动节流橇框架图

2. 液气控制台

（1）液气控制对象：

①节流阀执行马达 2 台；

②气动平板阀开关气缸 3 台；

③液动平板阀开关液缸 1 台。

（2）控制模式：

①节流阀执行马达，自动 / 手动；

②气动平板阀开关气缸，自动 / 手动；

③液动平板阀开关液缸，自动 / 手动；

设一个总的远程 / 本地（即自动、手动）转换开关。

（3）技术要求：

①液压工作压力：10.5MPa；

②气源压力：0.6~0.8MPa；

③环境温度：–25~50℃；

④防爆要求：符合 2 类防爆区域国家标准；

⑤液压流量：40L/min；

⑥液、气压管线：304 不锈钢。

液气控制台面板布置如图 3–11 所示。

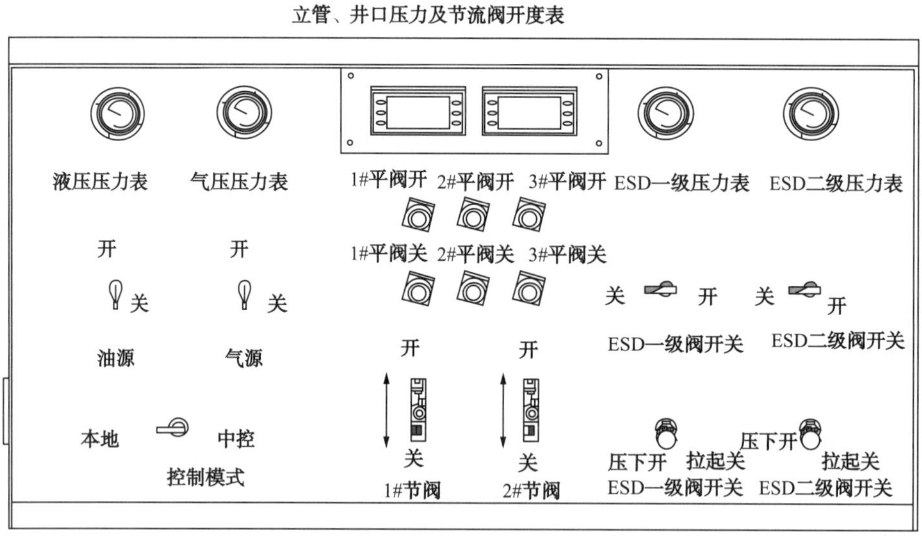

图 3–11　液气控制台面板布置图

（4）外形尺寸加工要求：

①气动平板阀供气管线通径加大，提高阀门开关速度。

②电磁换向阀信号线尺寸应与其防爆卡箍尺寸相匹配，防止进水、进气，做到真正意义上的防爆。

③提高油、气管线的装配精度，减少因装配导致的漏油、漏气现象。

3. 自动控制系统

自动控制系统采用数字总线模式，采用 DCS 控制系统。检测及控制点数：

（1）FF 测量仪表信号输入 10 个；

（2）数字量输入 8 个；

（3）模拟量输入 3 个；

（4）数字量输出 8 个；

（5）模拟量输出 3 个。

PCDS-Ⅱ控压钻井系统节流橇 3D 设计如图 3-12 所示。

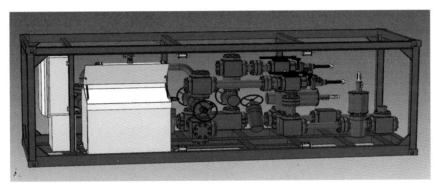

图 3-12　节流橇 3D 设计图

## 二、回压补偿系统

1. 三缸柱塞泵

（1）液力端润滑管线进行改造，装汇流块、调节开关，使三个柱塞润滑均匀；

（2）液力端底部回油池和回油管线进行改造，使回油更为顺畅；

（3）柱塞尺寸选择 125mm，冲次不高于 120 冲 /min，理论排量不低于 10L/s；

（4）安全阀保护动作压力不高于 14MPa，复位压力不低于 8MPa，通过现场使用来看，能够有效保护泵与电动机。

2. 灌注泵

（1）灌注泵电机采用地脚螺栓方式固定，地脚螺栓使用减振胶垫，减少振动；

（2）严格要求灌注泵安装精度，避免运转产生振动，以防对流量计产生影响。

3. 传动电动机

（1）采用防爆 8 级电动机，功率 160kW；

（2）电动机与泵采用直连方式；

（3）采用软启动器，并对软启动器进行设置，优化电动机启动方式。

4. 空气包

将空气包更换为活塞式。

5. 气动平板阀

柱塞泵出口安装 2in 气动平板阀；提高阀杆加工精度，避免阀门开关时出现卡、钝现象。

6. 质量流量计

在质量流量计前后加装可曲挠弹性接头，阻止管线振动的传递，以免影响流量计测量精度和使用寿命。

7. 管汇

（1）回压橇上水口处安装蝶阀、过滤器，过滤器要便于拆开清理；

（2）回压橇管线低处安装排污、放空接口（安装旋塞阀封闭），便于排污和放空。

8. 橇装

（1）橇上安装专用接地螺栓、接线杆；

（2）橇内安装两个防爆照明灯，功率不低于 100W/只。

PCDS-Ⅱ控压钻井系统回压泵橇 3D 设计如图 3-13 所示。

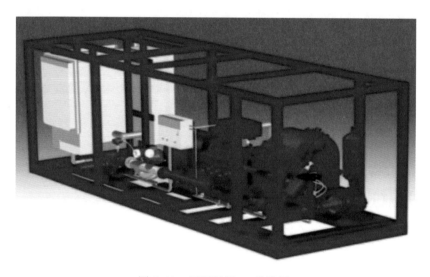

图 3-13　回压泵橇 3D 设计图

## 三、控制中心设计

1. 正压防爆房

供电线截面积符合电器功率要求。

2.24V 电源

节流橇和回压橇 DCS 系统 24V 供电电源改为采用单独供电模式，并考虑功率冗余，各供电回路安装指示灯。

## 四、控压钻井软件设计

采用传统软件开发的结构化生命周期的方法，将软件开发分为问题的定义、可行性研究、软件需求分析、系统总体设计、详细设计、编码、测试和运行、维护等阶段。

1. 总体结构设计

开发的软件主要由前处理模块、计算模块（稳态计算模块、瞬态计算模块、实时预测控制模块）和后处理模块构成。其主要模块结构如图 3-14 所示。

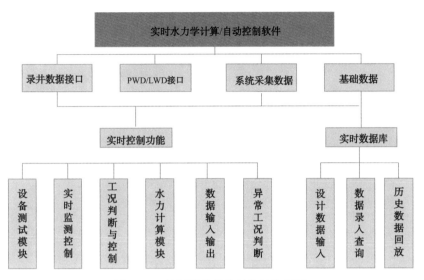

图 3-14　控压钻井软件总体结构框图

2. 主要模块及其功能

1）前处理模块

前处理模块主要是基础参数的录入模块、井筒网格离散处理模块和所有参数的初始化模块。主要采用人机对话的方式录入基础数据（如井身结构参数、轨迹数据、流体物性数据、地层特性数据、控压施工参数），并检查数据合理性，保存至标准数据库中；同时根据井筒的结构和轨迹数据（设计轨迹数据处理、实钻轨迹数据处理以及随钻预测轨迹数据处理）处理相关数据，并保存到标准数据库中；同步对要计算的所有参数进行初始化处理，特别是各个节点或单元的特性参数进行初始计算或者给定初始值。

2）计算模块

计算模块主要包括稳态计算模块、瞬态计算模块、敏感性分析模块、动态预测控制模块、净零液流计算模块等主要模块，主要是根据实时监测的工况，计算各自工况下的井底压力和井筒实时特性参数。几大模块还调用了工况方式自动判别、动网格划分、流体物性参数计算、流型识别和特性参数计算、各个时刻节点求解及结果文件保存模块，主要处理相应计算过程。

3）后处理模块

后处理模块主要包括绘图模块、数据输出到 Word 或者 Excel 模块，主要是从数据库中读出计算结果，并显示为相应的可视化图和数据表，可以实时模拟计算和实时显示各种工况过程井筒内压力分布、速度、密度、持液率等参数的变化以及井底压力波动情况。

PCDS-Ⅱ精细控压钻井压力控制系统设计包括实时在线的压力控制监测系统设计和相应的软件开发。主要包括实时压力控制要监测的数据、数据传输与存储、计算分析和决策等方案，并开发了井筒压力等参数计算的核心计算模块等，组成了控压钻井控制软件，同时，经过大量数据的计算和验证表明，该软件稳定性好、精度高，能满足精细控压钻井的工程应用需要，并具有进一步升级的价值。

PCDS-Ⅱ精细控压钻井系统实物，如图 3-15 所示。

图 3-15　PCDS-Ⅱ精细控压钻井系统照片

# 第三节　PCDS-S 精细控压钻井系统

PCDS-S 精细控压钻井系统是在 PCDS-Ⅰ 及 PCDS-Ⅱ 精细控压钻井装备的基础上研制成功，既继承了其优点，又有所创新和突出，可实现高精度、自动欠平衡钻井作业，能够自动调节井口压力施加值，精确维持井底欠压值，并具有结构紧凑、操作简单、使用成本相对较低等优势，适用范围广。

## 一、装备组成、技术参数与工作原理

### 1. 装备组成

PCDS-S 精细控压钻井装备包括四大系统：自动节流系统（图 3-16）、液气控制系统、监测及自动控制系统、精细控压钻井自动控制软件等，采用控制器和 FF 数字总线仪表，具备在线自诊断功能，系统工作可靠性高。

图 3-16　PCDS-S 自动节流系统

2. 技术参数

1）自动节流管汇技术参数

（1）高压端额定压力：35MPa；

（2）低压端额定压力：14MPa；

（3）管汇通径：$4^1/_{16}$in；

（4）加工标准：API 16A。

2）节流阀技术参数

节流阀作为完成节流控压的核心部件，主要技术参数为：

（1）额定压力：35MPa；

（2）最佳节流控制压力：0~14MPa；

（3）钻井液密度、流量范围：0.8~2.4g/cm$^3$、6~45L/s；

（4）节流通径：2in，通道通径 $4^1/_{16}$in；

（5）节流压力控制精度：±0.2MPa；

（6）控制方式：液压马达驱动；

（7）执行标准：全部阀门、法兰、管线、连接器加工标准按 API 16A 执行。

3. 工作原理

在控压钻进、起下钻及接单根等不同钻井工况条件下，PCDS-S 精细控压钻井装备能够对井底与井口压力、钻井泵入与返出流量等钻井与工程参数进行实时采集和监控，通过自动控制软件的单通道压力控制策略、方法进行系统自动判断，进而实时、自动调节节流管汇对井口施加回压，有效实现单通道控压钻井系统对井筒压力和微流量控制，从而有效解决窄密度窗口、涌漏同存等井下复杂问题，形成一套系统的压力控制工艺。

该装备具有以下特点：结构紧凑、操作简单、使用成本相对较低；自动控制，压力控制精度高；可实现钻井过程欠平衡 / 近平衡 / 过平衡作业，是欠平衡钻井作业最高级别的装置。

## 二、应用范围与推广前景

PCDS-S 精细控压钻井装备可以完成控压钻进、控压起下钻、接单根以及换胶芯等控压钻井作业，用于解决窄安全密度窗口及复杂地层钻井难题。另外，PCDS-S 精细控压钻井装备还可与井下作业、固井完井作业结合，实现全过程的控压作业。控压井下作业采用压井泵车和自动节流管汇配合，建立地面循环。起下油管过程中，自动控制系统可自动、快速、高精度调节井口回压，有效保持井底压力不变，最大限度地维持原压力系统；实时监测出入口流量和井口压力，保障作业安全；控压井下作业可将上下半封作为应急系统，关闭环形防喷器进行起下油管作业，既可减少对上下半封的操作工序，又可减少充压泄压过程，大幅提高井下作业速度。与常规带压作业相比，控压井下作业优势明显。发现溢流异常，需要压井时，可将自动节流管汇关闭，按照带压井下作业压井工艺流程进行压井作业。

PCDS-S 精细控压钻井装备能够完成控压钻井作业，并具有结构紧凑、操作简单、使用成本相对较低等优势，适用范围广，具有广泛的应用和推广前景。

# 第四节 PCDS 精细控压钻井应用

PCDS 精细控压钻井系统先后在塔里木油田、西南油气田、大港油田、冀东油田、华北油田、辽河油田、致密砂岩气大宁–吉县区块、印度尼西亚 B 油田等油田现场试验与推广应用 40 多口井，取得显著效果。解决了发现与保护储层、提速提效及防止窄密度窗口井筒复杂的世界难题，实现了深部裂缝溶洞型碳酸盐岩、高温高压复杂地层的安全高效钻井作业，有效解决了"溢漏共存"钻井难题，深部缝洞型碳酸盐岩水平井水平段延长了 210%，显著提高了单井产能。提出"欠平衡控压钻井"理念，在保证井下安全的前提下，更大程度地暴露油气层，边溢边钻，储层发现和保护、提高钻速效果明显。在 TZ26–H7 井目的层全程欠平衡精细控压钻进，实现占钻进总时长 80.4%"持续点火钻井"的创举，与常规钻井相比平均日进尺提高 93.7%，创当时塔里木油田最长水平段纪录（水平段 1345m、水平位移 1647m），创目的层钻进单日进尺 134m 最高纪录。在塔中 721–8H 井创造了复杂深井单日进尺 150m、水平段长 1561m（5144~6705m）多项新纪录，刷新 TZ26–H7 井创造的历史纪录。在 TZ862H 井创造了垂深大于 6000m、完钻井深 8008m 的世界最深水平井纪录。PCDS 精细控压钻井技术与装备的现场试验与应用证明[2]，该技术适用于窄密度窗口地层、裂缝溶洞型碳酸盐岩水平井水平段地层、易涌易漏复杂地层、低渗特低渗储层等。

## 一、川渝地区精细控压钻井应用

2011 年川渝地区共开展精细控压钻井集成试验应用 2 口井，开展的集成试验应用主要集中在蓬莱和磨溪区块，在川渝地区复杂深井的窄密度窗口地层中开展了应用，取得了良好的效果。

1. 蓬莱 9 井应用

1）基本情况

蓬莱 9 井位于四川省遂宁市安居区常理乡棕树坪村十组。构造位置为四川盆地川中低平构造带上，是一口预探井，设计井深 3837m（斜深），其钻探目的是了解川中地区须家河组含油气情况及储层分布特征，实现储量升级；同时预探嘉陵江组储层分布及含油气情况。该井的主要目的层为嘉陵江组、须家河组，为了及时发现、保护油气层；同时，提高该井在该井段的机械钻速，缩短钻井周期。该井在三开须家河组采用欠平衡精细控压钻井技术。

须家河组为一套砂岩、页岩含煤系地层，属于三角洲–滨浅湖沉积，总厚度 360~860m，由于受雷口坡组顶古地貌的影响，总体表现为西北厚东南薄的特征。纵向上可划分为六层，具有三个明显沉积，其中须一、须三、须五段以灰黑色、黑色页岩为主夹灰色、深灰色灰质粉砂岩、煤层及煤线；须二、须四、须六段为浅灰色、灰白色细粒或中粒长石石英砂岩，局部夹黑色页岩及煤线，是主要储集层，与下伏层假整合接触。

2）难点分析

该井须家河组须六、须四、须二段均为产层，地质提示钻遇油气显示的可能性大，如何在发现油气层后及时调整钻井参数，确保该井不出现漏失情况，安全顺利钻至设计井深是该井的最大难点。

　　该井三开采用欠平衡精细控压钻井技术（图3-17），设计钻井液密度为1.05～1.15g/cm³，钻井泵排量在25~28L/s。欠平衡精细控压钻井作业前制定施工方案和应急预案，对现场所有参与作业的施工单位进行详细技术交底，各岗操作落实到位，加强联系，确保现场作业安全。

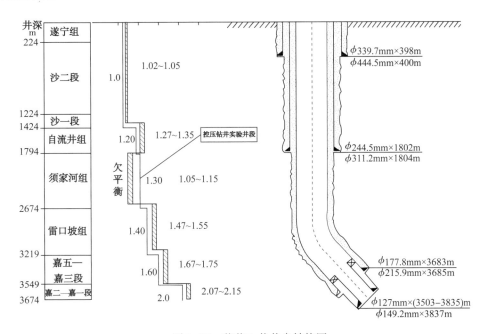

图3-17　蓬莱9井井身结构图

3）精细控压钻井施工过程

（1）套管内工艺模拟试验。9类18项控压钻井试验包括：

井底压力模式（循环钻进）；

井口压力模式（起钻、下钻、接单根）；

井底与井口模式切换（钻井停泵过程）；

井口与井底模式切换（钻井开泵过程）；

主、备节流阀切换控压钻井；

溢流工况下控压钻井；

漏失工况下控压钻井；

高节流压力工况下（7MPa）控压钻井；

溢、漏同存工况下控压钻井。

①自动节流系统三个通道节流阀特性曲线：该项测试主要用于掌握正常钻进条件下（钻井液密度1.14g/cm³，钻井泵排量28~30L/s，回压补偿排量7~8L/s）节流阀开度与井口压力的关系。

②分别在2MPa、3MPa、4MPa三个压力级别下进行了自动节流系统主、备阀切换试验，切换后20s井口回压达到平稳。

在三个压力级别下主、备阀切换均较为平稳，20s内压力达到平稳。

③井底压力模式定排量压力阶跃追踪过程，其压力响应时间在10s之内，压力控制精

度 0.2MPa。

④井口压力模式与井底压力模式切换试验：该项试验包括钻井泵停泵过程采用回压泵补压试验和钻井泵开泵过程停止回压泵补压试验。试验中动态压力控制精度为 0.2MPa。

（2）近平衡精细控压钻井试验。

试验层段：1920.46~2023.45m。

层位：须六段、须五段。

岩性：灰白色细砂岩、灰黑色页岩夹黑色薄煤层。

钻时：12~26min/m。

钻井液：密度 1.14~1.18g/cm³，黏度 35~36s，氯离子含量 8750~12600mg/L，初／终切力：0.5/1.0Pa，失水 3.4mL，滤饼 0.5mm，pH 值 9，含砂 0.1%。

钻具组合：$\phi$215.9mmPDC×0.24m+430×410 双母接头 ×0.57m+411×410 回压阀两个 ×0.84m+411×410 压力计 ×0.54m+411×410LWD×9.44m+$\phi$165mm 钻铤 ×8.92m+$\phi$213mm 扶正器 ×0.85m+$\phi$165mm 钻铤 +$\phi$127mm 斜坡钻杆 +411×410 方保接头 +411×410 下旋塞 ×0.44m。

工程参数：钻压 150~190kN，转速 71~75r/min，排量 26.5~27.5L/s，泵压 10.0~11.0MPa。

工程简况：该段无 PWD 数据，按照设计压力系数 1.3、以 2MPa 的回压值进行近平衡精细控压钻井作业，当量循环密度控制在 1.31g/cm³，钻井液密度在 1.13~1.14g/cm³，正常钻进井口控压值为 2.30~2.57MPa，接单根过程控压保持为 3.65~3.92MPa（图 3-18），井口压力控制精度 0.2MPa 以内。

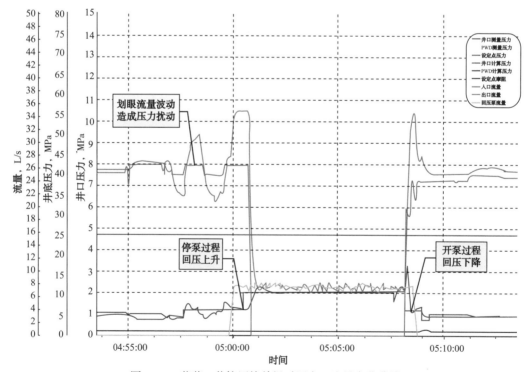

图 3-18　蓬莱 9 井控压接单根时压力、流量变化曲线

（3）欠平衡精细控压钻井试验[4, 5]。

试验层段：2023.45~2560m。

层位：须五段。

岩性：灰黑色页岩夹黑色薄煤层、浅灰色粉砂岩、灰质粉砂岩、灰质细砂岩。

钻时：8~31min/m。

钻井液：密度 1.16~1.17g/cm³，黏度 34~36s，氯离子含量 12250~12600mg/L，初/终切力：0.5/1.0Pa，失水 3.6mL，滤饼 0.5mm，pH 值 9，含砂 0.1%。

钻具组合：$\phi$215.9mmPDC×0.24m+430×410 双母接头×0.57m+411×410 回压阀两个×0.84m+411×410 压力计×0.54m+411×410LWD×9.44m+$\phi$165mm 钻铤×8.92m+$\phi$213mm 扶正器×0.85m+$\phi$165mm 钻铤+$\phi$127mm 斜坡钻杆+411×410 方保接头+411×410 下旋塞×0.44m。

工程参数：钻压 160~180kN，转速 65~70r/min，排量 25.5~26.5L/s，泵压 6.0~7.0MPa。

工程简况：该试验分为 2 段，2023.45~2283.24m 开始进行欠平衡精细控压钻井试验；以 0.5MPa 的欠压值控压钻进，当量循环密度控制在 1.27g/cm³ 左右，钻井液密度 1.17~1.18g/cm³，井口回压值控制为 0.5~0.9MPa；从 2283.24m 开始进行欠平衡精细控压钻井作业。

①溢流监测与控制（图 3-19）。井深 2232~2342m 井段属须家河组须四段，设计地层压力系数为 1.3，钻井液密度为 1.15g/cm³，井口回压为 1.0~2.0MPa。进入该段后，初始以 1.18g/cm³ 的钻井液密度欠平衡钻进，井口控压值保持在 1MPa 左右，钻至 2337m，系统监测到出口流量比入口流量增加 2~3L/s，钻井液总池体积增加了 1.2m³，立即通知井队和欠平衡钻井作业队。井队按照井控关井程序关井求压，7min 内套压升至 7.89MPa，井队决定进行压井作业；开泵循环，调整钻井液密度至 1.42g/cm³ 后，进行正常控压钻井作业，井口回压控制为 0.8~2.5MPa。

②寻找压力平衡点（图 3-20）。在 2512.48m 处自动检测到漏失，当井口回压高于 2.2MPa 时，总池体积显示钻井液漏失；当井口回压低于 1.5MPa 时，总池体积显示液面上升，分离器显示有大量气体溢出，准确发现压力平衡点。

③溢漏同存控压钻进。在 2460~2559m 井段，地层压力复杂，属易涌易漏的压力敏感层段，压力窗口窄，为 0.02g/cm³，PCDS-I 精细控压钻井系统控制井口压力为 1.5~2.2MPa，钻井液密度 1.38~1.41g/cm³，循环当量密度为 1.51~1.54g/cm³，精确控制井底压力在窄窗口之间，有效地实施了溢漏共存的窄密度窗口精细控压钻进。

2. 应用效果及认识

1）应用效果

（1）循环后效对比。PCDS-I 精细控压钻井系统能有效控制开泵循环后效气体从地层的逸出量。停泵时，若井口不补偿环空压耗损失，则会造成井底压力低于地层压力，烃值快速上升，大量气体从环空返出经分离器溢出，最高流量超过 100L/s（正常流量 25~29L/s），点火后火焰高度超过 8m；若正常控压接单根，井口回压保持一个高值，包含环空压耗和正常循环井口回压，井底压力与地层压力一直保持在稳定的微欠平衡或略过平衡状态，有效控制气体从地层的逸出量，实现了"有控制的"欠平衡精细控压钻进。

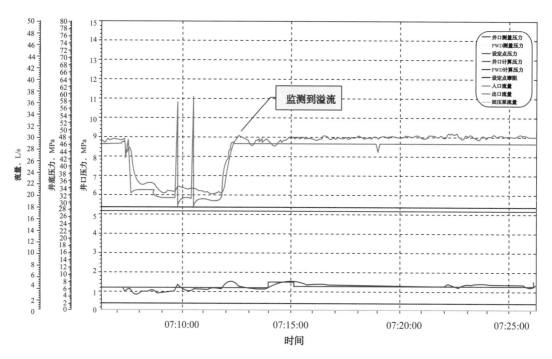

图 3-19 蓬莱 9 井溢流监测

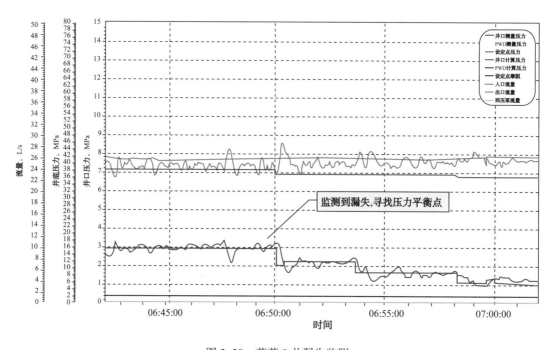

图 3-20 蓬莱 9 井漏失监测

（2）发现多个油气层。该井欠平衡精细控压钻进过程中，分离器监测到有大量气体溢出，多次点火成功，火焰最高超过 8m，点火时间最长超过 50min。发现油气显示层 8 个，见表 3-1，出口气体流量计监测值 500~2500m³/h。

表 3-1　蓬莱 9 井油气显示

| 层位 | 井段，m | 厚度，m | 岩屑 | 全烃变化，% | 解释结果 |
|---|---|---|---|---|---|
| 须家河组 | 2134.5~2139.5 | 5 | 浅灰色粉砂岩 | 1.27~8.27 | 含气层 |
| | 2274.5~2277 | 2.5 | 灰白色细砂岩 | 7.74~27.57 | 含气层 |
| | 2291.0~2292.36 | 1.36 | 灰白色细砂岩 | 9.04~29.21 | 气层 |
| | 2326.5~2332 | 5.5 | 灰白色细砂岩 | 2.70~16.54 | 含气层 |
| | 2371.5~2375 | 3.5 | 浅灰色灰质粉砂岩 | 16.04~81.68 | 气层 |
| | 2458.5~2469 | 10.5 | 灰白色细砂岩 | 31.58~82.50 | 气层 |
| | 2517.0~2520 | 3.0 | 灰白色细砂岩 | 20.76~94.06 | 油气层 |
| | 2539.0~2547.5 | 8.5 | 灰白色细砂岩 | 39.45~99.98 | 油气层 |

（3）机械钻速同比相对提高。平均机械钻速 3.95m/h，是邻近构造须家河组常规钻井机械钻速 1.5 倍以上。

2）精细控压钻井技术认识

（1）不同起钻速度对回压补偿的影响。该井钻井起钻速度共两挡，其中一挡速度约为 0.35m/s，二挡速度约为 0.5m/s，在采用一挡起钻时，回压泵工作正常，井口套压跟踪时间在 10s 以内，压力波动控制在 ±0.2MPa 之间，能够满足精确控制井底压力的需要。采用二挡起钻时，回压泵工作正常，但井口实测回压与设定回压间存在较大差别，通过此项试验再次验证了控压起钻时降低起钻速度的必要性。

（2）接单根过程中回压补偿工艺试验。为了平稳启动回压泵，该井采取了在钻井泵正常工作情况下开启回压泵，待回压泵运行平稳后再逐步增大套压，同时，钻井泵停泵。通过此方法，整个接单根压力控制平稳，压力追踪时间满足工程需要。

（3）流量计压力波动。在欠平衡控压钻进过程中，当井筒检测到大股气体窜出，其中全烃最高达到 99%，$C_1$ 基本在 35% 左右，流量计数据波动非常大，从 14~200L/s 上下跳动，密度测量严重不准，最高达到 2.7g/cm³（正常密度 1.18g/cm³），严重影响水力模型的计算，通过试验揭示了在高出气条件下不能直接采用流量计测量数据来直接计算。

3. 磨 030-H25 井应用

1）基础数据

磨 030-H25 井位于磨溪构造西端，地处重庆市潼南县花岩镇石马村 8 社。磨 030-H25 井井口方圆 500m 区域为中深丘陵地貌，主体由砂岩、页岩构成。该井的主要目的层为须家河组，为了及时发现、保护油气层，同时提高该井在该井段的机械钻速，缩短钻井周期。该井在三开须家河组采用欠平衡精细控压钻井技术。

（1）井身结构（表 3-2，图 3-21）：

φ444.5mm 钻头一开，φ339.7mm 表层套管下深 250m，与同井场井表层套管鞋错开 20m，套管鞋坐于硬砂岩上封隔地表疏松垮塌层；φ311.2mm 钻头进入须家河组顶部 10m 下 φ244.5mm 技术套管，封隔上部油气层、易垮塌层段，根据实际情况调整下深，确保套管鞋坐于稳定砂岩上；φ215.9mm 钻头钻至雷一¹中亚段顶部下 φ177.8mm，为下部雷一¹

中亚段储层保护和水平井段安全、快速钻进打下良好基础；$\phi$152.4mm 钻头钻至完钻井深，
裸眼完井。

表 3-2  磨 030-H25 井套管次序

| 开钻顺序 | 钻头 | | 套管 | | | 水泥返至井深 m |
|---|---|---|---|---|---|---|
| | 尺寸 mm | 斜深 m | 尺寸 mm | 斜井段 m | 套管鞋层位 | |
| 1 | 444.5 | 250 | 339.7 | 0~248 | 沙二 | 0 |
| 2 | 311.2 | 1741 | 244.5 | 0~1739 | 须家河组顶部 | 0 |
| 3 | 215.9 | 2855 | 177.8（悬挂） | 1559~2853 | 雷一[1]中亚段顶 | 喇叭口以上 100m |
| 4 | 152.4 | 3895 | 裸眼完井 | | | |

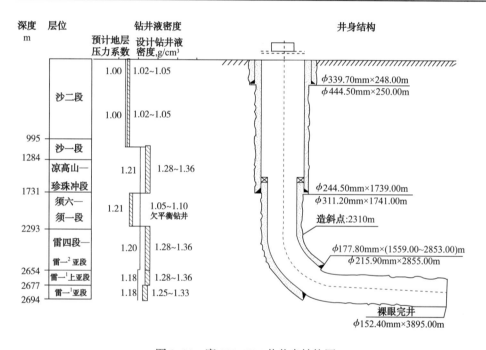

图 3-21  磨 030-H25 井井身结构图

（2）钻具组合。见表 3-3。

表 3-3  磨 030-H25 井钻具组合

| 开钻次序 | 井眼尺寸，mm | 井段，m | 钻具组合 |
|---|---|---|---|
| 三开 | 215.9 | 1741~2249 | $\phi$215.9mm 钻头 ×0.3m+$\phi$165.1mm 止回阀 2 只 ×0.5m + $\phi$171mmPWD ×1.37m +$\phi$165.1mm 无磁钻铤 ×9m+$\phi$165.1mm 钻铤 ×9m+$\phi$214mm 稳定器 ×2m+$\phi$165.1mm 钻铤 ×18m+$\phi$165.1mm 旁通阀 ×0.5m+$\phi$165.1mm 钻铤 ×153m+$\phi$165.1mm 随钻震击器 ×3.7m+$\phi$165.1mm 钻铤 ×27m+$\phi$127mm 斜坡钻杆 + 方钻杆下旋塞 +$\phi$133mm 六方钻杆 |

（3）钻井参数设计。见表 3-4。

表 3-4 磨 030-H25 井钻井参数设计

| 钻头尺寸 mm | 层位 | 钻头型号 | 井段 m | 进尺 m | 钻井液性能密度 g/cm³ | PV mPa·s | 钻进参数钻压 kN | 转速 r/min | 排量 L/s | 立管压力 MPa |
|---|---|---|---|---|---|---|---|---|---|---|
| 215.9 | 须六—须一段 | HJT537GK | 1741~2249 | 508 | 1.05~1.10 | 6~20 | 140~160 | 70~75 | 22~30 | 18~20 |

（4）控压钻井段参数设计。见表 3-5。

表 3-5 磨 030-H25 井控压钻井参数设计

| 层位 | 井段 m | 地层压力系数 | 钻井液密度 g/cm³ | 控压值 MPa | 井底压差 MPa | 备注 |
|---|---|---|---|---|---|---|
| 须六—须一段 | 1741~2249 | 1.21 | 1.05~1.10 | 0~1.0 | −2.7~−1.4 | 欠平衡精细控压钻井 |

2）施工情况

（1）钻井前的准备工作：

①按设计安装钻井井口装置、YG-70 压井管汇、JG-Y1-S1-70MPa 标准节流管汇、钻井液气分离器、控压钻井关键装备等设备，并进行调试。换接与钻具配套的六方方钻杆。半封规格尺寸与钻具、管柱规格尺寸一致。

②转盘通径 ≥ 444.5mm；为确保井口组合安装顺利，要求转盘大梁下端面至环形防喷器上端面的有效高度不低于 1.6m；大鼠洞的深度不小于 15m。安装旋转防喷器后校正井口和转盘，要求天车、转盘、井口三点一线误差小于 10mm。

③钻井前按标准规定对井口装置及井控管汇试压合格。

④旋转防喷器的试压，在不超过套管抗内压 80% 和井口其他设备额定工作压力的前提下，动压试压不低于额定压力的 70%；稳压时间不少于 10min，最大压降不超过 0.7MPa。

⑤控压钻井关键装备试压：对控压钻井设备和井队设备连接处用清水试压，试压 14MPa，稳压时间不少于 10min，最大压降不超过 0.7MPa。

⑥所有控压钻井设备安装完毕，都应按欠平衡钻井循环流程试运行；运转正常，连接部位不刺不漏，正常运转时间不少于 10min。

⑦18°斜坡钻杆按设计多准备 50m 左右，以备地层滞后用。

⑧钻台上备用钻具常闭式止回阀 2 只、下旋塞 1 只。

⑨钻具入井前通内径、检查螺纹和本体的腐蚀程度，不符合要求的严禁入井。

⑩回压泵上水口必须安装过滤器。

⑪井队提供控压钻井装备气控使用的气源。

⑫井队提供控压钻井装备用 400kW 供电电源，及控制中心房 20kW 用电。

⑬欠平衡钻井前，按设计井控要求储备足够的高密度钻井液，并按井控要求储备必要的加重材料和防塌处理剂。

⑭实施控压钻井施工之前，应对井队职工进行欠平衡钻井技术交底，对全员进行控压钻井工艺及施工安全培训，落实重点技术措施和施工要求；各种工况的防喷演习必须达

到熟练程度。

（2）控压钻井设备联调：

①对自动节流控制系统进行基本动作试验，检验节流管汇各部件的基本功能，试验自动节流管汇是否能按控制系统指令实现自动控制动作。

②对回压补偿系统进行基本动作试验，检验回压补偿系统各功能部件的动作，试验该设备是否能按给定指令进行开停泵的基本动作。

③对监测与控制系统进行功能试验，验证该系统能否实现关键装备的系统监测、远程自动控制。

④进行控制系统与PWD、综合录井仪数据传输通信对接。

（3）控压钻井功能验证试验：

针对磨030-H25井现场工况，进一步试验PCDS-Ⅰ精细控压钻井设备的联动动作、控制精度以及设备的稳定性、可靠性。结合现场实际钻井条件，调整软件控制参数，验证并进一步完善PCDS-Ⅰ精细控压钻井控制系统性能、不同条件下控制系统的自适应功能，使之符合控制精度和工艺要求。在整个钻井过程都要进行观察，并进行数据采集，根据需要调整控制。

①用PWD数据校验水力学计算模型，验证控压钻井不同工况条件下的水力学计算模型，分析控压钻井循环钻井液流量与压力的关系。

②井底压力模式（控压循环钻进）。在钻井情况下，根据不同的套压值，试验不同压力级别的连续压力追踪，压力响应时间，以及控制压力的精度。

③主、备通道切换。进行主、备节流阀动态切换，试验主、备节流阀切换的稳定性以及达到压力平衡状态的时间。

④井口压力模式（起下钻、接单根）。在井口压力模式下，进行起钻、下钻、接单根作业，测试回压泵工作情况，控制压力精度在设计范围以内。

⑤井底模式与井口模式切换（钻井停泵过程与钻井开泵过程）。

a钻井泵停泵过程中，采用回压泵实现井口压力自动补偿，提高井口回压弥补环空压耗损失的影响。

b试验钻井泵开泵过程，井口回压降低，动态压力控制误差在设计范围以内。

c试验和标定钻井泵泵冲、入口流量、立压、出口流量之间的相关关系。

⑥低流量补偿试验（根据现场情况确定）。低流量状态下回压泵补偿工况，节流阀A在开度为10%状态下进入低流量状态，通过开启回压泵进行补偿，当流量逐渐升高时，检测到节流阀A开度逐渐增加，在开度达到允许区间时退出低流量状态。

⑦自适应功能试验：

a启停泵自适应试验；

b循环活动钻具自适应试验；

c停泵活动钻具自适应试验。

在启停泵过程中，测试压力跟踪效果；在开、停泵，活动钻具，钻具起下时，观察套压变化，调整控制参数与控制模型。

⑧重钻井液注入、驱替功能试验。

（4）欠平衡精细控压钻井作业过程：

须六—须一段利用控压钻井装备进行欠平衡精细控压钻井作业，具体欠压值根据现场实钻地层压力和钻井液密度条件进行相应调整。试验欠平衡井底恒压计算模型以及有油气显示时控压钻井设备的适应性。钻进时通过自动节流管汇控压保持欠平衡状态，接单根时通过回压泵和自动节流管汇补偿环空压耗损失。

PCDS- Ⅰ 精细控压钻井系统于 2011 年 8 月 1 日至 2011 年 8 月 12 日在四川盆地川中古隆中斜平缓构造带磨 030-H25 井三开须家河组（1766~2297m）进行了精细控压钻井现场试验，试验圆满成功，系统各项性能参数均达到了设计要求。

磨 030-H25 井欠平衡精细控压钻井现场试验完全按钻井作业正常程序进行，重点试验了软件的自适应功能，并根据试验结果进一步完善了硬件的维护程序、异常情况处理以及设备操作规程，PCDS-I 精细控压钻井节流管汇系统累计工作超过 200h，回压泵系统累计工作 60h，经受住了现场恶劣工况的考验。

①正常钻进。正常钻进，井深 2010m，井口回压控制在 0.5MPa 左右，控压精度 ±0.1MPa（图 3-22）。

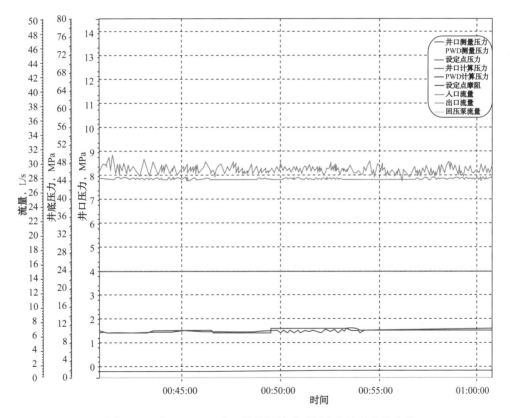

图 3-22  磨 030-H25 井正常控压钻进时压力和流量变化曲线

②接单根。接单根，井深 2078m，井口回压控制在 1.85MPa 左右，控压精度 ±0.2MPa（图 3-23）。

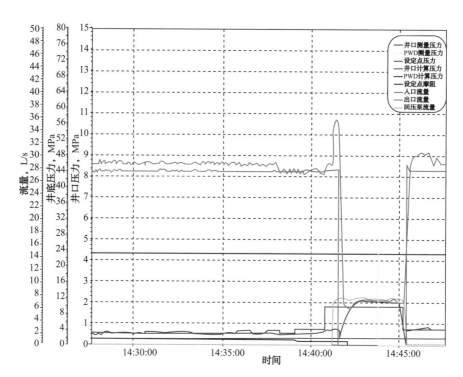

图 3-23　磨 030-H25 井接单根控压时压力和流量变化曲线

③溢流监控。井深 2250m 发现有气体逸出，点火成功，火焰高 5~6m，井口回压控制在 3MPa 左右，循环 2 周，气体不再逸出（图 3-24~ 图 3-26）。

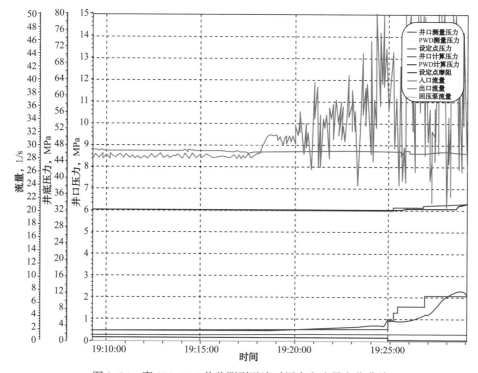

图 3-24　磨 030-H25 井监测到溢流时压力和流量变化曲线

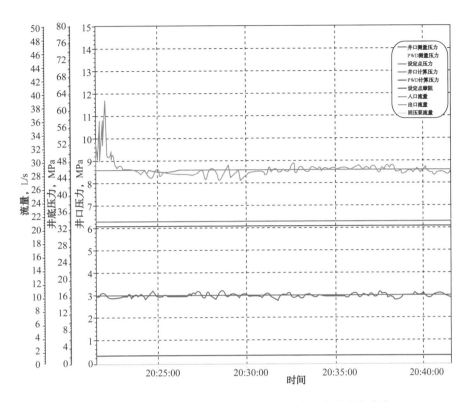

图 3-25　磨 030-H25 井排除完溢流时压力和流量变化曲线

图 3-26　磨 030-H25 井现场 "点火" 情况

整个钻进、接单根、起下钻作业过程中自动精确控制稳定的井底压力，将该试验井段的动态压力控制精度控制在 ±0.2MPa 范围以内。

3）技术认识

（1）气源压力对阀动作响应的影响。气源压力的高低直接影响阀动作的快慢，必须时刻监测气源压力的高低，保持足够的供气量，同时要设置气源压力报警，尤其是两阀门同时动作时，要注意先开后关，避免憋压。

（2）接单根过程中回压补偿工艺试验。为了平稳启动回压泵，该井采取了在钻井泵正常工作情况下开启回压泵，待回压泵运行平稳后再逐步增大回压，同时，钻井泵停泵。通过此方法，整个接单根压力控制平稳，压力追踪时间满足工程需要。

（3）流量计压力波动。在欠平衡控压钻井作业过程中，由于出气影响流量计波动过大，不能直接取流量计数据参与计算，应选择稳定段的入口流量参与计算。

## 二、塔里木地区精细控压钻井应用[6,7]

塔里木油田塔中区块上奥陶统储层以基质低孔、低渗，次生溶蚀孔洞和构造缝为主要储集空间，相对均质，局部发育较大洞穴。下奥陶统鹰山组裂缝、洞穴十分发育，缝洞一体。在钻井过程中易漏易喷，地层漏失压力与孔隙压力差值仅为 $0.02g/cm^3$ 当量密度；储层普遍含硫化氢，硫化氢浓度最高达到 41%，安全风险大；完成钻井设计任务难度大，一旦与大型缝洞单元沟通，将终止常规钻进作业，在未实施精细控压钻井前很难完成水平段设计任务，平均完成率仅为 28.11%；气油比高，井下复杂，平均完井周期长达 39 天。塔中26-H7 井、塔中 26-H9 井、中古 5-H2 井、塔中 721-8H 井、塔中 862H 井等井应用 PCDS 精细控压钻井系统成功解决了以上难题，并取得显著效果。

1. 塔中 862H 井应用

1）基本情况

塔中 862H 井三开目的层进入良里塔格组，岩性为泥质条带灰岩、浅灰色中厚层状亮晶砂屑灰岩和砾屑灰岩，可能会钻遇断层，不会钻遇超压层，预测在井深 6350m、6600m、7750m 处可能钻遇小断层。邻井中古 17、塔中 86 等井钻至目的层段后油气显示活跃，中古 17 等井溢流、井涌、井漏频繁，钻井过程中要注意预防井喷、井漏和保护油气层。中古 17 井测试过程中 $H_2S$ 浓度最高为 $23600g/m^3$，塔中 86 井在测试过程中 $H_2S$ 浓度最高为 $8200g/m^3$。另外，塔中北斜坡下奥陶统 $H_2S$ 含量普遍较高，因此必须加强 $H_2S$ 检测与防护，注意防中毒。井身结构如图 3-27 所示。

2）施工情况

（1）该井的 HSE 提示钻探可能存在以下风险：

①塔中地区奥陶系碳酸盐岩储层非均质性严重，特别是塔中 45 井区良里塔格组存在缝洞充填的现象，因此能否钻遇优质储层可能存在一定风险。

②钻井工程风险：地层压力复杂，且塔中 862H 井附近断裂多，预测裂缝发育，要注意防漏、防喷；塔中 45 井区上奥陶统油气藏 $H_2S$ 含量较高，要注意防 $H_2S$ 工作。

（2）技术对策：

①允许少量溢流、实现有效防漏。发挥精细控压钻井设备的优势，当大量后效返出时，适时加压，通过自动节流阀，控制溢流量在 $1m^3$ 以内，实现有效排出，避免关井、压井、人工节流所带来的井下复杂的发生。如：井深 7478.63m，检测到溢流，最大溢流量 $0.8m^3$，

经过井口逐步调整控压值由 0.5MPa 调高到 4.5MPa，既保证不发生严重溢流，也及时控制井底压力的持续升高而诱发井漏，实现了小溢流量状况下的安全作业，规避了重钻井液压井导致井漏的风险。

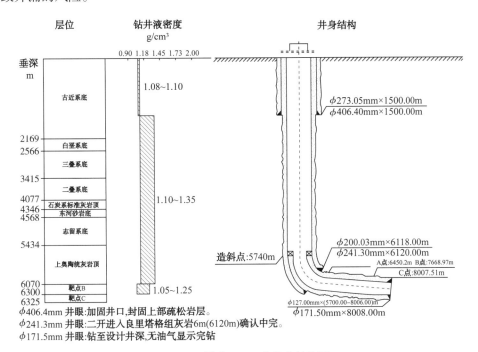

图 3-27　塔中 862H 井井身结构图

②缝洞系统井口压力走低限。该井位于塔中Ⅰ号坡折带，缝隙发育，易漏易喷，井口控压变化最小 0.5MPa 就会造成井底压力波动和液面变化，实际钻进地层压力极其敏感。根据设计原则尽量在缝洞系统走低限，实现安全钻进。

③超深水平井出口流量实时监测。该井为亚洲最深水平井，裸眼段长 1888m。由于井段超长，钻井液性能维护异常困难，尤其在作业后期，气泡极多，正常钻进期间钻井液罐液面变化大，直接影响液面监测，存在井控风险。控压钻井设备依据高精度质量流量计对出口流量实时监测，实现溢流及井漏的早期监测与预防，避免井下复杂。

④循环捞砂与环空压力控制的有效平衡。由于该井裸眼段较长，井深较深，加之钻井液性能不稳定，导致携砂困难，较高的井口压力降低环空岩屑上返速度，加剧裸眼段岩屑床的形成。同时，该井地层压力系数 1.16，三开采用 1.08g/cm³ 钻井液，井底 ECD 为 1.14~1.15g/cm³，较低的井口压力存在溢流风险。通过对振动筛返砂的持续观察，以及对井底压力的精确测量，不断调整井口压力，既保证了返砂正常，又保证了井底压力稳定。

⑤利用 PWD 数据校正的水力模型能够保证足够的井底压力计算精度，满足控压钻井作业要求。该井控压钻井作业过程中，PWD 仪器只下入井底三趟，其他六趟钻均在无 PWD 条件下控压钻进，充分说明：在经过 PWD 数据校正的水力模型能够保证足够的井底压力计算精度，满足控压钻井作业要求。正常钻进控压水力学模型计算结果与 PWD 实测值误差可以满足控压钻井作业要求。

⑥在无 PWD 情况下，出入口流量和液面变化是最直观监测溢流的手段。质量流量计

具有能测量瞬时过流质量、过流体积、密度和温度的特点。在控压钻井作业过程中，质量流量计能最先监测到气体排出量的情况，可以很明显检测到出口流量逐渐增加，此时液面上涨并不明显，当大量气体出现时，则出口流量变得极不稳定，液面监测开始上涨，此时已不是真实的出口流量，但此时出口密度的变化仍能大致地反应出气量趋势变化和大小。

⑦根据液面上涨速率调整井口回压，避免人为造成井下复杂。控压钻井过程中，根据小方罐钻井液返出速度及液面上涨速率调整井口压力，如在 5min 内上涨 0.2m³ 井口压力增加值要比 10min 内增加 0.2m³ 略大。根据每次提高或降低井口控压值都应保持一定的观察期，即至少两次液面报告观察时间，以便对井底情况综合判断分析，避免调整过频造成的人为井下复杂。

⑧及时微量的井口回压调整，有利于发现油气层。通过及时调整井口控压值，为很好地发现油气层井段发挥作用。按照甲方的要求，在保证井下安全的条件下，适时调整井口控压，特别是通过摸索，利用出入口流量变化、综合录井气测值等变化，调整井口回压，当新油气层出现时气测值升高，待钻穿后及时加压，使之降低，一旦再次升高，说明新的油气层出现，体现了精细控压钻井在地质发现方面的价值。

⑨调整井口控压值，寻找压力平衡点，顺利穿越薄弱层。在该井的实际钻进中，通过调整井口控压值，观察井底 PWD 压力和井口出入口流量变化，寻找压力平衡点，基本确定地层平衡压力在 1.08~1.1g/cm³，并且通过控制井口压力变化和钻井液的溢漏情况顺利通过多个薄弱层。

⑩实施近平衡控压钻井作业，在保证井下安全条件下有利于发现油气层，提高钻速。在该井控压钻井过程中，初期一直以 1.08g/cm³ 钻井液密度实施控压钻井作业，随着水平段越来越长，产层暴露的越来越多，地层压力系数也发生了变化，后期增加到 1.1g/cm³，在保证井下安全条件下有利于发现油气层，提高钻速，同时也为后续钻进过程中发现油气层创造条件。

（3）施工过程：

钻具组合：6¾in CK406D×0.3m+130mm1.5°螺杆 5LZ130-7×6.15m+3½in 浮阀 ×0.51+120mmMWD 短节 ×0.81m+120mmPWD 短节 ×1.74m+120mm 无磁钻铤 ×7.5m+120mm 无磁钻铤 ×9.14m+311×HT40 母 ×0.51+4in 加重钻杆 ×84.1m+4in 钻杆 ×356.86m+HT40公 ×310 转换接头 ×0.76m+4¾in 水力振荡器（距钻头 470m）×6.98m+311×HT40 母 ×0.81m+4in 钻杆 ×1522.55m+4in 加重钻杆 ×336.24m+4in 钻杆。

钻进参数：见表 3-6。

表 3-6 塔中 862H 井钻进参数表

| 钻进模式 | 钻压, tf | 泵压, MPa | 排量, L/s | 转速, r/min | 密度, g/cm³ |
|---|---|---|---|---|---|
| 复合 | 2~4 | 20~22 | 13~14 | 55+螺杆 | 1.08 |
| 定向 | 5~10 | 20~22 | 13~14 | 螺杆 | 1.08 |

控压钻进期间，钻井液密度 1.08g/cm³，精细控压钻井对出口流量实时监控。期间，钻进控压值 0.2MPa，接单根控压值 2MPa，共发现油气层 2 个。PWD 在垂深 6263m，实测井底压力 70.2MPa，折合井底 ECD 为 1.143g/cm³，出／入口流量 12.5/12.9 L/s，烃值 0.6。

控压钻井时各工况如图 3-28~ 图 3-30 所示。

①控压钻进时，压力、流量变化情况如图 3-28 所示。

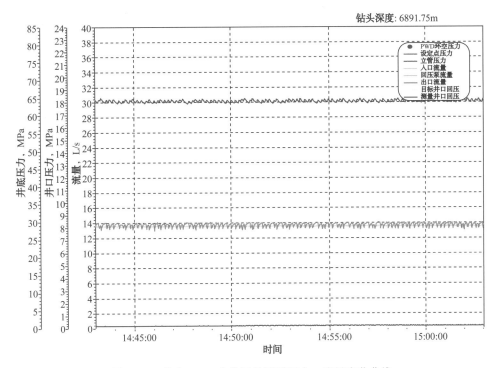

图 3-28　塔中 862H 井控压钻进时压力、流量变化曲线

②控压排后效时，压力、流量变化情况如图 3-29 所示。

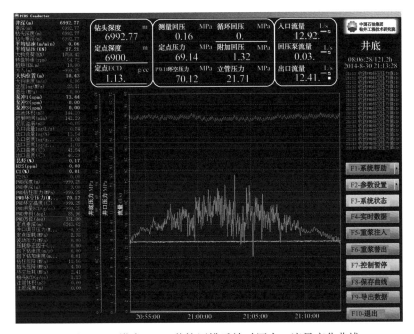

图 3-29　塔中 862H 井控压排后效时压力、流量变化曲线

③接单根时，压力、流量变化情况如图 3-30 所示。

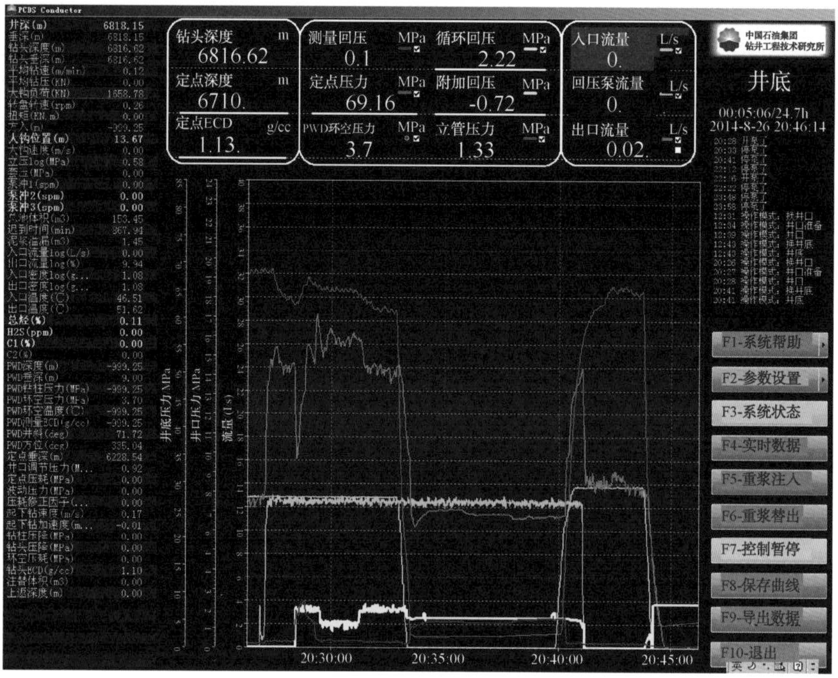

图 3-30　塔中 862H 井控压接单根时压力、流量变化曲线

3）应用效果评价

（1）大幅度提高水平段延伸能力，顺利完成水平段设计任务。塔中 862H 井精细控压钻井技术的实施，按照实际控压钻井作业要求，在裸眼段超长、粘卡严重、钻井液性能不稳定等苛刻条件下，成功完成了全部作业内容，完钻至设计井深，全井实现零漏失、零复杂，创下垂深 6000m 以上、井深 8008m 的世界最深水平井纪录。

（2）平均日进尺大幅度提高，并发现多个气层。在保证井底欠平衡状态下，大幅提高钻速，与常规钻井相比平均日进尺提高 93.7%，且连续多日进尺过百米；塔中 862H 井精细控压钻井有效发现和保护油气层，钻进过程中共发现气层 11 个。

（3）水平钻进穿越多套缝洞单元，实现零漏失、零复杂。针对塔中地区特殊地质条件和苛刻的控压钻井施工要求，成功完成了控压钻井技术施工作业，包括控压钻进、接单根等各种工况控制，控压精度达到了 ±0.2MPa，实现了恒定井底压力和微流量钻井的控制目标；在缝洞系统保证井下安全条件下走低限，允许微溢实现有效防漏，成功实现长水平段钻进穿越多套缝洞单元，全程实现零漏失、零复杂。

在实施过程中，出现的一些情况及其有效的处理措施，为控压钻井技术的应用提供了良好的指导意义与借鉴作用，具体包括：

（1）回压泵上水影响。塔中 862H 井回压泵上水管线和井队钻井泵的上水管线使用同一个钻井液罐，注意不要共用一个吸入口，否则可能影响井队钻井泵上水。另外，由于深井超深井钻井的需要，钻井液材料中加入很多含有表面活性剂等起泡材料，造成钻井液中气泡很多，井队若没有真空除气器等有效除气手段，加之上水管线较长，将导致回压泵上水不好，从而使井口回压不稳定，影响控压效果。

（2）准确的录井数据，能够辅助控压钻井作业及时检测液面变化和溢漏情况。控压钻井作业中，准确的录井数据，能够辅助控压钻井作业及时检测液面变化和溢漏情况，相应调整控压值处理复杂情况。如果录井方并未接入实时定向数据，缺少垂深等井眼轨迹参数，会给实时计算井底 ECD 带来了极大的不便，应及时与定向软件对接，实现实时数据传输。

（3）出口排量的实时监测。在发现溢流进行处理时，一般伴随着井筒出气，此时流量计读数存在较大误差，同时因气泡变多，钻井液池液面测量波动较大，对溢流速率的判断造成较大影响。操作人员实时观察出口排量变化，合理调整井口压力，避免因人为操作失误所带来的井下复杂。

（4）转入常规井控条件优化。由于该井属于超深井，起下钻作业时间较长，井筒长时间静止，一般下钻到底循环时后效较为强烈，有时溢流量超过 1m$^3$，若根据控压钻井作业条件需转入井控，则产生大量的非生产时间。因此，应该对转入常规井控条件进行优化：根据液面上升速率进行合理判断，如在 3min 内液面由 0.8m$^3$ 上涨至 1m$^3$，则实施关井；若在 15min 内由 0.8m$^3$ 上涨至 1m$^3$，则根据后期液面上涨速度进行合理判断；从而提高控压钻井作业空间，避免频繁开井、关井。

2. 塔中 721-8H 井应用

1）基本情况

该井设计完钻井深 6740m，设计造斜点在 4680m，井眼采用直—增—平结构，设计水平段长 1557m，最大井斜角 89.63°，设计二开中完井深 4955m，三开用 6⅝in（φ168.3mm）钻头钻进。该井于 2013 年 2 月 21 日一开钻进，二开直井眼钻至 5130m，回填后进行定向造斜、增斜，至斜导眼中完时最大井斜约 53°。三开井斜增加至 89.63° 后稳斜钻进。设计在进入 A 点（5183m）前 150m（5033m）处开始使用精细控压钻井技术钻进。2013 年 4 月 17 日调整井眼轨迹，打直导眼段，设计井深 5180m，因钻井过程中石灰岩顶深比设计的提前 50m，所以该井提前完钻，完钻井深 6705m，完钻层位为良里塔格组良三段。井身结构和套管设计见表 3-7 及如图 3-31 所示。

表 3-7 塔中 721-8H 井井身结构

| 井筒名 | 开钻次序 | 井段 m | 钻头尺寸 mm | 套管尺寸 mm | 套管下入地层层位 | 套管下入井段 m | 水泥封固段 m |
|---|---|---|---|---|---|---|---|
| 主井筒 | 一开 | 1500 | 406.4 | 273.05 | 古近系底 | 0~1500 | 0~1500 |
| | 二开 | 5180 | 241.3 | | | | |
| 水平井筒 | 二开 | 4955 | 241.3 | 200.03 | 良里塔格组 | 0~4953 | 0~4953 |
| | 三开 | 6740 | 168.3 | 127 | 良里塔格组 | 4500~6738 | 4500~6738 |
| 备注 | 设计井深预测以实测补心海拔 1097.67m（补心高：9.0m）计算，开钻后的各层位深度以平完井场后的复测海拔和补心高度重新计算值为准 |

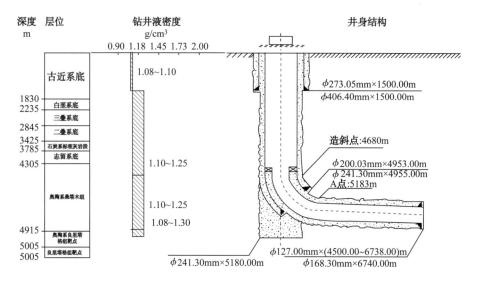

图 3-31　塔中 721-8H 井井身结构图

$\phi$241.3mm **井眼**：进入良里塔格组5m(斜深4955m)中完。
$\phi$168.3mm **井眼**：5in套管备用，根据实钻情况确定完井方案。
$\phi$406.4mm **井眼**：封固上部疏松岩层。
$\phi$241.3mm **井眼**：导眼井钻至设计井深完钻

2）施工情况

（1）施工难点：

①考虑钻遇缝洞型碳酸盐岩地层可能存在的钻井难题，特别是压力敏感、窄密度窗口等问题，有时涌漏共存经常发生，如何分析井筒压力及井底压力，并随钻进行预调整，由实时监测和控制压力得到的实际压力对井底压力进行调整。

②如何有效延长碳酸盐岩窄密度窗口水平井段长度，需要考虑安全密度窗口、旋转防喷器的工作压力、循环总压力损失应小于泵的额定压力、窄密度窗口在水平段的位置和可能的多重窄密度窗口等多个问题。

（2）技术对策：

在深部地层中，为了取得较快的钻速，井底地层较稳定的情况下，可以采用微流量欠平衡控压钻井钻进。微流量欠平衡控压钻井既能保证较快的钻速钻进，又能保证井口及井底压力的自动控制，达到安全快速的钻进目的。微流量欠平衡控压钻井保持井筒进气在一定的范围内。随着水平段越来越长，产层暴露的越来越多，井底进气量越来越大。保证井底一定范围内的恒定进气的步骤为：①首先提高井口回压；②当井口回压达到一定高值后，提高钻井液密度。在保证井下安全的条件下，利用出入口流量变化、综合录井气测值等变化，调整井口回压，当新油气层出现时气测值升高，待钻穿后及时加压，使之降低；一旦再次升高，说明新的油气层出现。

（3）施工过程：

钻具组合：$6\frac{5}{8}$inM1365D+1.25°螺杆 +$3\frac{1}{2}$in 浮阀 +MWD 短节 +PWD 短节 +127mm 无磁钻铤 +$3\frac{1}{2}$in 无磁抗压缩钻杆 +$3\frac{1}{2}$in 加重钻杆 +HT40 母 ×311+4in 钻杆 +HT40 公 ×310+$3\frac{1}{2}$in 加重钻杆 +311×HT40 母 +4in 钻杆 + 下旋塞 + 浮阀 +4in 钻杆。

钻进参数见表 3-8。

表 3-8 塔中 721-8H 井钻进参数表

| 钻压<br>tf | 泵压<br>MPa | 排量<br>L/s | 转速<br>r/min | 密度<br>g/cm³ |
|---|---|---|---|---|
| 2~3 | 20~21 | 18 | 40 | 1.11 |

控压钻进井口控压值 0.8~1.5MPa，井底压力为 58.7MPa 控压钻进，井底 ECD 为 1.21 g/cm³，接单根井口回压控制在 3.3~3.5MPa，控压起钻控制井口回压在 4MPa，共发现多个油气层。

各工况控压钻井的基本情况，如图 3-32~ 图 3-36 所示。

①控压钻进时，压力、流量变化情况如图 3-32 所示。

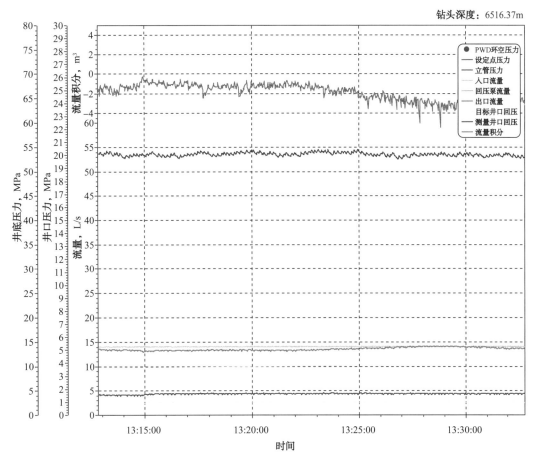

图 3-32 塔中 721-8H 井控压钻进时压力、流量变化曲线

②检测到后效时，压力、流量变化情况如图 3-33 所示。
③接单根过程中，压力、流量变化情况如图 3-34 所示。
④控压起钻过程中，压力、流量变化情况如图 3-35 所示。
⑤控压下钻过程中，压力、流量变化情况如图 3-36 所示。

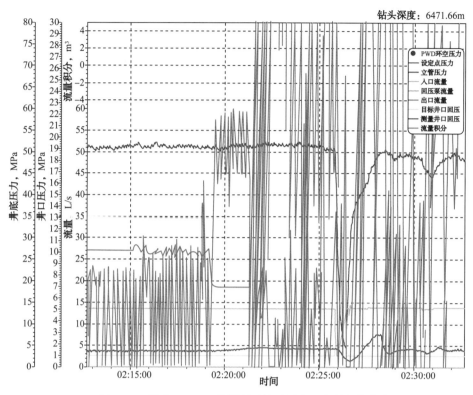

图 3-33　塔中 721-8H 检测到后效时压力、流量变化曲线

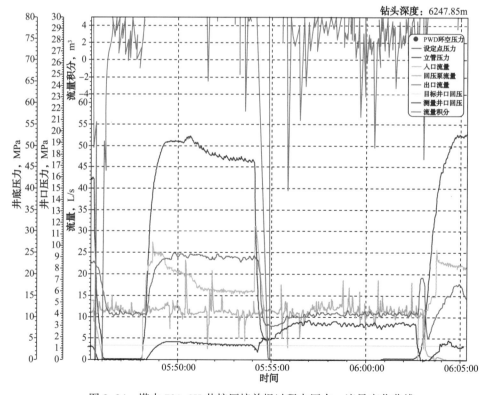

图 3-34　塔中 721-8H 井控压接单根过程中压力、流量变化曲线

钻头深度：4742.84m

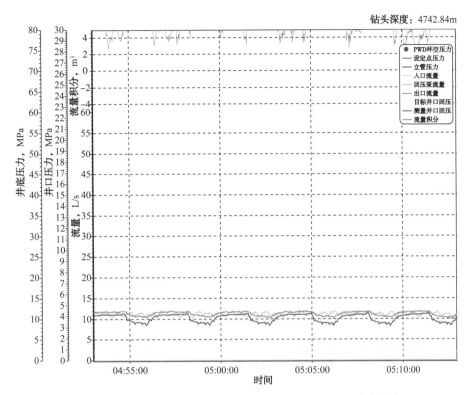

图 3-35　塔中 721-8H 井控压起钻过程中压力、流量变化曲线

钻头深度：6349.16m

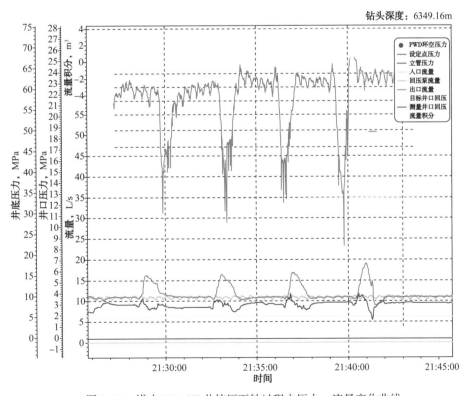

图 3-36　塔中 721-8H 井控压下钻过程中压力、流量变化曲线

3）应用效果评价

应用 PCDS 精细控压钻井系统在该井（井段 5033~6705m）进行微流量控压钻井作业，共发现气层 42 个，储层发现效果明显；采用微流量控压钻井后机械钻速较常规钻井大幅度提高，纯钻进时间达到 42%，具体每趟钻钻时统计见表 3-9，时效分析见表 3-10。

表 3-9　塔中 721-8H 井控压钻进期间每趟钻钻时统计

| 序号 | 尺寸 mm | 钻头类型 | 钻进井段 m | 进尺 m | 所钻地层 | 机械钻速 m/h | 纯钻时间 h | 钻进参数 | | | |
|---|---|---|---|---|---|---|---|---|---|---|---|
| | | | | | | | | 钻压 tf | 转速 r/min | 排量 L/s | 泵压 MPa |
| 1 | 168.3 | M1365D | 5312~5445 | 132 | 灰色灰岩 | 3.67 | 35.9 | 2~3 | 40 | 13~15 | 20~21 |
| 2 | 168.3 | M1365D | 5445~5795 | 350 | 灰色灰岩 | 5 | 70 | 2~3 | 40 | 13~15 | 20~21 |
| 3 | 168.3 | M1365D | 5795~6045 | 250 | 灰色灰岩 | 5 | 50 | 2~3 | 40 | 13~15 | 20~21 |
| 4 | 168.3 | M1365D | 6045~6206 | 161 | 灰色灰岩 | 4.02 | 49 | 2~3 | 40 | 13~15 | 20~21 |
| 5 | 168.3 | M1365D | 6206~6550 | 344 | 灰色灰岩 | 5.29 | 65 | 2~3 | 40 | 13~15 | 20~21 |
| 6 | 168.3 | M1365D | 6550~6705 | 155 | 灰色灰岩 | 5.74 | 27 | 2~3 | 40 | 13~15 | 20~21 |

表 3-10　塔中 721-8H 井控压钻井井段时效分析

| 时效名称 | | 时间，h | 时效，% |
|---|---|---|---|
| 生产时间 | 纯钻进 | 262.37 | 42 |
| | 起下钻 | 97.92 | 15.6 |
| | 接单根 | 35.60 | 5.67 |
| | 洗井 | 0 | 0 |
| | 换钻头 | 4 | 0.64 |
| | 循环 | 70 | 11.15 |
| | 辅助 | 158 | 25.16 |
| | 小计 | 627.89 | 100 |
| 非生产时间 | 修理 | 0 | 0 |
| | 组停 | 0 | 0 |
| | 事故 | 0 | 0 |
| | 复杂 | 0 | 0 |
| | 其他 | 0 | 0 |
| | 小计 | 0 | 0 |
| 钻井总时间 | | 627.89 | 100 |

该井所处地区缝隙发育，典型窄密度窗口地层，易漏易喷，井口控压微小变化就会造

成井底压力波动和液面变化。因为 PCDS 精细控压钻井设备检测灵敏度较高，实际钻进中，采取井口压力低限控制，一旦出口流量增加，迅速调高井口压力，有效控制井底气体侵入，保证井下、井口安全。

在保证安全的同时，更加积极主动地应对井下复杂情况。根据 PWD 实测井底压力和地面质量流量计的变化，综合分析井下情况，积极做出判断和措施应对井下复杂情况的发生。

PWD 实时监测井底压力，井底压力一有变化，井口迅速调整控压值保证井底压力恒定。质量流量计具有测量瞬时过流质量、过流体积、密度和温度的特点。控压钻井作业过程中，质量流量计能最先监测到气体排出量的情况，可以很明显检测到出口流量逐渐增加，此时液面升高并不明显，当大量气体出现时，则出口流量变得极不稳定，液面监测开始升高，此时已不是真实的出口流量，但此时出口密度的变化仍能大致地反应出气量趋势的变化和大小。

在该井的实际生产中，通过调整井口控压，观察井底 PWD 压力和井口出入口流量变化，寻找压力平衡点。该井完钻时确定地层平衡压力在 1.20g/cm³，通过调整井口控压值保持井底 ECD 在 1.21~1.22g/cm³，控压期间通过井口压力变化和钻井液的溢漏情况，钻穿通过多个薄弱层。

（1）微流量控压钻井时若允许少量溢流、可实现有效防漏治漏。发挥精细控压钻井设备的优势，当大量后效返出时，适时加压，通过自动节流阀，控制溢流量在 1m³ 以内，实现有效排出，避免关井、压井、人工节流所带来井下复杂的发生。如：钻进至井深 6572m 时，监测到溢流，最大溢流量 0.7m³，经过井口逐步调整控压值由 1MPa 调高到 3MPa，既保证不发生严重溢流，也及时控制井底压力的持续升高而诱发井漏，实现了小溢流量状况下的安全作业，规避了重钻井液压井导致井漏的风险。

（2）尽量在缝洞系统走低限，边点火边控压钻进，井口控压变化最小 0.5MPa 就会造成井底压力波动和液面变化。该井所处地层缝隙、溶洞发育，是典型窄密度窗口地层，易漏易涌，实际钻井地层压力极其敏感。根据设计原则在缝洞系统走低限，边点火边控压钻进，并且在长时间点火下持续钻进，焰高 2~8m，累计点火时间 30h。图 3-37 为控压点火钻进时压力、流量变化曲线。

（3）在安装有 PWD 时，可利用 PWD 数据校正的水力学模型保证足够的井底压力计算精度，满足控压钻井要求。在该井的微流量控压钻井作业过程中，PWD 仪器下入井底四趟，其他趟钻均在无 PWD 条件下采用微流量模式控压钻进，说明在经过 PWD 数据校正的水力学模型能够满足井底压力计算要求，满足控压钻井要求。正常钻进控压水力学模型计算结果与 PWD 实测值误差可以满足控压钻井作业要求。

在无 PWD 情况下，出入口流量和液面变化是最直观监测溢流的手段。高精度质量流量计具有能测量瞬时过流质量、过流体积、密度和温度的特点。在控压钻井作业过程中，质量流量计能最先监测到气体排出量的情况，如图 3-38 所示，可以很明显监测到出口流量逐渐增加，此时液面升高并不明显；当大量气体出现时，则出口流量变得极不稳定，液面监测开始上涨，此时已不是真实的出口流量，但此时出口密度的变化仍能反应出气量的变化趋势和大小。

钻头深度：6572.85m

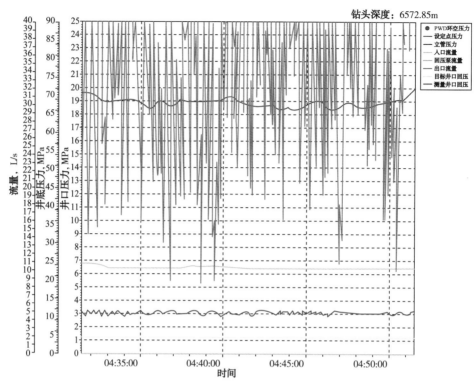

图 3-37　塔中 721-8H 井控压点火钻进时压力、流量变化曲线

钻头深度：7239.07m

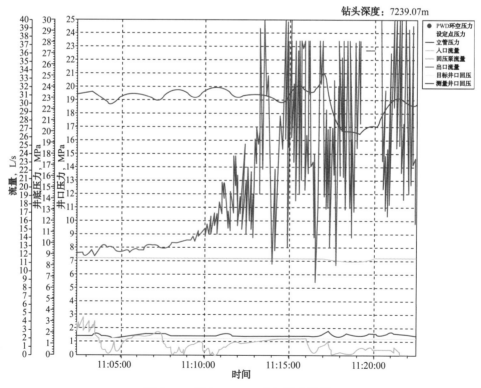

图 3-38　塔中 721-8H 井气侵监控图

（4）调整井口回压时，要保证一定的观察周期，避免人为造成井下复杂。控压钻井过程中，每次提高或降低井口控压值都应该至少有 15~20min 的观察期，即至少两次液面报告观察时间，以便对井底情况综合判断分析，避免调整过频造成的人为井下复杂。及时微量的井口回压调整，有利于发现油气层。通过及时调整井口控压值，为更好地保护和发现油气层发挥了重要作用。在保证井下安全的条件下，适时调整井口控压值；特别是通过摸索，利用出入口流量变化、综合录井气测值等变化，调整井口回压，当新油气层出现时气测值升高，待钻穿后及时加压，使之降低；一旦再次升高，说明新的油气层出现，体现了微流量控压钻井在地质发现方面的价值。

（5）调整井口控压值，寻找压力平衡点，顺利钻穿薄弱层。在实际生产中，通过调整井口控压值，观察井底 PWD 压力和井口出入口流量变化，寻找压力平衡点。在塔中721-8H 中，通过这种方法确定地层平衡压力在 1.21~1.22g/cm³，并且通过观察与控制井口压力变化和钻井液的溢漏情况，顺利钻穿多个薄弱层。

3. 塔中 26-H7 井应用

塔中 26-H7 井创造了穿越多套缝洞发育单元的塔里木油田水平井水平段长度新纪录（1345m）；突破性地应用了"欠平衡控压钻井"理念，目的层欠平衡控压钻井提速明显，创造目的层钻进日进尺 134m 最高纪录；实现 80.4% 控压钻井时间内"点着火炬钻井"的创举。

1）基本情况

该井位于塔中 26 号气田，该区块储层缝洞系统发育且分布无规律，属于典型的窄压力窗口地层，并普遍含有 H₂S 有毒气体。该井原设计完钻井深 5355m，设计造斜点在3890m（图 3-39），井眼采用直—增—稳—平结构，设计水平段长 998m，最大井斜角87.99°，设计二开中完井深 4248m，三开 6⁵/₈in 钻头钻进。该井于 2012 年 2 月 28 日开钻，二开中进行定向增斜，造斜一段距离后二开结束，三开继续造斜，原设计在进入 A 点（4357m）前 50m（4307m）处使用精细控压钻井技术钻进。

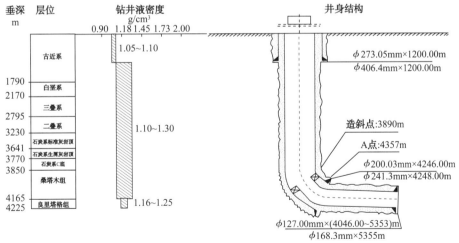

φ406.4mm 井眼:10³/₄in 套管根据设计深度1200下入,封固上部松散地层,加固井口。
φ241.3mm 井眼:确认进入良里塔格组灰岩中完,下 7⁷/₈in 套管。
φ168.3mm 井眼:(1)完钻层位:奥陶系良里塔格组。
　　　　　　　(2)水平井完钻原则:①水平段进尺998m完钻;②钻进至B点无油气显示完钻。
　　　　　　　(3) 完井方法:视含油气情况而定

图 3-39　塔中 26-H7 井井身结构

2）施工情况

（1）存在以下诸多钻井难题：

①易漏易涌，属典型窄密度窗口，井控安全风险高。

②储层裂缝、洞穴十分发育，缝洞一体。

③水平钻进穿越多套缝洞单元，钻井施工难度大。

④目的层压力系统不一致，且普遍含硫，施工安全风险大。

⑤常规钻井钻遇复杂情况频发，常未钻至设计井深就被迫完钻。

（2）该井控压钻井设计的目的：

①解决窄密度窗口造成的问题，如井漏、溢流。

②减少非生产时间，缩短钻井周期。

③减少钻井液漏失，减少钻井液对储层的伤害。

④提高水平段钻进能力，最大限度地暴露储层，实现单井高产稳产的目的。

（3）技术对策：

针对该井钻井难题，提出"欠平衡控压钻井"理念，在保证井下安全前提下，更大程度地暴露油气层，边溢边钻，有利于发现、保护油气层，提高机械钻速，并决定在原设计基础上水平段加深480m。

在操作过程中采用了以下主要技术对策：

①在钻进至目的层后要进行地层压力测试，求得地层压力后，要保持井底压力高于地层压力1~3MPa，进行控压钻进。初始时使用1.18g/cm³密度钻井液控压钻进，根据现场工况调整钻井液密度。

②控压钻井降密度时，要遵循"循序渐进"的原则，确定井下正常时，缓慢降低钻井液密度，具体数值由控压钻井工程师与甲方、井队协商确定。经计算，4248~5355m井段环空压耗为1.1~1.6MPa，因此，确定维持ECD在1.22~1.35g/cm³，见表3-11。

表3-11　塔中26-H7井当量钻井液密度及控压钻井设计结果

| 井段 m | 地层压力当量密度 g/cm³ | 钻井液密度区间 g/cm³ | 井底压差 MPa | ECD区间 g/cm³ | 循环控压值 MPa | 非循环控压值 MPa |
|---|---|---|---|---|---|---|
| 4248~5355 | 1.19 | 1.14~1.20 | 3~5 | 1.22~1.35 | 0~2.8 | 1.8~5 |

③钻进时，录井观察井底返出情况，看是否有掉块现象；控压钻井作业人员亦通过控压钻井设备滤网观察是否有掉块，综合判断确定井下是否异常。根据井下情况，每次以0.01~0.02g/cm³小幅度降低钻井液密度。

④发现有漏失或气侵时，可通过控压钻井系统调节井口回压或井队调节钻井液密度。如钻遇油气层，有油气侵入井筒，流量计监测到有流体侵入量达到一定量时，自动节流管汇开始自动调节节流阀开度，通过立即增加地面回压并逐渐增加井底压力的方法，控制地层流体侵入量；当溢流量超过预先设计的限制时或井口回压过大时才考虑增加钻井液密度。

⑤流量计监测有漏失情况时，首先由控压钻井工程师根据井漏情况，在能够建立循环的条件下，逐步降低井口回压，寻找压力平衡点。如果井口回压降为0时仍无效，则逐步降低钻井液密度，待液面稳定，循环正常后恢复钻进。在降低钻井液密度寻找平衡点时，如果当量井底压力降至实测地层压力或设计地层压力时仍无效，则认为该井处于井控状态，

转换到常规井控，按照油田钻井井控实施细则的规定作业。

⑥控压钻井过程中出现掉块时，扭矩增大、钻井液出口密度增加、拉力增大、泵压升高、振动筛返出岩屑颗粒变大，此时立即施加稳定的井底压力，回压控制在 5MPa 之内，如果继续出现掉块，应该相应提高钻井液密度。

（4）施工过程：

①第一阶段（4226m~4344m）。钻井液密度 1.16g/cm³，正常控压值 2MPa 左右，环空压耗为 1MPa，井底 ECD 保持在 1.26g/cm³；接单根时，控压值控制在 4.3MPa 左右；起下钻时，控压值是 4.3MPa。典型溢流发现过程如图 3-40 所示，PCDS-Ⅰ 精细控压钻井系统监测到出口流量的迅速增加，同时总烃值也迅速上升，钻井液池液面上升 0.3m³，开始采取控制措施，停止钻进，循环排气，井口回压逐渐增加到 3MPa，稳定 10min 后，钻井液池液面继续上升 0.3m³，总烃值达到 11.7%，成功点火，火焰高度超过 8m，持续 3h20min，井口返出钻井液流量稳定，钻井液池液面恢复，总烃值下降到基本为零，恢复钻进。在此压力控制过程中，通过使用精细控压钻井装备证明：一方面可迅速发现和控制溢流，另一方面也说明了监测钻井液进口和出口流量之间的变化是控制溢流非常效的手段。

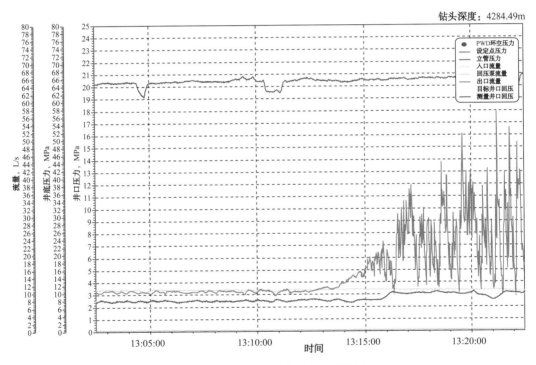

图 3-40　塔中 26-H7 井发现溢流时特征曲线

②第二阶段（4344~5166m）。钻井液密度 1.18g/cm³，共完成 4 趟钻的钻进，钻进过程压力控制在 2~3.5MPa，环空压耗 1~1.5MPa，井底 ECD 维持在 1.28~1.30g/cm³；接单根时，井口回压控制在 4.5MPa 左右，典型的接单根控制过程如图 3-41 所示；起下钻过程中，井口回压控制在 4.3~4.8MPa。因为随着井深增加，重钻井液注入、驱替的深度越来越大，重钻井液密度为 1.35g/cm³，4 趟钻分别从 3000m、3200m、3200m、4000m 开始注入，重钻井液注入完成后井底 ECD 分别在 1.30g/cm³、1.31g/cm³、1.31g/cm³、1.34g/cm³，成功处理溢流 11 次，

点火总时长达138h，占总钻进时长的70%。

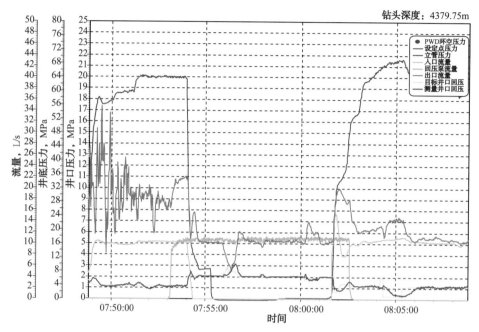

图3-41　塔中26-H7井接单根时压力控制曲线

③第三阶段（5166~5832m）。钻井液密度是1.2g/cm³，共完成3趟钻的钻进，钻进过程压力控制在2.5~3MPa，环空压耗1.5~2MPa，井底ECD维持在1.26g/cm³；接单根时，井口回压控制在4.3MPa；控压起钻过程中，控压值在4.3MPa左右，1.35g/cm³的重钻井液从4100m开始注入，重钻井液注入完成后井底ECD在1.345g/cm³，成功处理溢流多次，点火总时长达64h，占总钻进时长的85%，典型的点火控压钻进过程如图3-42所示。

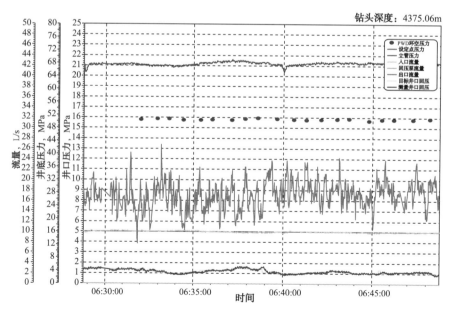

图3-42　塔中26-H7井点火钻进时压力控制曲线

3）应用效果评价

（1）大幅度提高水平段延伸能力，超额完成水平段设计任务。该井水平段设计 998m，延长水平段至 1349.39m，水平位移 1647m，打破塔中 26-H6 井创下的 1129m 水平段最长纪录，超额完成水平段设计任务，而 2008 年以前塔中碳酸盐岩水平井设计完成率仅为 28.11%，图 3-43 为该井水平段延伸图。

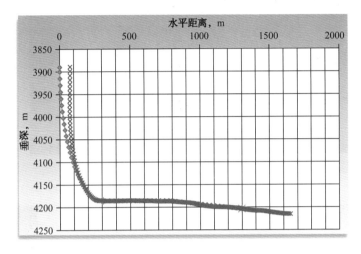

图 3-43　塔中 26-H7 井水平段延伸轨迹

（2）平均日进尺大幅度提高，创单日进尺最高纪录。大幅度提高了机械钻速，创造目的层钻进单日进尺 134m 最高纪录，与常规钻井相比平均日进尺提高 93.7%（图 3-44），且连续多日进尺过百米。

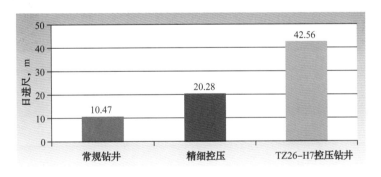

图 3-44　塔中 26-H7 井平均日进尺对比图

（3）目的层全程欠平衡控压钻井，实现"点着火炬钻井"创举。应用"欠平衡控压钻井"理念，目的层全程欠平衡精细控压钻井，有利于发现储层，最大限度地保护了油气层，提高了发现储层能力；点火总时长超过 213h，占控压钻进总时长的 80.4%，实现了"点着火炬钻井"创举（图 3-45）。

（4）水平钻进穿越多套缝洞单元，实现零漏失、零复杂。在缝洞系统保证控压钻井工艺安全的条件下走低限，允许微溢实现有效防漏，成功实现长水平段控压钻进穿越多套缝洞单元，全程实现零漏失、零复杂，如图 3-46 所示。

图 3-45　塔中 26-H7 井欠平衡控压钻井过程"点着火炬钻井"

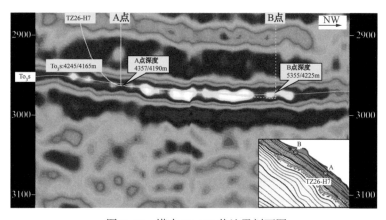

图 3-46　塔中 26-H7 井地震剖面图

## 三、东部地区精细控压钻井应用

1. 南堡 23- 平 2003 井应用

1）基本情况

该井是南堡 2 号潜山构造带上的一口开发水平井，井身结构如图 3-47 所示。根据邻井实钻资料，奥陶系潜山储层裂缝发育，油气层活跃，多次出现井漏、井涌、又涌又漏等复杂情况，钻井液密度窗口窄，给钻井施工造成一定安全隐患，处理过程浪费大量时间和作业成本。该井四开采用精细控压钻井技术，精细控制井口回压，一趟钻打完储层进尺，控压钻井过程中有控制的边微漏边钻，仅漏失钻井液 104m³，成为该区块储层钻进过程中起钻次数最少、用时最短、漏失最少的井。

2）施工情况

（1）施工难点：

①奥陶系灰岩储层裂缝发育，地层压力系数低，预测地层压力系数为 0.99~1.03，对井

底压力波动敏感，易漏易涌，$ECD$ 大于 1.03g/cm³ 就会出现漏失，$ECD$ 小于 0.99g/cm³ 就会出现溢流，属典型的窄密度窗口地层。

②已钻邻井油气层气油比最高达 4418，井控风险高。

③该井预测井底最高温度为 172.5℃，随钻环空压力测量装置（PWD）不能在此温度下正常工作，无法实时获取井底压力。

④储层可能含 $H_2S$，已钻邻井 $H_2S$ 含量最高 99.66μg/g。

⑤停止循环或起下钻井底压力波动，造成敏感性储层的伤害。

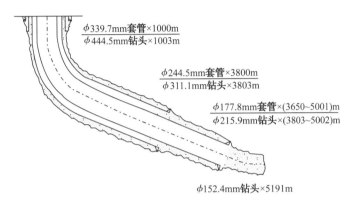

图 3-47　南堡 23- 平 2003 井井身结构

（2）通过该井的精细控压钻井施工预期目标包括：

①先期采用欠平衡钻井方式钻进，及时发现油气层；

②通过回压补偿系统，有效地降低钻井过程中井底压力的波动；

③减少钻井液漏失，力争将钻井液漏失量控制在 500m³ 内，降低钻井综合成本；

④通过高精度质量流量计，及早监测油气侵入，精细控制井口回压，提高钻井效率，降低井口风险。

（3）技术对策：

①采用密度为 0.93g/cm³ 水包油钻井液钻进，精确自动控制井口回压，$ECD$ 维持在 0.99~1.03g/cm³ 范围。

②应用高精度质量流量计，及早发现溢流和漏失，并自动快速调整井口回压，及时控制溢流或减少漏失。

③采用耐高温（≥177℃）、高压（压力≥70MPa）存储式井底压力计，求取井底压力、温度数据，结合水力学计算软件，计算不同钻井参数下的井筒压力剖面，为控压钻进顺利实施提供理论依据。

④加强钻井液性能维护，确保钻井液的 pH 值不小于 10，加强监测 $H_2S$ 含量，发现异常及时处理。

⑤控压接立柱和起下钻，保持井底压力稳定，避免因井底压力波动过大，造成井下复杂，同时避免对储层的伤害。

（4）施工过程：

①钻具组合：$\phi$ 152.4mm TH1365（A）PDC 钻头 +1.5° 螺杆 +311/310 浮阀 ×2+MWD

专用无磁 ×1+ 压力计短节 + 接头 +$\phi$101.6mm 钻杆 ×30柱 + 接头 +$\phi$101.6mm 加重钻杆 ×7柱 + 接头 + 震击器 + 旁通阀 + 接头 +$\phi$101.6mm 加重钻杆 ×3柱 + 接头 +$\phi$101.6mm 钻杆 ×23柱 + 接头 +$\phi$139.7mm 钻杆。

②钻井参数：钻压 40kN，转速为螺杆转速 +40r/min，排量 14~16L/s，立压 12~13MPa，井口回压 0~2.75MPa。

③钻井液性能：密度 0.93g/cm³，$n$ 值为 0.64，$k$ 值为 0.51。

④主要施工过程：钻至井深 5096m 时，控压钻井系统监测到出口流量由 16L/s 逐渐上升，全烃值由 0.504% 上升至 78.94%，井口回压 0MPa，定点 ECD 为 1.013g/cm³，出口流量最高上升至 60L/s，系统施加 0.5MPa 回压，如图 3-48 所示。ECD 为 1.026g/cm³，点火成功，火焰高度 2~3m，宽 1m，返出气体流量 120m³/h，之后全烃值下降，出口流量逐渐降低至 25L/s，之后，出口流量再次上升至 45L/s，增加回压至 1MPa。ECD 为 1.038g/cm³，火焰熄灭。

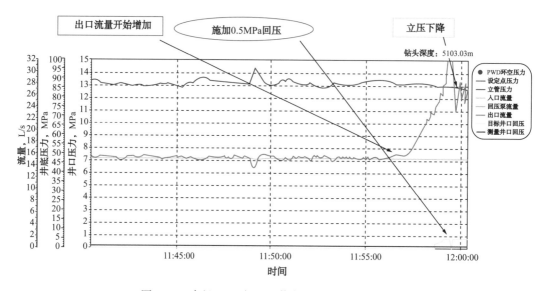

图 3-48　南堡 23- 平 2003 井发现溢流压力控制曲线

钻进至井深 5123m，排量 16L/s，井口回压 0MPa，ECD 为 1.01g/cm³，控压钻井系统监测到有漏失迹象，出口流量明显减少 2L/s，减少量均匀，如图 3-49 所示。出口流量由 14L/s 再次降低至 11.7L/s，漏速均匀（漏速 6m³/h）。如果再降低排量有沉砂卡钻的危险，用 9L/s 排量测定漏失压力，ECD 为 0.992g/cm³，出口流量 8.05L/s。决定恢复微漏方式钻进，入口排量 14L/s，出口排量 11.69L/s，ECD 为 1.007g/cm³。

钻进至井深 5182m 完钻，入口排量 14L/s，出口排量 12L/s 左右，漏速均匀，共漏失钻井液 104m³。

3）应用效果评价

（1）设计采用精细控压钻井技术降低了钻井过程中井底压力的波动，在钻井过程中能很好地保护油气储层；实现减少漏失，降低井控风险及提高斜井段钻进能力和减少非生产时间的目的。

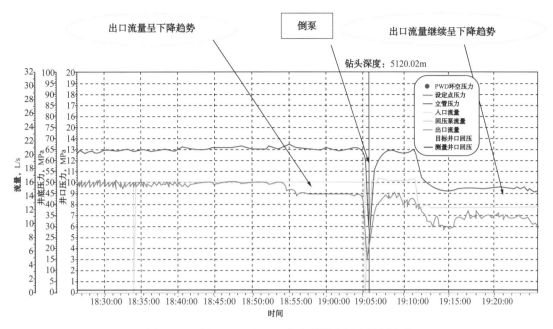

图 3-49　南堡 23-平 2003 井发现漏失压力控制曲线

（2）通过实施精细控压钻进技术，有效抑制溢流，最大程度地减少漏失，避免了钻井液进入地层对储层的伤害，有效保护了油气层；同时也大大节约了钻井液费用。

（3）该井采用精细控压钻井技术提高了潜山目的层钻井安全性，大幅降低了复杂时间，提高了机械钻速，大大加快了钻井节奏，缩短钻井周期。

（4）实施精细控压钻井对于解决低压低渗油气储层、减少井下出现诸如井涌、井漏、卡钻等复杂事故发生，取得了良好的效果，为冀东油田潜山窄密度窗口下的安全钻井探索出一条行之有效的技术思路。

（5）依靠精细控压钻井系统，实现了易漏地层条件下可控的微漏钻井作业，即实现了精细控压钻井技术的"边漏边钻"方法。控压钻井过程中共漏失钻井液 104m³，极大减少钻井液漏失，较邻井减少量达 3000 多立方米，是该区块钻进过程中漏失量最少的一口井。控制漏失效果如图 3-50 所示。

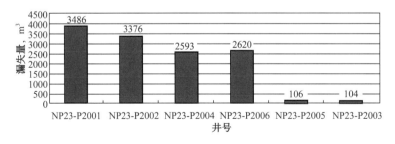

图 3-50　南堡 23-平 2003 井应用精细控压钻井技术控制漏失对比图

2. 千 16-22 井应用

1）基本情况

千 16-22 井是千米桥潜山油气田板深 7 断块的一口开发井，位于天津市大港区港东运输公司东南2.5km（表3-12）。该井四开常规钻进至4389.00m时发生溢流关井，压井前套压最高9.5MPa。为了能够及时监测溢流，并有效控制溢流与漏失，减少井下复杂处理时间，避免钻井液密度过高伤害储层，实现窄密度窗口顺利钻进（该井溢漏同存）。甲方决定在该井采用精细控压钻井技术实施钻进。

表3-12 千16-22井基本数据

| 井号 | 开发井 | 钻探目的 | 生产奥陶系潜山气藏 |
|---|---|---|---|
| 井型 | 定向井 | 目的层 | 奥陶系 |
| 地理位置 | 天津市大港区港东运输公司东南2.5km | 设计完钻原则 | 钻穿奥陶系上马家沟组气层油层底界44m完钻 |
| 设计井深 | 4580m（实际完钻井深4518m） | 完井方法 | 套管完井 |
| 完钻层位 | 奥陶系 | | |

2）施工情况

本井共采用精细控压钻井作业一趟钻，施工情况如下：

井段：4372~4518m；

作业日期：2014年4月24日—4月30日；

作业方式：精细控压钻进；

地层：奥陶系；

岩性：石灰岩、白云质灰岩。

钻具组合：$\phi$152.4mm PDC钻头×0.29m+310/310接头×0.45m+311/310浮阀×0.51m+$\phi$89mm加重钻杆×168.61m+$\phi$89mm钻杆。

钻井液性能：密度1.06~1.23g/cm³，漏斗黏度30~42s，pH值11~12。

钻进参数见表3-13。

表3-13 千16-22井精细控压钻井参数

| 钻压，tf | 立压，MPa | 排量，L/s | 转速，r/min |
|---|---|---|---|
| 2~6 | 12~18 | 13~18 | 60 |

2014年4月23日20：00井队钻水泥塞，20：17出现溢流，关井，套压7MPa。

4月24日转入精细控压钻井流程。07：00开泵循环，回压12MPa，点火成功，火焰高3m。09：30停泵关井，回压5.5MPa，配1.23g/cm³钻井液。13：00开井循环，回压5MPa，立压12MPa。14：53回压下降至0.8MPa，全烃值70%。14：57压重钻井液10m³，15：13注重钻井液完毕开始下钻。16：12施加2tf钻压，开始钻塞，井深4368.42m，控压值3MPa。17：03钻进至4372.92m，回压值调至2.38MPa。17：42钻进至4375.81m，出口密度1.19g/cm³，入口密度1.20g/cm³，立压14MPa，出口流量基本稳定在17L/s。18：06，出口流量上涨。18：16，点火成功，火焰高度2m，井深4381.52m，控压值以3MPa为基准，上下微调。19：53，钻进至4386.95m，出口钻井液返出量减少，回压降至2.6MPa。20：07，回压调整至1.5MPa，出口流量趋于稳定，液面5min上涨3.18m³。20：34，开始循环，回压2.8MPa。20：57，点火成功，火焰高度2m。22：50，起钻关井。

当日进尺 20.61m。

4月25日，06：15，开泵循环，走井队节流管汇，套压2.8MPa，火焰高度2m。08：37，井队循环划眼，回压1.7MPa，进出口流量平衡。08：51，井深4390m，恢复正常钻进。09：05，井深4391.62m，进入新地层，回压值0.42MPa，入口密度1.21g/cm³，出口密度1.20g/cm³，出口流量12.5L/s，入口流量11.69L/s。09：30出口流量上涨，09：43点火成功，火焰高度1m，回压1.99MPa。12：35接立柱，回压值3.3MPa。13：25，火焰熄灭，井深4403.76m。13：55井口出气，点火成功，火焰高度1m，13：58，火焰熄灭，回压调至1.5MPa。14：20正常钻进，出口流量稳定在18.5L/s，入口排量12.5L/s，增加的流量判断为在走精细控压钻井流程之前，井队压入地层的钻井液，井底微漏，上层吐钻井液。14：27，出口流量上涨，井口出气。14：39点火成功，火焰高度1~2m。14：45，火焰高度1m，继续正常钻进，出口密度1.12g/cm³，入口密度1.18g/cm³。20：09，注入4m³重钻井液压水眼。20：16，接立柱，回压值2.65MPa。20：24，开泵，点火成功，火焰高度3m。20：50，正常钻进。当日进尺53.81m。

4月26日，00：05，井深4443m，继续钻进，出口密度1.09g/cm³，入口密度1.10g/cm³，回压值1.33MPa，钻井泵排量13.04L/s，立压11.19MPa。04：42，接立柱，回压值3.01MPa。04：54，恢复钻进，回压值1.51MPa。08：24，井队提高钻井液密度，从1.09g/cm³增至1.12g/cm³。08：40，立压下降，掉至8.9MPa，回压值1.6MPa。08：57，井队转换到2号泵，立压8.2MPa。09：04，转换到1号泵，入口密度恢复至1.09g/cm³，立压缓慢上升。11：11，立压、总池体积稳定，继续钻进。16：58，总烃值上涨，出口1.04g/cm³，气泡较多，入口密度1.11g/cm³。17：10，总烃值下降，趋于稳定，出口密度1.06g/cm³，入口密度1.11g/cm³。17：35，井深4488.35m，火焰熄灭，准备接立柱，开启回压泵，附加回压设定为1.6MPa。18：05，大幅度出气，出口流量飙升，从15L/s增至36L/s，流量计在随后的4~5min内处于测量管不振动状态。18：10，流量计工作恢复正常。18：35，顺利完成接立柱，测量回压2.4MPa。18：47，正常钻进，点火成功，火焰高度1~2m。19：28，继续钻进，总池体积119m³，回压值0.98MPa。当日进尺54.16m。

4月27日，00：05，井深4497.37m，回压值1.01MPa。07：37，正常钻进，出口密度1.04g/cm³，漏斗黏度27s，回压值1.06MPa。08：18，1号钻井泵换成3个凡尔工作，回压降至0.3MPa。08：59，井深4508.06m，出口密度1.05g/cm³，入口密度1.08g/cm³，流量计振幅减小，火焰高度0.5m。10：51，井深4449.29m，控压起钻。回压值2.88MPa，10min内出口流量始终高于入口流量1L/s。12：53，控压下钻，准备恢复钻进，回压值3.11MPa。13：12，下钻完毕，井队开钻井泵，恢复钻进。出口密度1.03g/cm³，入口密度1.07g/cm³，回压值0.59MPa。13：29，出气，点火成功，火焰高度0.5m，回压值0.45MPa。14：55，火焰熄灭。15：53，点火成功，火焰高度0.5~1m，回压值0.23MPa。23：22，井深4517.14m，正常钻进，回压值0.5MPa，入口密度1.07g/cm³，出口密度1.04g/cm³。当日进尺20m。

4月28日，00：58，接立柱，回压值3MPa，完成后恢复正常钻进。03：02，钻柱晃动过大，停止钻进，开始循环。07：00，控压起钻，回压值3.5MPa。07：57，控压起钻至4314m，关井求压3.2MPa。14：25，开井循环，替钻井液密度1.20g/cm³。14：35，点火成功，火焰高度0.5~3m。17：15，井口失返，井队灌钻井液完毕后关井。

4月29日，08：43，开井，开泵循环，走精细控压钻井流程，密度1.18g/cm³，回压值0.2MPa。09：07，停泵，关井。等待下步措施。11：00，井队正循环压井，11：19结束，共压入5m³1.20g/cm³密度钻井液，回压2.1MPa。11：25，井队反循环压井。13：05，停泵，套压6.5MPa，共压入1.20g/cm³重钻井液37.5m³。14：40，井队节流循环。15：00，点火成功，火焰高3~4m。15：50，火焰熄灭。19：05，开泵走精细控压钻井通道，回压值0.31MPa。19：52，循环，入口密度1.21g/cm³，回压0.2MPa，火焰高度3m，5min液面下降5.1m³，立压8.9MPa。20：03，循环，入口密度1.21g/cm³，回压值0.2MPa，5min液面下降4.5m³，立压8.5MPa。20：08，出口流量减少，回压值0.09MPa，立压9MPa。20：22，出口返出密度1.01g/cm³清水，5min漏失2.15m³。20：09，入口密度1.24g/cm³，出口密度1.01g/cm³，立压10.26MPa。20：50，出口密度1.12g/cm³，重钻井液进入环空，密度逐渐增大，还在漏失，钻井液总量还有128m³。21：11，继续循环，出口密度1.11g/cm³，还在漏失，钻井液总量还有108m³，立压12.9MPa。21：27，停泵，有1.6MPa圈闭立压。21：34，关闭上半封，配钻井液，立压1.9MPa。

4月30日，06：09，开井走精细控压钻井循环，出口密度1.13g/cm³，入口密度1.20g/cm³，立压13.76MPa。06：56，继续循环，出入口流量基本一致，出口12.8L/s，入口13.4L/s，出口密度1.22 g/cm³，立压15.5MPa。08：20，关井观察。08：50，开井泄压。09：21，开泵循环。09：30，点火成功，火焰高度0.5m。12：15，火焰熄灭。14：20，划眼下钻，开泵循环。14：28，点火成功，火焰高度2~3m，15：20，火焰熄灭。18：45，起钻至套管鞋，经甲方讨论，完钻。

作业过程各工况流量和压力变化如图3-51~图3-58所示，图3-59为点火照片。

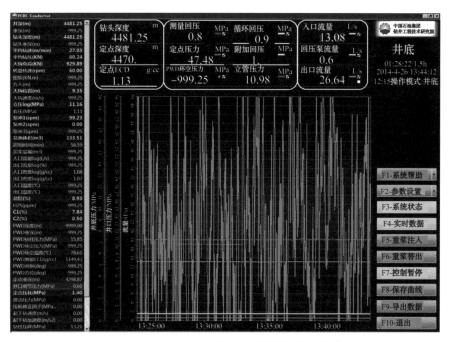

图3-51　千16-22井出气时的精细控压钻进

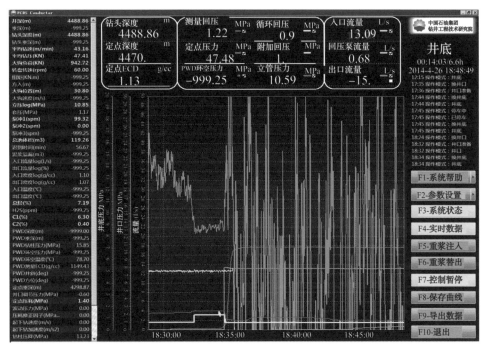

图 3-52　千 16-22 井精细控压接立柱时的压力控制

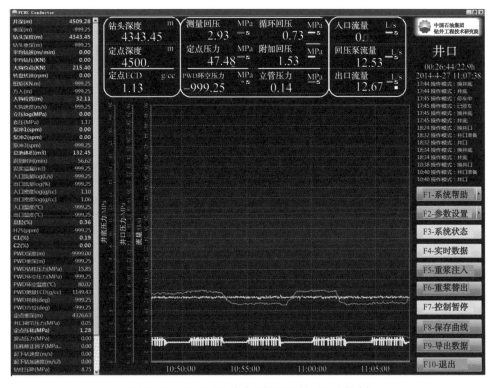

图 3-53　千 16-22 井精细控压起钻时压力控制

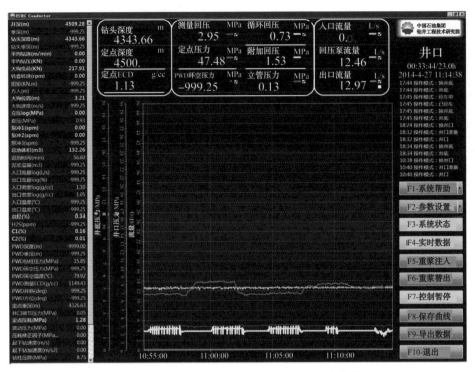

图 3-54 　千 16-22 井精细控压下钻时压力控制

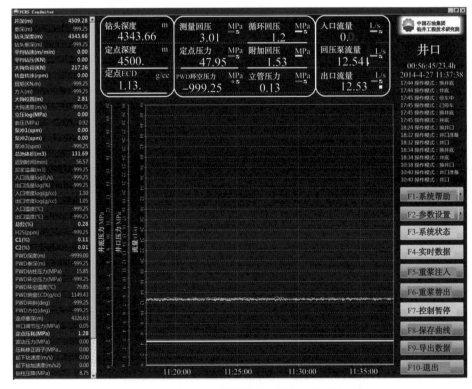

图 3-55 　千 16-22 井精细控压换胶芯时压力控制

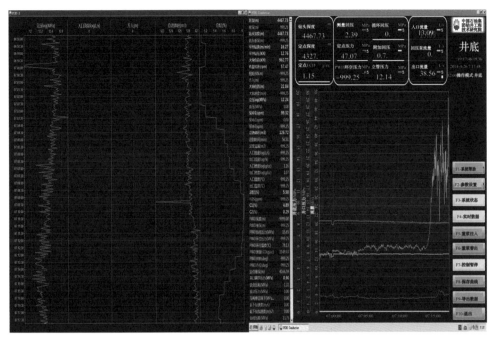

图 3-56　千 16-22 井出口流量上涨时压力控制

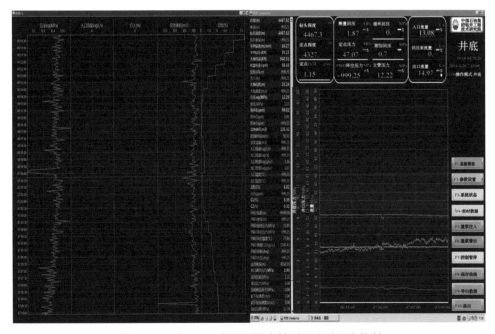

图 3-57　千 16-22 井监测漏失转到溢流时压力控制

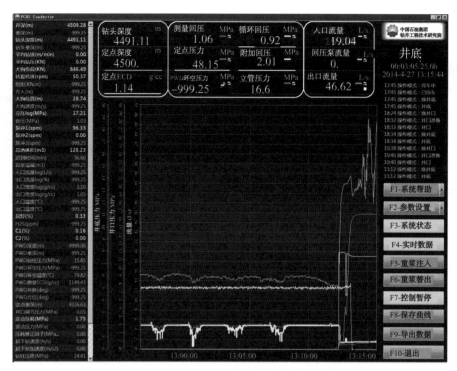

图3-58　千16-22井井口模式切换到井底模式时压力控制

图3-59　千16-22井精细控压钻进时的点火情况时压力控制

3）技术认识

该井应用精细控压钻井技术，顺利解决该井溢漏同存复杂。钻进过程中通过高精度节流阀及时处理溢流与漏失使其始终保持在可控范围内正常钻进，节省了常规钻进复杂处理时间，缩短了钻井周期，提高了钻井时效（图3-60），保障了该井顺利完钻。控压接立柱、起下钻时回压控制3MPa，保持井筒压力的相对稳定，减少了因开停泵造成的井底压力波动和循环压力损失，减少溢流或漏失复杂。

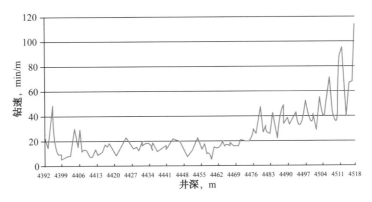

图 3-60　千 16-22 井精细控压钻井平均钻速

（1）在能够保证井口安全的情况下，对于气层采取微欠平衡钻进，适当出气，边点火边钻进，有利于油气层的发现和保护，发现油气显示 11 个，见表 3-14。

表 3-14　千 16-22 井油气显示

| 序号 | 层位 | 井段，m | 厚度，m | 岩性 | 全烃，% | 荧光级别 |
|---|---|---|---|---|---|---|
| 1 | 奥陶系 | 4342~4350 | 8 | 白云质灰岩 | 0 | 6.4 |
| 2 | 奥陶系 | 4350~4356 | 6 | 石灰岩 | 0 | 6.9 |
| 3 | 奥陶系 | 4356~4358 | 2 | 石灰岩 | 0 | 4.7 |
| 4 | 奥陶系 | 4358~4370 | 12 | 白云质灰岩 | 0 | 6.5 |
| 5 | 奥陶系 | 4370~4380 | 10 | 石灰岩 | 0 | 6.4 |
| 6 | 奥陶系 | 4380~4386 | 6 | 石灰岩 | 0 | 5.6 |
| 7 | 奥陶系 | 4386~4406 | 20 | 石灰岩 | 90.8 | 7.5 |
| 8 | 奥陶系 | 4406~4474 | 72 | 白云质灰岩 | 50.87 | 7.3 |
| 9 | 奥陶系 | 4474~4504 | 30 | 石灰岩 | 55.65 | 7.3 |
| 10 | 奥陶系 | 4504~4510 | 6 | 白云质灰岩 | 32.87 | 7.2 |
| 11 | 奥陶系 | 4510~4518 | 8 | 石灰岩 | 25.76 | 6.8 |

（2）精细控压钻井通过井口施加回压，可以更加积极主动地应对井下复杂情况，尤其是类似该井井口持续长时间出气，此时就需要根据情况灵活调整井口压力，既不能放开不加压，这会导致气体运移、膨胀过快，又不能加太高压力以防超过旋转防喷器所能承受压力，导致井口失控。

（3）气体是可压缩的，所以控压钻井过程中，每次提高或降低井口控压值都应该至少有一个迟到时间的观察期，期间坐岗监测液面应当每 3~5min 记录一次，以便对井底情况综合判断分析，避免调整过频造成的人为井下复杂。

（4）此井是井队钻遇漏失后出现溢流，处理溢流时反复压井导致原始地层压力被破坏，在此条件下精细控压钻井开始介入，由于井队前期的处理措施，导致上部地层孔隙压力大于下部地层孔隙压力，同时由于地层裂缝发育性好，地层压力非常敏感，微过平衡就会导致持续漏失，从而导致出气量增加，在出气量达到一定程度后，由于气侵的影响，导致井底压力小于地层压力，此时井下为欠平衡出气。为了避免这种恶性循环和井下压力波动，采取微欠的动态平衡控压钻进，在精细控压高精度节流压力、地面监测压力、流量、大数据曲线分析等系统综合配合下，经过两个循环周的摸索，最终在钻进过程中找到微欠的稳定平衡点，稳定 ECD 在 1.12~1.13g/cm³ 控压钻进。

3. 大吉 3-1 向 1 井应用

大吉 3-1 向 1 井位于山西省临汾市永和县阁底乡高家塬村，属于致密砂岩气井，产层段本溪组是高压气层，井控风险大，常规钻井处理时间长。2016 年 10 月 6 日至 2016 年 11 月 8 日在大吉 3-1 向 1 井（井段 1530~2339m）进行了精细控压钻井现场技术服务。

根据现场实际情况和相关规定，本次精细控压钻井主要实施微过平衡控压方式，采取微流量控制理念，全过程出口流量监测。控压钻井井段总长度 809m，通过出口流量计的精确显示多次及时发现井漏和溢流，通知钻井队，尽早采取相关措施，避免了复杂事故的发生，确保了井下安全。

控压钻井设备于 10 月 6 日到达井场，10 月 20 日安装、调试以及试压合格，10 月 22 日二开钻至井深 1530m 转入控压钻井流程，11 月 8 日控压钻至 2339m 完钻，总计发现 22 个气藏。在本溪组钻遇异常高压，通过井口有效的压力控制，有控制地揭开产层，保证气量在可控范围内，实施控压钻进，期间井口回压控制在 1.5~2.5MPa，火焰高度 3~15m，累计点火时长 35h。通过井口回压不断调整，找到溢漏平衡点为井口回压在 1.2~1.4MPa 范围内，钻井液密度为 1.37g/cm³，井底 ECD 约为 1.47g/cm³。完钻后，钻井液密度调整为 1.55 g/cm³，完成了裸眼电测、通井、下套管以及固井作业。

1）基本情况

钻井液体系：磺化钻井液；

钻井液密度：1.18~1.47g/cm³；

预测地层压力系数：1.33g/cm³；

井身结构如图 3-61 所示。

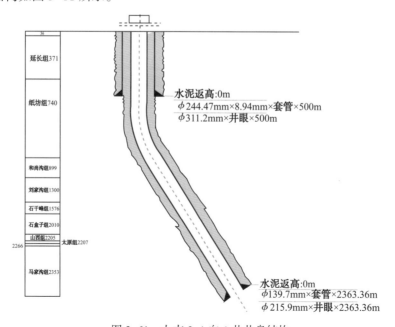

图 3-61　大吉 3-1 向 1 井井身结构

（1）工程目标：

①查明本溪组砂岩储层发育及含气性。

②兼探石千峰组、石盒子组、山西组、太原组及马家沟组储层发育及含气情况。

（2）施工难点分析：

①该井处于黄土高原，主要灾害为山体滑坡、泥石流，雨季道路不通，对钻井施工作业有一定影响。

②工程复杂预防。该井刘家沟、石千峰存在漏失、井塌风险。在本溪组存在异常高压，存在溢流风险。

（3）技术要求：

①根据邻井复杂资料和现有地质设计，合理设计钻井液密度、控压钻井参数，储备足够的重钻井液，做好异常复杂情况下的应急处理，加强现场实战演练，钻进期间加强人员坐岗、参数监测记录、分析评价和参数调整。

②严格执行控压钻井设计，做好钻进、起下钻、接单根时的压力控制和参数监测，采用微过平衡理念控压钻井作业，使井底压力始终略大于或接近地层压力，减少钻井液内的固相侵入地层，起到油气层保护的目的。

③利用控压钻井设备和配备的高精度质量流量计，随钻监测溢流或漏失，及时、快速调整井口回压，精确控制井筒压力在安全钻井窗口内，做好异常情况的应急处理和汇报。

（4）全井段主要压力控制措施：

①钻进时利用控压钻井设备，精确控制井口回压，维持井底压力略大于地层压力。

②采用控压起下钻工艺技术在套管内注入重钻井液帽的方式，保持裸眼段为低密度钻井液，防止高密度钻井液接触裸眼段固相颗粒入侵储层，保护油气层。

③实现全钻进过程微过平衡钻进，提高机械钻速，提高大井斜井段的携岩效率，避免岩屑床的形成，降低井下复杂发生的概率。

④用全开节流阀的方式低井口回压揭开储层，严密监测出、入口流量，待有油气显示后，快速控制溢流与漏失，每钻一个气测显示层或钻穿 100m，以 0.2MPa 递增或者递减，反推地层压力，始终保持钻进期间井底压力略大于地层压力，保护油气层。

⑤通过回压补偿系统，保持接单根和起下钻时井底压力与地层压力的微过平衡，起钻前计算好重钻井液帽高度，附加井底压力 1~2MPa 的压力，确定注入顶替压力，并在套管鞋以上注入重钻井液帽，不让重钻井液接触裸眼井段，直至钻完设计井深。

2）控压钻井施工过程

大吉 3-1 向 1 井精细控压钻进时间从 2016 年 10 月 22 日至 2016 年 11 月 26 日，钻至井深 2339m 完钻，总共 4 趟钻，合计 408h（表 3-15）。PCDS-Ⅰ精细控压钻井系统在大吉 3-1 向 1 井的成功应用，再次有效检测了控压钻井装备的各项性能指标。钻井过程中通过出、入口流量实时监测，能够精确对比出入口流量，及时发现和灵活处理井下异常，充分展现了控压钻井技术水平和作用功能。作业过程各工序的压力控制如图 3-62~图 3-67 所示。

表3-15 大吉3-1向1井主要参数

| 下钻次序 | 井段<br>m | 密度<br>g/cm³ | 钻进<br>类型 | 钻压<br>t | 钻进回压<br>MPa | 排量<br>L/s | 纯钻时间<br>h | 机械钻速<br>m/h |
|---|---|---|---|---|---|---|---|---|
| 第一趟钻 | 1532~1793 | 1.19 | 复合 | 8~10 | 0.3 | 25~27 | 75.7 | 3.5 |
| 第二趟钻 | 1793~1832 | 1.22 | 复合 | 8~10 | 0.3 | 25~27 | 6 | 6.5 |
| 第三趟钻 | 1832~2199 | 1.25 | 复合 | 8~10 | 0.4 | 25~27 | 53 | 6.9 |
| 第四趟钻 | 2199~2339 | 1.30~1.55 | 无螺杆 | 4~10 | 0.4~2.7 | 25~27 | 53 | 6.9 |

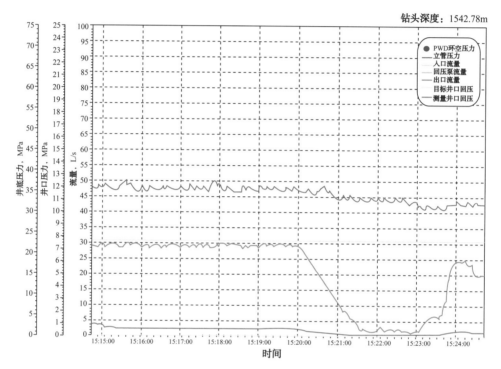

图3-62 大吉3-1向1井监测到漏失时压力控制

本溪组高压气层精细控压钻井施工过程为：

2016年11月1日，6：23下钻到底循环完毕，开始控压钻进（井口回压0.5MPa，井底压力26.8MPa，井底$ECD$1.39g/cm³，井斜32.87，方位22.95）；22：51钻进控压值走低限，出口流量实时监测；22：51钻进至2252.8m，发现出口流量增加，控压1.5MPa，22：53通知钻台循环，总池体积上涨1m³，气测值升至26.35%，23：10点火成功，火焰高度3~8m，总烃最高到达98%；01：30~08：00控压钻进至2254m（钻进0.5m循环一周排气，缓慢揭开本溪组高压产层，保证气量可控），控压值1.5~2.7MPa，井口回压最高2.7MPa，防止井漏，火焰高度2~8m。

11月2日，控压钻进，控压值1.4~2.4MPa；接单根，控压值2.4~3.4MPa，出口流量实时监测，期间火焰高度1~10m，共计点火时间14h30min。通过精细控压钻进施工，确定本溪组产层压力系数约为1.45，上部地层漏失压力系数约为1.5，在控制井底$ECD$为1.47g/cm³左右时上部地层微漏失，漏速4m³/h。后期采取微漏的过平衡方式进行控压钻进。钻井队提高钻井液密度1.25~1.35g/cm³，同时加入堵漏剂进行循环堵漏，堵漏效果明显，漏速逐渐降低。随着井队密度的提高，控压值从2.4MPa减至1.4MPa。

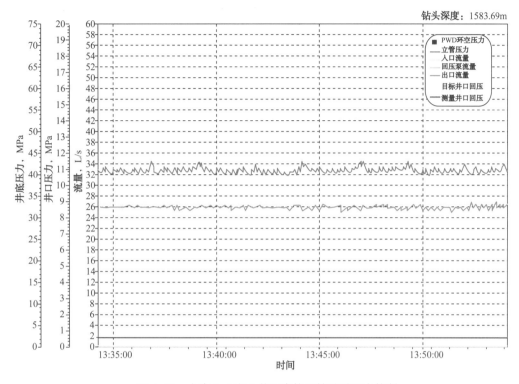

图3-63　大吉3-1向1井正常控压钻进时压力控制

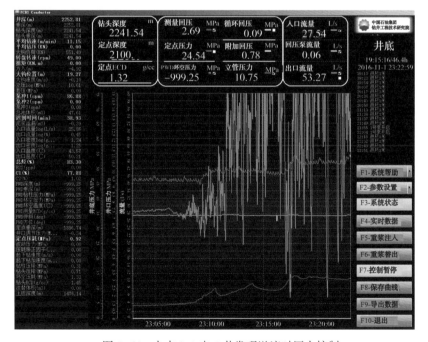

图3-64　大吉3-1向1井发现溢流时压力控制

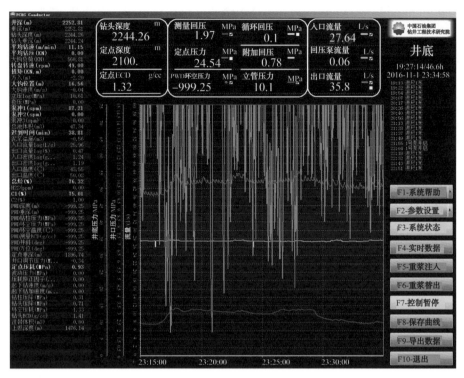

图 3-65　大吉 3-1 向 1 井控压排气时压力控制

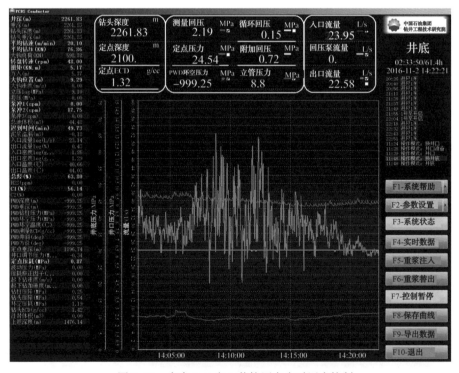

图 3-66　大吉 3-1 向 1 井控压点火时压力控制

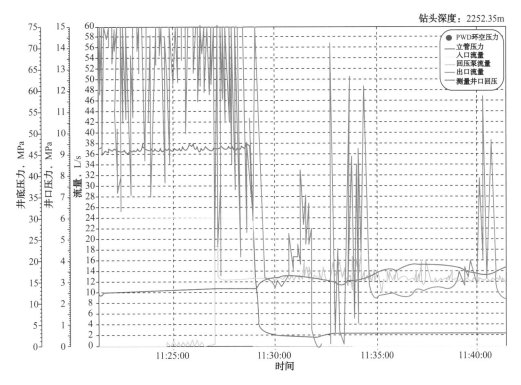

钻头深度：2252.35m

图 3-67　大吉 3-1 向 1 井控压接单根时压力控制

11 月 3 日，控压钻进，控压值 0.8~1.4MPa，接单根控压值 1.2~2.4MPa，出口流量实时监测，未点火。仍采取微过平衡的方式进行控压钻进，出入口流量基本稳定。15：30 钻至完钻井深 2339m，钻井液密度至 1.40g/cm³，随后，继续循环加重，同时加堵漏剂，密度提至出入口密度稳定在 1.48g/cm³。

11 月 4 日，短起下钻测后效。计划短起 20 柱，当起钻至第 8 柱时，发生溢流，直接下钻。下钻完开泵循环 10min 后，点火成功，火焰高度 2~6m，点火时长 1h30min，7：00 火焰熄灭。

11 月 5 日，将密度提至出入口密度并稳定在 1.55g/cm³，短起 15 柱后下钻循环，点火只有 3min 且火势极小。为了井控安全，循环调整钻井液性能稳定后，短起至 1500m，下钻循环，后效不明显，烃值 22%。

11 月 6 日，为确保下一步测井施工安全进行，起钻至套管鞋观察 24h。

11 月 7 日，下钻循环，测得后效满足测井施工要求。循环调整钻井液性能，进行起钻。

3）精细控压钻井应用分析

（1）油气显示。PCDS-Ⅰ精细控压钻井系统在大吉 3-1 向 1 井（井段 1530~2339m）进行控压钻井作业，共发现气层 22 个，控压钻井期间多次点火（表 3-16）。

表 3-16　大吉 3-1 向 1 井气层统计表

| 序号 | 层位 | 顶深，m | 底深，m | 厚度，m | 岩性 | 胶结程度 |
|---|---|---|---|---|---|---|
| 1 | 千 4 段 | 1476 | 1483 | 7.00 | 浅灰色含气细砂岩 | 较致密 |
| 2 | 千 5 段 | 1532 | 1544 | 12.00 | 浅灰色含气细砂岩 | 较致密 |

续表

| 序号 | 层位 | 顶深，m | 底深，m | 厚度，m | 岩性 | 胶结程度 |
|---|---|---|---|---|---|---|
| 3 | 盒 2 段 | 1595 | 1597 | 2.00 | 浅灰色含气细砂岩 | 较致密 |
| 4 | 盒 4 段 | 1677 | 1683 | 6.00 | 浅灰色含气细砂岩 | 较致密 |
| 5 | 盒 7 段 | 1883 | 1889 | 6.00 | 浅灰色含气细砂岩 | 较致密 |
| 6 | 盒 8 段 | 1983 | 1987 | 4.00 | 浅灰色含气细砂岩 | 较致密 |
| 7 | 盒 8 段 | 2002 | 2006 | 4.00 | 浅灰色含气细砂岩 | 较致密 |
| 8 | 盒 8 段 | 2010 | 2017 | 7.00 | 浅灰色含气细砂岩 | 较致密 |
| 9 | 盒 8 段 | 2023 | 2028 | 5.00 | 浅灰色含气细砂岩 | 较致密 |
| 10 | 山 1 段 | 2043 | 2048 | 5.00 | 灰色含气细砂岩 | 较致密 |
| 11 | 山 $2^1$ 段 | 2090 | 2092 | 2.00 | 黑色煤 | |
| 12 | 山 $2^1$ 段 | 2098 | 2100 | 2.00 | 灰黑色碳质泥岩 | |
| 13 | 山 $2^1$ 段 | 2109 | 2116 | 7.00 | 灰色含气细砂岩 | 较致密 |
| 14 | 山 $2^2$ 段 | 2119 | 2121 | 2.00 | 灰黑色碳质泥岩 | |
| 15 | 山 $2^2$ 段 | 2123 | 2125 | 2.00 | 黑色煤 | |
| 16 | 山 $2^2$ 段 | 2129 | 2132 | 3.00 | 灰色含气细砂岩 | 较致密 |
| 17 | 山 $2^3$ 段 | 2134 | 2137 | 3.00 | 黑色煤 | |
| 18 | 山 $2^3$ 段 | 2141 | 2143 | 2.00 | 黑色煤 | |
| 19 | 山 $2^3$ 段 | 2149 | 2151 | 2.00 | 黑色煤 | |
| 20 | 本溪组 | 2220 | 2232 | 12.00 | 黑色煤 | |
| 21 | 本溪组 | 2236 | 2238 | 2.00 | 黑色煤 | |
| 22 | 本溪组 | 2250 | 2264 | 14.00 | 灰色含气细–中砂岩 | 较疏松 |

（2）应用效果：

①大吉 3–1 向 1 井精细控压钻井有效发现和保护油气层，钻进过程中共发现油气层 22 个。

②多次第一时间发现井漏和失返，减少井下发生卡钻等复杂的发生，提高了钻井时效。出口流量连续监测，为整个钻井过程提供可靠的井底压力数据和溢漏数据，方便了对溢流和井漏的处理。

③通过精确调节井口回压，寻找溢漏平衡点，顺利钻穿本溪组的异常高压产层，为今后在该区块钻探提供了可靠的数据和经验。

④及时微量调整井口回压，有利于发现油气层。通过及时调整井口回压，为发现油气层发挥积极作用。按照甲方的要求，在基本保证井下安全的条件下，适时调整井口控压值，特别是通过摸索，利用出入口流量变化、综合录井气测值等变化，调整井口回压，当新油气层出现时气测值升高，待钻穿后及时加压，使之降低，一旦再次升高，说明新的油气层出现，体现了精细控压钻井在油气发现方面的优势。

（3）控压钻井认识：

①大吉3-1向1井设计轨迹预计斜深2250m/垂深2005m，可能钻遇异常高压，因此，工程上在钻至此井深附近应严密注意防喷，实际钻进中，及时发现溢流，迅速控制井口和井下安全。

②一旦出口流量增加，可以迅速调高井口压力，有效控制井底气体侵入，保证井下、井口安全。精细控压钻井通过井口施加回压，可以更加积极主动地应对井下复杂情况。

③精细控压钻井技术在该井的成功应用，充分证明本溪组的异常高压在不放喷点火释放地层压力的情况下，是完全可以被压住的，重要的是了解真实的压力系数和漏失压力。

④微流量控制是基本功能，也是精细控压钻井装备功能的亮点，质量流量计具有能测量瞬时过流质量、过流体积、密度和温度的特点。控压钻井作业过程中，质量流量计能最先监测到气体排出量的情况，可以很明显地监测到出口流量逐渐增加，此时液面上涨并不明显，当大量气体出现时，则出口流量变得极不稳定，液面监测开始上涨，此时已不是真实的出口流量，但此时出口密度的变化仍能大致地反映出气量趋势变化和大小。

⑤由于该区块本溪组存在异常高压，导致二开裸眼井筒的压力体系差别较大，可能会出现上漏下溢。所以在钻开本溪组之前，要通过调节井口回压的方式对地层进行漏失压力试验，了解上部地层的承压能力，为安全钻开本溪组异常高压提供保障。

## 四、印度尼西亚 B 油田精细控压钻井技术应用

1.B 油田 1# 井应用

印度尼西亚B油田致密花岗岩—基岩地层常规钻井技术一直未发现油气显示，2013年应用PCDS精细控压钻井装备实施欠平衡精细控压钻井，油气显示良好，勘探取得重大突破。

1）基本情况

工程目标：勘探基底破碎带，发现油气层；提高基底花岗岩钻井效率，提高机械钻速；预防基底破碎带发生漏失，降低钻井复杂。考虑的施工难点包括：地层可钻性低、研磨性高；地层压力低、钻井液密度窗口窄、易发生井漏、井涌；地温梯度高，钻井液出口温度达85℃；浅层气发育。采用施工方案是纯液相欠平衡精细控压钻井作业，允许少量溢流，有效防漏，其原因在于：

（1）在钻进过程中，可实现全钻进过程的欠平衡钻井，从钻井技术方面确保不遗失可能的油气层。

（2）可适当控制目的层（基岩破碎带）漏失，降低井下复杂发生几率。

（3）实现全钻进过程的欠平衡钻井，一定程度上提高机械钻速。

（4）能够保证MWD、井下定向井工具的正常工作，保证井眼轨迹定向成功。

（5）提高大井斜段的携岩效率，有效避免岩屑床的形成、井下复杂的发生。

该井位于南苏门答腊岛JAMBI市加邦区块、B油田东北部的一口勘探定向井。目标层位是B油田基底花岗岩，地层压力系数低，具有破碎断面特征，邻井在钻至基底花岗岩时

曾出现井漏。该井设计井深 2520m，造斜点在 1066m，井眼采用直—增—稳结构。为发现和保护储层、预防漏失、降低钻井复杂，同时提高花岗岩机械钻速，该井在三开 $8\frac{1}{2}$in 井眼采用精细控压钻井技术及油包水钻井液体系，钻穿裂缝气藏。

（1）钻机类型：ZJ50D（顶驱）；

（2）控压钻井井段：1521~2520ft；

（3）钻井液体系：油包水钻井液，油水比 81：19；

（4）钻井液密度：0.875~0.887g/cm³；

（5）预测地层压力系数：1.042g/cm³；

（6）精细控压钻井装备布置如图 3-68 所示，井身结构如图 3-69 所示。

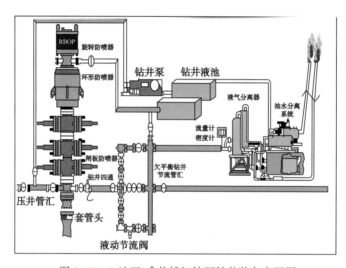

图 3-68  B 油田 1# 井精细控压钻井装备布置图

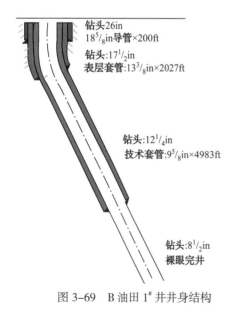

图 3-69  B 油田 1# 井井身结构

钻头26in
$18\frac{5}{8}$导管×200ft

钻头：$17\frac{1}{2}$in
表层套管：$13\frac{3}{8}$in×2027ft

钻头：$12\frac{1}{4}$in
技术套管：$9\frac{5}{8}$in×4983ft

钻头：$8\frac{1}{2}$in
裸眼完井

2）施工情况

（1）施工难点：

①缺乏地质资料。B 油田 1# 井是该区块 B 油田构造钻探的第一口井，属于初期勘探阶段，对于该区块的地质特征认识只能依靠临近区块的钻探资料和测井资料解释，在地层孔隙压力、破裂压力、构造特性、裂缝特征的预测上可能存在偏差，给控压钻井作业带来一定的难度和未知风险。

②油气储层保护。该井的钻探目的是为勘探 B 油田构造裂缝气藏，真实准确地评价油气储量，对后期勘探有重要的指导意义。如何保护油气层，维持裂缝原始产能进行油气井测试至关重要。

③工程复杂。该井油气藏属裂缝发育，存在漏失、井涌或溢漏同层的可能。

④地温梯度异常。该井地温梯度高，地层研磨

性强，加上油包水钻井液的低导热性和浸泡，对于井下仪器和地面设备的耐腐蚀性和抗温性要求很高。

（2）技术对策：

①针对技术难点，选择合适的技术与装备：

a 根据邻井复杂资料和现有地质设计，合理设计钻井液密度、控压钻井参数，储备足够的重钻井液，做好异常复杂情况下的应急处理，加强现场实战演练，钻进期间加强人员坐岗、参数监测记录、分析评价和参数调整。

b 利用精细控压钻井技术和装备，严格执行控压钻井设计，做好钻进、起下钻、接立柱时的压力控制和参数监测，利用低密度油包水钻井液，实现欠平衡钻进、控压接立柱；重钻井液帽近平衡起下钻等至完井测试，使井底压力始终略低于或接近地层压力，防止钻井液内的固相侵入地层，起到油气层保护的目的。

c 利用精细控压钻井设备和高精度的质量流量计，实时监测溢流或漏失，及时调整井口回压，精确控制井筒压力在安全钻井压力窗口内，做好异常情况的汇报和处理。

d 选用抗高温的仪器、工具，储备足够量的橡胶件等物品。

②在确定技术与装备的基础上，制定详细的施工方案：

a 以低密度油包水钻井液体系欠平衡控压钻进。利用精细控压钻井设备，精确控制井口回压，维持井底压力微欠于地层压力，使得地层气体在可控的情况下侵入井筒，及时发现油气层。

b 采用控压起下钻工艺技术在套管内注入重钻井液帽的方式，保持裸眼段为低密度钻井液，防止重钻井液接触裸眼段，固相颗粒入侵储层，保护油气层。

c 实现全钻进过程欠平衡钻进、提高机械钻速、提高大斜段的携岩效率，避免岩屑床的形成，降低井下复杂发生的概率。

d 以欠平衡控压钻井的方式揭开储层，待有油气显示后，及时监测入口、出口流量，快速控制溢流与漏失，每钻一个气测显示层或钻穿 300ft❶，以 50psi❷ 递增或者递减，反推地层压力，始终保持钻进期间井底压力略低于地层压力，保护油气层。通过回压补偿系统，保持接立柱和起下钻时井底压力与地层压力的微过平衡，起钻前计算好重钻井液帽高度，附加井底压力 70~150psi 的压力，确定注入顶替压力，并在套管鞋以上注入重钻井液帽，不让重钻井液接触裸眼井段，直至钻完设计井深。

（3）控压钻井技术措施：

①控压钻进技术措施：

a 下钻到底后，转为控压钻井流程，使用新配 7.3g/cm³ 的油包水钻井液替出 10.3g/cm³ 井筒原浆。循环过程中，密切监测出、入口流量变化和全烃值变化情况。

b 待钻井液性能均匀后，由钻井液工程师测量全性能，并提交给控压钻井工程师。

c 钻进期间控制 70psi 井口回压钻进，接立柱期间，控制井口回压 350psi。

d 钻进期间，若监测到出口流量异常上升，控压钻井工程师立即通知司钻和监督，同时停止钻进，将钻头提离井底，循环观察一个迟到时间，期间监测全烃、钻井液密度、

---

❶ 1ft=0.3048m；❷ 1psi=6894.757Pa。

总池体积和出口流量变化情况,做好点火准备,记录相关参数。循环过程中,若出口流量、钻井液池液面和火焰呈增长趋势,逐步施加 135~700psi 回压循环观察,当井口回压达到 700psi 时,控压钻井工程师立即通知司钻采取关井措施,转井控压井流程,使用钻井队节流管汇节流循环。待套压降至 300psi 以内,且井底情况稳定,火焰高度在 5.9ft 以内,转为控压钻井流程,保持节流循环套压不变,实现欠平衡控压钻进。若套压不降或超过 300psi 时,则适当提高钻井液密度,降低套压至 300psi 以内后,转为控压钻井流程。

e 控压钻进期间,密切监测各项参数的变化情况,随时调整控压钻井参数。

②控压接立柱技术措施:

a 立柱钻完前,司钻通知控压钻井工程师,控压钻井工程师启动回压泵循环钻井液,做好控压接立柱准备。

b 立柱钻完后,应缓慢循环划眼或活动钻具,避免井底压力波动过大。

c 司钻得到控压钻井工程师指令后,停泵,精细控压钻井系统自动切换通道施加回压,维持井底压力恒定。

d 泄立压,接立柱,其间 MWD 完成测斜。

e 接完立柱后,司钻开泵,恢复钻进排量,开泵时应避免反复启停。

f 精细控压钻井系统切换通道,停回压泵,完成接立柱程序。

③控压起钻技术措施:

a 起钻前,与司钻和相关的作业单位进行技术交底,确保相关作业人员了解控压钻井起钻程序。

b 循环清洗井底,控压钻井工程师计算重钻井液帽高度、体积,并提交给钻井监督。

c 开回压泵进行地面循环,准备起钻,控压钻井工程师通知司钻停泵。

d 起钻前向钻具内灌满重钻井液,压水眼,防止钻井液喷溅。

e 泄掉立管压力,回压泵始终向井内灌钻井液和补压。

f 控压起钻至重钻井液帽高度,注入重钻井液帽,逐步降低井口回压至 0,当重钻井液返出后,停止回压泵。

g 钻井液妥善储存并记录返出量。

h 观察 15min,确定无溢流后,取出 RCD 轴承总成,开始常规起钻,按井控规定进行灌浆。坐岗继续记录钻井液返出量。

i 当起出钻头后,关闭全封,结束起钻作业。

j 起钻后由钻井监督和工程师检查单流阀是否完好,替换损坏的阀。

④控压下钻技术措施:

a 配钻具、地面测试井下工具仪器。

b 确定没有套压后,开井,下入钻具。

c 常规下钻至重钻井液帽底,安装旋转防喷器总成。

d 低泵速开泵顶替重钻井液。

e 按照控压钻井工程师的指令逐步增加井口回压,钻井液工程师坐岗监测和记录锥形罐体积、回收重钻井液。

f 当重钻井液返出后，开启回压泵地面循环补压，控压下钻。

g 下钻至井底停回压泵，开钻井泵循环，调整回压循环排出后效，恢复控压钻进。

⑤关井程序：控压钻进时，控压钻井工程师密切监测出口流量变化，疑似溢流时，及时向钻井监督及司钻汇报，钻井液工程师每 5min 监测液面一次，及时向控压钻井工程师通报钻井液罐液面情况，在达到下列条件时，转入关井程序：

a 溢流量超过 6.3bbl❶。

b 井口套压迅速升高，预计或大于 725psi。

c 发生漏失且通过降低井口回压以及调整钻井液密度都无法建立平衡。

d 井漏失返。

e 井口 $H_2S$ 浓度 ≥ 20μg/g。

⑥控压钻井终止条件：

a 钻遇大裂缝或溶洞，井漏严重，无法找到微漏钻进平衡点，导致控压钻井不能正常进行。

b 控压钻井设备不能满足控压钻井要求。

c 控压钻井作业中，井下频繁出现溢漏复杂情况，无法实施正常控压钻井作业。

d 井眼、井壁条件不能满足控压钻井正常施工要求时。

（4）施工过程：

钻具组合：$8\frac{1}{2}$in 钻头 +$6\frac{3}{4}$in 螺杆 +$8\frac{1}{4}$in 稳定器 +$6\frac{3}{4}$in NMDC+$6\frac{3}{4}$in 无磁钻铤 +$6\frac{3}{4}$in NMDC TX+$6\frac{3}{4}$in NMDC+$6\frac{1}{2}$in 4A11/410 X/O Sub（b DC）+$6\frac{1}{2}$in CV+$6\frac{1}{2}$in SDC–1+$6\frac{1}{2}$in SDC–2+$6\frac{1}{2}$in SDC–3+$6\frac{1}{2}$in 411/4A10 配合接头 Sub（a DC）+5in HWDP×6+$6\frac{1}{2}$in 震击器 +5inHWDP×11+5inDP。

钻井液性能见表 3–17，控压钻井参数见表 3–18。

表 3–17　B 油田 1# 井钻井液性能表

| 钻井液体系 | 密度 g/cm³ | 漏斗黏度 s | 切力 Pa | n | k | pH 值 | 返出温度 ℃ |
|---|---|---|---|---|---|---|---|
| 油包水 | 0.89 | 50 | 4/9 | 0.71 | 2.38 | 9.5 | 87 |

表 3–18　B 油田 1# 井控压钻井参数表

| 钻压 10³lbf | 转速 r/min | 排量 gal/min | 立压 psi | 钻进回压 psi | 起下钻回压 psi |
|---|---|---|---|---|---|
| 20~33 | 40~115 | 550 | 1300~1500 | 55~80 | 350~400 |

溢流后循环替钻井液（图 3–70），后效火焰最高 26ft（图 3–71）。之后控压 350psi，下钻到底后控压 55~80psi，欠平衡点火钻进，火焰高度 3~6.5ft。

套压最高 200psi，开井循环，点火成功，火焰最高 32.8ft。随后继续控压 55psi，继续钻进至 8269ft 后完钻。控压 350~400psi 起钻至 2500ft，替入 11.3ppg 重钻井液，继续起钻

❶ 1bbl=158.987L。

至 900ft，取出旋转防喷器总成，继续常规起钻完。

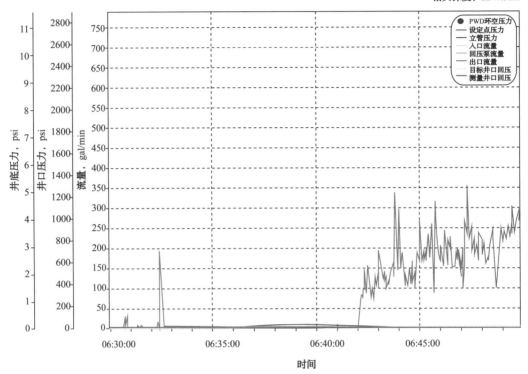

图 3-70　B 油田 1# 井下钻期间的溢流监测（出口流量明显上升）

图 3-71　B 油田 1# 井后效点火图

精细控压钻进时的工况参数如图 3-72~ 图 3-76 所示。

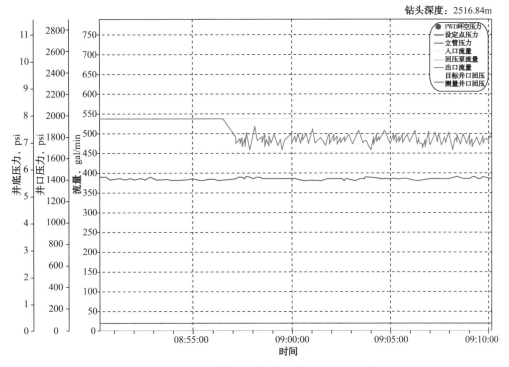

图 3-72　B 油田 1# 井欠平衡控压钻进时出口流量稳定

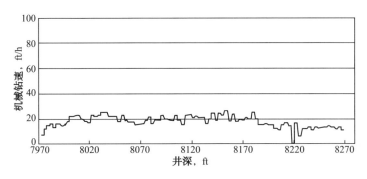

图 3-73　B 油田 1# 井机械钻速曲线

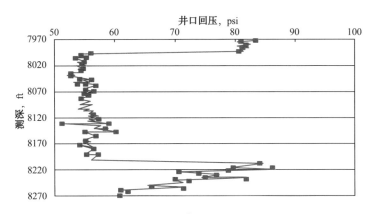

图 3-74　B 油田 1# 井井口回压控制情况

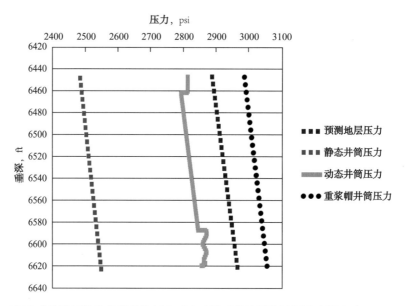

图 3-75　B 油田 1# 井控压钻井井段井筒压力对比（按反推地层孔隙压力当量密度 1.034g/cm³ 模拟）

该井段控压钻进时，井口回压控制在 55~80psi 之间，接立柱和起下钻时控压 360psi。后效点火 2 次，总计时间 60min，火焰高度 20~33ft；钻进期间点火 5 次，总计时间 1080min，火焰高度 3~6.5ft，全烃 3.1%~16%。

由图 3-76 可以看出动态井筒压力曲线低于预测地层孔隙压力曲线，整个井段控压钻井参数稳定，实现了欠平衡控压点火钻进，顺利钻完设计井深。

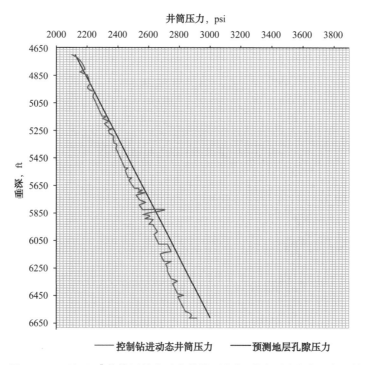

图 3-76　B 油田 1# 井控压钻井动态井筒压力与预测地层孔隙压力比较

该井控压钻进作业顺利，完成了甲方指定的工程目标，在钻进中配合低密度油包水钻井液体系，运用欠平衡控压点火钻进、控压接立柱、控压起下钻、近平衡完井等工艺。控压钻进期间精确控制井口回压在 55~135psi 之间，维持井底压力微欠平衡点火钻进。单程连续控压起下钻最长达到 5472ft（7972~2500ft），回压泵连续运行时间最长达到 11h，系统累计工作超过 585h，各部件运转正常，保障了钻进、控压起下钻过程中的井控安全。

3）应用效果评价

（1）油气显示：该井油气显示良好，累计成功点火 57 次，累计点火时间 240h。循环加重时第一次点火成功，火焰高 13~16ft，随着钻井液密度增加至 1.0444g/cm³，2h 后火焰熄灭。控压钻进阶段，钻井液密度维持在 0.8764~0.8884g/cm³，起下钻时，均有明显后效，平均火焰高度 13~23ft（图 3-77），欠平衡控压钻进火焰平均高度 3~6.5ft（图 3-78）。

图 3-77　B 油田 1# 井后效点火　　　　图 3-78　B 油田 1# 井控压钻进点火

（2）工艺应用成果：该井三开采用精细控压钻井方式钻进，取得如下成果：

①采用低密度油包水钻井液体系，成功实现了钻进期间的井底压力微欠平衡，及时发现了油气层，最大限度减少了钻井液对储层的污染。

②利用井口回压的精确控制和起下钻过程中回压补偿，以及重钻井液帽的技术措施，成功避免了重钻井液与裸眼井段的接触，减少了对储层的污染，为真实评价油气井产能创造了条件。

③通过出、入口流量的微变化进行井下异常的监测，及时控制溢流，利用精细控压钻井设备的精确操作，降低井底压力的波动，节约了溢流处理时间，提高井控安全保障，降低了井下复杂发生的可能性。

④三开井段所实施的欠平衡钻进，尤其对于致密花岗岩来说，能够有效提高机械钻速。

⑤良好的油气显示和精确的参数控制，为该井地质和勘探的准确认识提供了有力依据。该井控压钻井的成功实施，为 B 油田构造的勘探开发，探索出一种新的方式，为该区块同类型井的勘探提供了新的钻探模式。

（3）钻井时效统计见表 3-19。

**表3-19　B油田1#井钻井时效统计表**

| 工作内容 | 钻进 | 起下钻 | 循环 | RCD维护 | 其他时间 | 总计时间 |
|---|---|---|---|---|---|---|
| 时间，h | 302 | 444.5 | 99 | 11.5 | 103 | 960 |
| 所占比例，% | 31.3 | 46.3 | 10.2 | 1.2 | 11 | |

4）技术认识

（1）合理的精细控压钻井设计和技术应用，能够实现低密度钻井井底压力的连续稳定控制，保护油气藏不受伤害，提高平均机械钻速。精确的压力控制，在压力敏感层位，能够确保井筒压力始终在安全钻井液密度窗口内，避免井下复杂的发生。

（2）通过该井的勘探，对B油田的地质特征有了准确的认识，对于控压钻井参数优化、钻井液体系和钻具组合的优选提供了依据，为后期同类型井的钻探提供了宝贵的经验和数据支持。

（3）B油田地层具有压力系数低、裂缝发育、储层压力敏感的特征，采用常规钻井液和钻井技术很容易污染裂缝，造成油气藏难以被发现和测试过程中的错误评价。对于该类型地层，应真实评价储层能力，做好与邻井产能对比评价；应用成熟的钻井新工艺技术，使用低密度钻井液体系，配合精细控压钻井工艺实现全过程欠平衡精细控压钻井，达到保护和及时发现油气层，提高单井产能的目标。

2.B油田2#井应用

2013年B油田1#井成功完钻后，参考B油田1#井钻井工艺成功经验，确定了B油田2#井钻井工程设计。该井为定向井，在8½in井段B地层采用油基钻井液和近平衡控压钻井技术，以实现提高机械钻速和发现产层的目的，同时采用井下套管阀施工工艺，该井安全顺利地完成钻井施工作业，实现了全井段近平衡钻进的目标，全井实现井下无漏失、无事故复杂情况。在技术方案和施工上，达到了对油气层的发现与保护的最好水平。

1）基础数据

B油田2#井位于南苏门答腊岛JAMBI市加邦区块，是一口勘探定向井。目标层位B地层基底花岗岩，地层压力系数低，具有破碎断面特征，邻井B油田1#井、Klabaru 1井在钻基底时曾出现气侵、井漏等。该井设计井深8898ft，造斜点在2800ft，井眼采用直—增—稳结构。为发现和保护储层、预防漏失、降低钻井复杂，同时提高花岗岩机械钻速。该井的三开8½in井眼采用控压钻井技术及油包水钻井液体系，钻穿目的层。

该井三开近平衡控压钻井作业的思路是以设计的油包水钻井液密度钻进。开始时井口不加回压，重点做好溢流与漏失监测，若发现溢流，求准地层压力，转入有控制的近平衡控压钻井作业。保持井底压力在钻进、起下钻、接立柱时相对稳定，有效控制溢流与井漏。

控压钻井设备于2015年9月21日完成现场安装，9月23日三开控压钻进，10月20日完钻。实际完钻井深8898.10ft，控压钻井井段6498.72~8898.10ft，控压进尺2399.38ft，平均机械钻速12.3ft/h。钻进过程中成功运用了控压起下钻、开关套管阀和溢流监控等工艺，使得油气层能够及时发现并减少了对储层的伤害、减少了非生产时间、提高了钻井效率，取得了良好的应用效果，达到了预期工艺目标。

（1）地层压力预测：根据 B 油田 1# 井地层压力计算结果，预测 B 层位的地层压力系数在 0.984~1.008 之间，由于地层压力梯度小于水密度 1g/cm³，因此，为了实现该井采用近平衡钻井，钻井液采用油基钻井液，钻井液密度范围为 0.936~0.984g/cm³。

（2）钻井参数：

钻机类型：ZJ50D（顶驱）。

控压钻井井段：6498.72~8898.10ft。

钻井液体系：油包水钻井液；油水比 89 ：11。

钻井液密度：0.888~0.924g/cm³；

预测地层压力系数：0.984~1.008。

井身结构见表 3-20 和图 3-79。

表 3-20  B 油田 2# 井身结构

| 套管 | 导管 | 表套 | 技术套管 | 裸眼井段 |
|---|---|---|---|---|
| 井眼尺寸，in | 20 | $17\frac{1}{2}$ | $12\frac{1}{4}$ | $8\frac{1}{2}$ |
| 套管尺寸，in | $18\frac{5}{8}$ | $13\frac{3}{8}$ | $9\frac{5}{8}$ | 裸眼 |
| 深度，ft | 381 | 2021 | 6482 | 8898 |

（3）工程目标：

①钻穿 B 地层顶部花岗基岩，揭示 B 区域裂缝性油气藏。

②提高基底花岗岩钻井效率，提高机械钻速。

③预防基底破碎带发生漏失，降低钻井复杂。

（4）施工难点：

①缺乏地质资料。B 油田 2# 井是该区块 B 构造钻探的第二口井，属于初期勘探阶段，对于该区块的地质特征认识主要依靠 B 油田 1# 井及 Klabaru 1 井等邻井的钻探资料和测井资料解释，在地层孔隙压力、破裂压力、构造特性、裂缝特征的预测上可能存在偏差，给控压钻井作业带来一定的难度和未知风险。

②油气储层保护。该井的钻探目的是为勘探 B 构造裂缝气藏，真实准确地评价油气储量，对后期勘探有重要的指导意义。如何保护油气层，维持裂缝原始产能进行油气井测试至关重要。

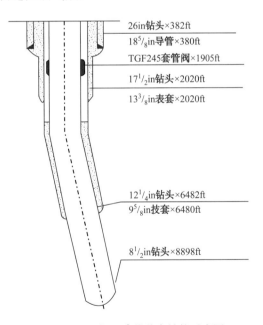

26in钻头×382ft
$18\frac{5}{8}$in导管×380ft
TGF245套管阀×1905ft
$17\frac{1}{2}$in钻头×2020ft
$13\frac{3}{8}$in表套×2020ft

$12\frac{1}{4}$in钻头×6482ft
$9\frac{5}{8}$in技套×6480ft

$8\frac{1}{2}$in钻头×8898ft

图 3-79  B 油田 2# 井井身结构示意图

③工程复杂。该井油气藏属裂缝发育，存在漏失、井涌或溢漏同层的可能。

④地温梯度异常。该井地温梯度高、地层研磨性强、加上油包水钻井液的低导热性和

浸泡，对于井下仪器和地面设备的耐腐蚀性和抗温性要求很高。

（5）技术要求：

①根据邻井复杂资料和现有地质设计，合理设计钻井液密度、控压钻井参数，储备足够的重钻井液，做好异常复杂情况下的应急处理，加强现场实战演练，钻进期间加强人员坐岗、参数监测记录、分析评价和参数调整。

②利用控压钻井技术和装备，严格执行控压钻井设计，做好钻进、起下钻、接立柱时的压力控制和参数监测，利用低密度油包水钻井液，实现近平衡钻进、控压接立柱；采用井下套管阀技术，使井底压力始终略低于或接近地层压力，防止钻井液内的固相侵入地层，起到油气层保护的目的。

③利用控压钻井设备和高精度的质量流量计，随钻监测溢流或漏失，及时调整井口回压，精确控制井筒压力在安全钻井压力窗口内，做好异常情况的汇报和处理。

④选用抗高温的仪器、工具，储备足够量的橡胶件等物品。

（6）全井段主要压力控制措施：

①钻进时利用控压钻井设备，精确控制井口回压，维持井底压力略大于地层压力，实现近平衡控压钻井。

②该井在起下钻过程中，采用套管阀（DDV）工艺技术。起钻过程时，钻头在套管阀下方时，采用控压起钻；当钻头起至套管阀上方后，关闭套管阀，静止观察15min后，切换通道至高架槽，采用常规起钻。当下钻时，常规下钻至套管阀上方；打开套管阀，静止观察15min后，切换通道至控压钻井通道，采用控压下钻至井底。整个起下钻流程对井底压力可进行全过程有效控制，最大程度地保护油气层。

③实现全钻进过程近平衡钻进，提高机械钻速，提高大斜度段的携岩效率，避免岩屑床的形成，降低井下复杂发生的概率。

④以全开节流阀的方式揭开储层，待有油气显示后，及时监测出入口流量，快速控制溢流与漏失，每钻一个气测显示层或钻穿300ft，以50psi递增或者递减，反推地层压力，始终保持钻进期间井底压力略低于地层压力，保护油气层。通过回压补偿系统，保持接立柱和起下钻时井底压力与地层压力的微过平衡，控压起钻至套管阀上部200ft左右，关闭套管阀，转换泄流通道至高架槽，常规起钻。采用上述措施直至钻完设计井深。

2）施工情况

（1）控压钻井设备安装及作业准备：

①井口装置组合：

防喷器组合：套管头 + FZ35-70 半封闸板防喷器 +FS35-70 钻井四通 +2FZ35-70 双闸板防喷器（上半封、下全封）+ FH35-35 环形防喷器 +RCD7100EP。

②作业准备：2015 年 9 月 21 日完成设备安装，并进行功能测试，整体设备试压合格，系统各项性能参数均达到了现场要求。

2015 年 9 月 21 日对 PCDS-I 精细控压钻井系统、WILLIAMS7100 旋转控制装置等用油基钻井液进行试压，低压至 300psi，高压至 3500psi，稳压 10min，试压合格（表3-21）。

表 3-21　B 油田 2# 井试压情况表

| 名　称 | 规格型号 | 试压压力 psi | 试压介质 | 稳压时间 min | 压降 psi |
|---|---|---|---|---|---|
| 旋转防喷器 | 7100EP | 300/3500 | 油基钻井液 | 10 | 0 |
| | | 700（60r/min） | 油基钻井液 | | |
| M01/M02/M03 MTV/HR1 | M01/02/03 手动 FC 阀门 /MTV 灌浆阀门 | 300/3500 | 油基钻井液 | 10 | 0 |
| 自动节流管汇 | PCDS- I | 300/3500 | 油基钻井液 | 10 | 0 |
| 高压管线 | $4\frac{1}{16}$in × 5000psi | 300/3500 | 油基钻井液 | 10 | 0 |

（2）施工作业过程：

该井采用控压钻井与井下套管阀组合技术实施近平衡钻井作业，施工过程中作业顺利，实现了全过程近平衡的钻井作业，达到了工程设计的目标，减少了重钻井液帽压井及驱替过程，优化了控压钻井流程，提高了钻井效率，在钻进中配合低密度油基钻井液体系运用控压近平衡钻进、控压接立柱、控压起下钻、近平衡完井等工艺。控压钻进期间精确控制井口回压在 35~65psi 之间，维持井底压力微过平衡钻进。单程连续控压起下钻最长达到 5334.48ft（7106.63~1772.15ft），回压泵连续运行时间最长达到 7h，系统累计工作超过720h，各部件运转正常，控压钻井全过程无漏失、无溢流，保障了控压钻进、控压起下钻过程中的井控安全。见表 3-22 及图 3-80、图 3-81。

表 3-22　B 油田 2# 井主要参数统计

| 下钻次序 | 井段 ft | 密度 g/cm³ | 钻具类型 | 钻压 10³lbf | 钻进回压 psi | 排量 gal/min |
|---|---|---|---|---|---|---|
| 第一趟钻 | 6498.72~7106.63 | 0.900~0.924 | 复合 | 8~12 | 37~65 | 560 |
| 第二趟钻 | 7106.63~7595.70 | 0.900~0.924 | 复合 | 8~12 | 45~55 | 550 |
| 第三趟钻 | 7595.70~7947.35 | 0.900~0.924 | 复合 | 9~19 | 45~55 | 560 |
| 第四趟钻 | LWT 测试 | | | | | |
| 第五趟钻 | 7947.35~8164.3ft | 0.900 | 复合 | 18~35 | 50~60 | 540 |
| 第六趟钻 | 8164.34~8322.24 | 0.900~0.923 | 复合 | 13~32 | 28~30 | 550 |
| 第七趟钻 | 上趟钻 3 个牙轮落井，强磁打捞 | | | | | |
| 第八趟钻 | 8322.2~8427.07 | 0.900 | 复合 | 11~33 | 28~30 | 540 |
| 第九趟钻 | 8427.07~8666.5 | 0.900 | 复合 | 14~29 | 28~30 | 550 |
| 第十趟钻 | 8666.5~8898.10 | 0.900 | 复合 | 14~32 | 28~30 | 550 |

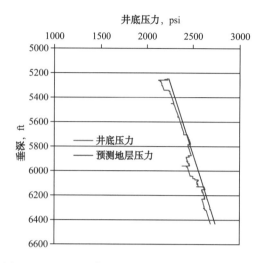

图 3-80　B 油田 2# 井控压钻进井段井底压力情况

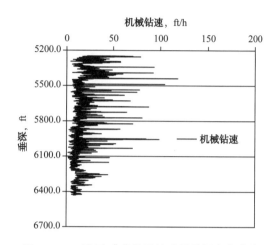

图 3-81　B 油田 2# 井机械钻速随井深变化曲线图

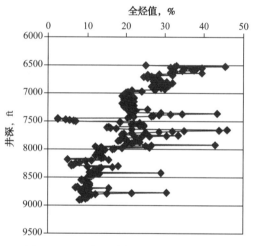

图 3-82　B 油田 2# 井录井气测值示意图

3）应用效果

（1）全井段最高全烃值为 49%（图 3-82）。

（2）采用控压钻井技术有效地降低了钻井液密度，钻井液密度 0.900~0.924g/cm³，应用低密度油包水钻井液体系，精确控制环空压力剖面，成功实现了钻进期间的井底压力近平衡，为发现油气层、最大限度减少钻井液对储层的伤害提供了技术保障。

（3）采用套管阀与控压钻井组合技术，优化的控压钻井工艺流程，简化了起下钻钻井工艺，提高了钻井效率，同时，利用井口回压的精确控制和起下钻过程中回压补偿，以及井下套管阀技术措施，实现了全过程近平衡钻井作业，减少了对储层的伤害，为真实评价油气井产能创造了条件。

（4）通过出、入口流量的微变化进行井下异常的监测，可及时发现溢流及漏失，实现了钻进过程中的井下复杂实时监控，为钻进过程中井下安全提供了保障；同时，井下套管阀的应用加强了起下钻过程的安全控制手段，为空井时井口测试、钻机维护等作业提供了可靠的安全保证。

（5）三开井段实际施工中，多数情况下采用了微欠平衡钻井作业，对于致密花岗岩来说，能够有效提高机械钻速。

（6）控压钻井与井下套管阀的同时使用，不仅提高了钻井效率，同时增加了钻井安全，而且实现了全过程的近平衡控压钻井，本次组合技术的成功实施，为 B 构造的高效勘探开发，探索出一种新的方式，为该区块同类型井的勘探提供了新的钻探模式。

4）控压钻井认识

（1）B 区块的勘探开发是以油气层发现为主要目标，因此，钻井设计应以发现与保护油气层为目的，钻井方式应以微欠平衡钻井为主要钻井方式。

（2）B 油田 2# 井采用控压钻井与井下套管阀组合的近平衡 / 欠平衡控压钻井施工，实现了在低压裂缝地层全过程近平衡 / 欠平衡控压钻井，全井段未发生任何漏失，高效顺利地完成了 B 层段的钻井施工作业，比预计钻井周期提前 6 天，大大提高了钻井效率，证明了该钻井模式对 B 区块具有较好的应用效果，可作为该区块的一种有效的开发模式。

（3）B 地层具有压力系数低、储层为裂缝性地层，储层对井底压力较为敏感，为了提高发现油气几率，对于这类地层，使用低密度油基钻井液和控压钻井工艺实现全过程微欠平衡钻井的方案是合理的，也是 B 区块探井在工程上发现和保护油气层的技术关键。

（4）B 地层可钻性差，对钻头磨损严重，全过程采用牙轮钻头钻进提速效果显著，平均机械钻速 12.3ft/h，比 B 油田 1# 井 10.8ft/h 提高 13.9%，同时，钻井液密度的降低也大大提高了机械钻速，但由于地层较硬，易造成钻头磨损或损坏，因此，在钻进过程中应重点监控机械钻速及摩阻扭矩等钻井参数，尽早发现参数异常，避免钻头损坏严重。

（5）B 地层岩性为花岗岩，地层岩性稳定，无水化，无坍塌。岩石硬度较高，储层压力系统清楚，从提高钻速和井下安全角度比较适合采用欠平衡精细控压钻井。

# 参 考 文 献

［1］刘伟，周英操，段永贤，等.国产精细控压钻井技术与装备的研发及应用效果评价［J］.石油钻采工艺，2014，36（4）：34-37.

［2］周英操，杨雄文，方世良，等.PCDS-I 精细控压钻井系统研制与现场试验［J］.石油钻探技术，2011，39（4）：7-12.

［3］周英操，杨雄文，方世良，等.国产精细控压钻井系统在蓬莱 9 井试验与效果分析［J］.石油钻采工艺，2011，33（6）：19-22.

［4］杨雄文，周英操，方世良，等.控压欠平衡钻井工艺实现方法与现场试验［J］.天然气工业，2012，32（1）：75-80.

［5］Wei Liu, Lin Shi, Yingcao Zhou, et al. The Successful Application of a New-style Managed Pressure Drilling（MPD）Equipment and Technology in Well Penglai 9 of Sichuan & Chongqing District［J］. IADC/SPE 155703, 2012.

［6］石林，杨雄文，周英操，等.国产精细控压钻井装备在塔里木盆地的应用［J］.天然气工业，2012，32（8）：6-10.

［7］胥志雄，李怀仲，石希天，等.精细控压钻井技术在塔里木碳酸盐岩水平井成功应用［J］.石油工业技术监督，2011，27（6）：19-21.

# 第四章 CQMPD 控压钻井装备与应用

中国石油川庆钻探工程公司依托国家重大专项、集团公司重大工程现场试验项目，于2011年成功研发了CQMPD精细控压钻井系统，被评为2011年度中国石油十大科技进展，2014年获集团公司自主创新重要产品。该系统具有微流量和井底动态压力监控双功能，可实现压力闭环、快速、精确控制，井底压力控制精度 ±0.35MPa，能有效避免井涌、井漏等钻井复杂情况[1-6]，尤其适宜于窄密度窗口地层的安全钻进。2011—2017年CQMPD精细控压钻井技术先后在川渝、冀东、土库曼斯坦成功应用70余口井，有效解决了涌漏复杂难题，取得了显著效果。

## 第一节 CQMPD 控压钻井装备

针对控压钻井技术与装备研发过程中遇到的随钻环空压力测量系统抗温和稳定性、高精度自动节流控制、稳定压力下变流量补偿、井场实时工程参数与设备参数同步处理、井筒压力实时决策与控制问题等方面的技术难题，进行了系统性的技术攻关[7-11]，在相关理论研究、关键技术突破与现场试验基础上，形成了CQMPD精细控压钻井关键装备。性能指标：

（1）额定节流压力：10MPa；

（2）井底压力控制精度：±0.35MPa；

（3）节流阀驱动方式：电动；

（4）全通径节流截止阀，有效通径：103mm；

（5）能过堵漏材料、流量监测一体。

### 一、自动节流控制系统

自动节流控制系统由节流管汇和监控系统组成，与高精度质量流量计集成，实现套压自动、精确、快速和安全控制，以及出口流量和密度监测，如图4-1所示。

图4-1 自动节流控制系统

节流管汇包括并联的两条自动节流控制通道：一条手动节流通道和另一条直通泄压通道，如图 4-2 所示。两条自动节流控制通道互为备用，即可手动操作也可在自动模式下工作，泄压通道为紧急情况下的安全泄压，以及不需要走节流通道时作为备用直通通道。

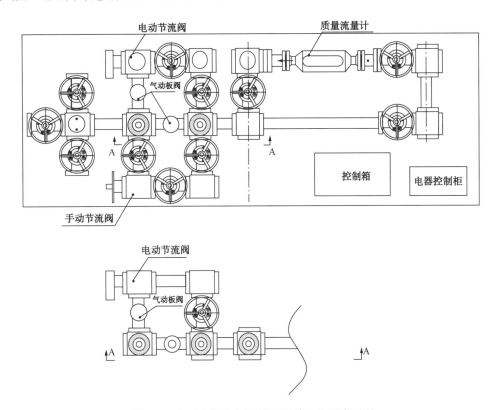

图 4-2　自动节流控制系统节流管汇流程布局图

在工作中实时跟踪检测来自钻井作业现场的井口压力，电动节流阀、电动平板阀严格按监控系统发出的指令执行，来维持井口压力在设定值范围内，可实现三种控制方式，即近地手动控制（节流阀开关、平板阀开关）、近地自动控制和远程自动控制。近地自动控制可与数据监控房分开而实现自动控制，就地下达控制套压指令即可，自动控制节流管汇 A 通道工作时，自动节流阀 J1 工作在自动控制模式，J2、J5 处于开启状态，B 通道为备用通道，J3 处于关闭状态，J4 处于半开半关状态，J7 处于开启状态。当自动控制节流管汇 B 通道工作时，自动节流阀 J4 工作在自动控制模式，J3、J7 处于开启状态，A 通道为备用通道，J2 处于关闭状态，J1 处于半开半关状态，J5 处于开启状态。J6 通道为 A、B 应急泄压通道，一旦压力超过应急设定值，立即开启泄压，达到设定的下限值后，J6 又立即关闭。其系统控制原理如图 4-3 所示。

从图 4-3 可以看出：节流阀 J1、闸阀 J2、J5 组成第 A 条通道，节流阀 J4、闸阀 J3、J7 组成第 B 条通道，闸阀 J6 为安全泄压通道。在 A 通道工作时，B 通道的闸阀处于关闭状态；B 通道工作时，A 通道的闸阀处于关闭状态；泄压通道的闸阀泄压值由人工设置，一旦达到泄压值，J6 自动开启进行泄压。各个闸阀的初始工作状态可由人工在操作台的人机操作界面（HMI）上实现设定。

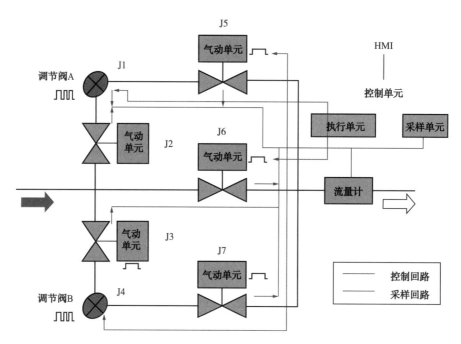

图4-3 自动节流控制系统自动控制流程及原理

自动节流控制系统控制中心由一个操作台和一个控制气电路中间转接箱构成。操作台为控制中心的主体，采用不锈钢隔爆设计，里面集成了中央处理器（IPC）、人机操作界面（HMI）、气路、现场总线通信模块、网络通信接口以及其它辅助设备。

控制中心的主要作用在于对整套系统的综合监控，协调2条通道之间的协作运行，以及泄压通道的控制。此外控制中心还具备了数据记录功能以及操作事件、报警事件的回查功能和设备状态检查功能。

操作模式分为自动和手动两种方式。

自动工作状态下，操作人员可以通过HMI直接设定控压值和选择工作通道，实时控制闸阀的空座状态，监测控压值、扭矩、节流阀阀位等工况信息。

在通道切换过程中，控制中心起主导协调作用，在这一过程中，系统根据控制值对工作通道的节流阀和备用通道的节流阀进行协调控制，即开和关相互协调，实现无扰动切换，以使切换过程不会出现大的起伏。

手动工作状态下，操作人员通过操作台上的手动气阀和控制按钮直接控制现场设备。手动阀的气路与自动模式气路完全独立，以保证闸阀的可靠控制。气源采取双气源模式，在主气源出现故障的情况下，自动切换到备用气源实现供气。

系统具备数字网络接口，可以为上位操作系统提供控压值等数据信号，并接受远程控压值的设定和通道选择。网络协议可以遵循标准的 ModBus RTU/TCP 和 Profibus DP 接口，也可以连接远端 OPC Server 实现数据交换。还可以根据用户需求，自行定制非标通信协议。通信网口采用100M工业以太网，数据通信稳定可靠。网络开放可由操作人员自行开关，从而起到安全保密工作。网络接口数据单一，接口由防火墙实时监控，杜绝系统操作指令以外的其它任何数据请求，可靠的保证系统免受网络病毒的影响。

如图 4-4 所示为电动节流系统车间装配图，图 4-5 所示为电控自动节流控制系统总装图。

图 4-4 电动节流系统车间装配图

图 4-5 电控自动节流控制系统总装图

## 二、回压补偿系统

在接立柱、短起等停止钻井泵情况下实现井口局部循环，变化井口控制套压，实现井底压力与钻进时相近。该系统自带动力，不需要井场提供动力，适用于各种钻机；排量调节范围大，能满足各种井眼尺寸补偿回压需求，如图 4-6 所示。

电动机模式回压补偿系统钻井液控制流程如图 4-7 所示。

图 4-6 回压补偿系统

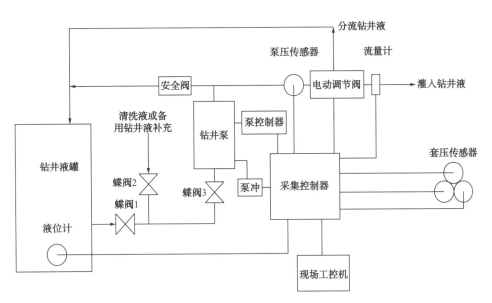

图 4-7 电机模式回压补偿系统钻井液控制流程图

回压补偿系统系统按照设计方案设计加工相应设备，并进行室内组装调试、测试和室内试验（图 4-8），针对存在的问题改进完毕后满足设计要求，达到现场试验条件。

图 4-8　电动模式回压补偿系统整机组装图

最大出口压力：6MPa；流量：0.50m³/min；电动机功率 55kW，外形尺寸（长 × 宽 × 高）：2700mm × 1300mm × 1400mm；入口直径 89mm；出口直径 89mm；柱塞直径 72mm。

该套设备于 2010 年在合川 001-28-X3 井、合川 001-55-X2 井等多口井进行了现场试验（图 4-9），该套设备现场安装方便，软件界面友好，操作简单，手动控制和软件自动控制都能实现对灌钻井液泵的启动与制动，设备反应迅速。

图 4-9　现场试验图

但由于该系统出口压力 6MPa、出口流量 8L/s 受到了一定的应用限制，且还需要井队提供外接电源，或者需要提供一台专用发电机。为此，专门设计了一套柴油机动力模式的回压补偿系统，自备动力，出口压力 10.5MPa，排量 21L/s，既提高了性能指标也不单独提供发电机，可满足各种钻机需要。其基本原理如图 4-10 所示。

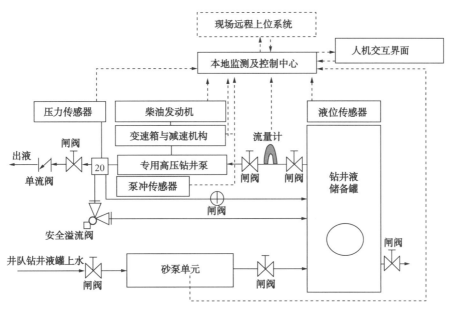

图 4–10　柴油机动力模式的回压补偿系统结构原理图

　　为了验证该系统的可靠性以及整机组装性能（表 4–1），进行了室内测试（图 4–11），并进行了大量现场试验和应用，均符合设计要求，达到预期目的。

表 4–1　机组性能

| 型号 | GYNJB10-21-224CAT | 防爆等级 | ExdIIBT4 |
|---|---|---|---|
| 名称 | 钻井用钻井液注入装置 | 工作制式 | 24h 连续工作制 |
| 泵功率，kW | 150 | 可靠性 | 整套装置可靠的连续工作 30h 以上 |
| 进水压力，MPa | ≥ 0 | 稳定性 | 以稳定的流量输出，不受泵出口压力的影响 |
| 排水压力，MPa | ≤ 10.5 | 橇体尺寸，m | 6.5 × 2.3 × 2.6（长 × 宽 × 高） |
| 理论流量，L/s | 2~21.4（范围内挡位调节） | 整体重量，t | 13 |
| 泵转速，r/min | 1 挡 36~57；2 挡 78~124；3 挡 145~227；4 挡 193~296 | | |

图 4–11　柴油机动力模式回压补偿系统车间调试

### 三、井下压力随钻测量系统

自主研发了井下压力随钻测量系统 PWD（图 4-12），实时传输测量井下环空压力及温度参数（表 4-2），可与现有 MWD 兼容，实现定向井、水平井精细控压钻井。

表 4-2　井下压力随钻测量系统指标

| 规格<br>in | 压力<br>MPa | 压力测量精度<br>% | 温度<br>℃ | 温度测量精度<br>℃ | 抗振性能<br>g | 数据采样周期<br>s | 传输方式 |
|---|---|---|---|---|---|---|---|
| $6^3/_4$ | 140 | ±0.1 | 125 | ±2 | 20 | 4~220 | 钻井液<br>正脉冲 |
| $4^1/_4$ | | | | | | | |

图 4-12　井下压力随钻测量系统

井下压力随钻测量系统的框架结构示意图，如图 4-13 所示。

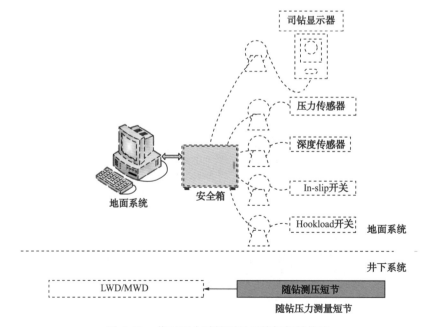

图 4-13　井下压力随钻测量系统框架结构图

井下压力随钻测量仪器组成，如图 4-14 所示。

图 4-14　井下压力随钻测量仪器组成示意图

（1）脉冲发生器。

它是 MWD 无线随钻测量仪的关键部件和关键技术，为了满足不同的井眼条件和钻井液排量，目前已经完善了多种井下仪器系列，包括 350 系统、650 系统、1200 系统。脉冲发生器适用于任何系统，但各系统部分配件不同，选用各规格不同的流筒总成和部分配件，组成各种不同的井下仪器系统。

（2）PCD 探管。

PCD 探管的结构仍然采用三维重力加速度计结构和三维磁力计结构，单独进行 MWD施工时，可以与地面系统配合使用，探管的主要特点包括以下几点：

① PCD 探管采用固化设计，所有的元件都被固定在电路板上，并且大都以芯片为主，从而提高了探管的抗干扰能力。同时 PCD 探管的测量精度更高、测量结果可靠。

② PCD 探管将电路和仪器外筒组装到一起，从而在施工时不需要另外的仪器外筒。

③ PCD 探管没有 T 型槽，MWD 施工时不需要定向器总成，只需要一个后帽即可。

④ PCD 探管的工作方式由 INSITE 系统写入。用地面软件系统施工时，工作内容可以根据用户的需要写入。

⑤ PCD 探管可以用于地质导向施工。

⑥ PCD 探管和流筒之间的工具面偏移量 HSG 需要用圆角量规测量或地面软件系统读取。

（3）适配器。

连接探管和硬连接，在适配器内部有部分连接线和通信线，主要起到连接作用。

（4）硬连接。

硬连接与随钻测压短节内部适配头连接时有压缩量的要求，通过选择长、中、短适配头和装底环 1mm 垫片来调节。当前选用长适配头，内部结构长出无磁悬挂外螺纹 9mm，这个长度需要用深度尺测量。

## 四、监测与控制系统的设计与制造

采用四层结构、模块化及集中双重控制理念，研发了自适应、高精度、响应迅速的CQMPD 监测与控制系统（图 4-15）。对钻井过程中的工程参数进行实时监测（实时共享录井和 PWD\LWD 数据、实时采集控压设备参数）、分析与决策，达到井筒压力自动控制；并实现设备运行状态的在线诊断，确保精细控压钻井系统安全可靠运行。

实时工况及工程参数采集是控压钻井系统的"眼睛"，现场数据的采集有两种方式：一种是按照常规的方法获得，即安装需要采集数据的传感器；第二种是基于目前井场有的录井系统进行数据侦听的方式获得数据共享，只需要安装少量的特殊传感器即可满足全部所需要数据的采集。为了避免不必要在同一井场安装两套监测和数据采集系统，一般可以按照第二种方案进行实时数据的监测。其现场主要数据监测采集系统结构如图4-16所示。

图 4-15　监测与控制系统

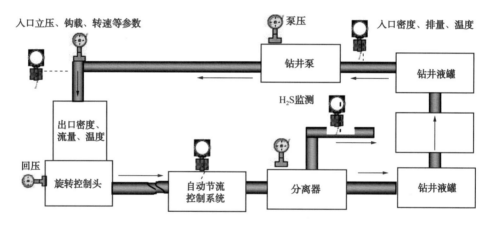

图 4-16　井场监测采集系统示意图

主要采集数据包括：

（1）进口流量：应用夹持式超声波流量计安于立管上采集，同时对比录井采集的进口流量；

（2）出口流量、密度：应用 U 型流量计采集，安装于自动节流管汇出口端；

（3）立压：应用 35MPa 立压传感器采集，同时对比录井采集的立压；

（4）套压：回压补偿系统与自动节流控制系统分别应用 10MPa、35MPa 压力传感器采集；

（5）井底压力数据：PWD 采集并由 MWD 系统终端网络传输至监控系统；

（6）其他工程数据如井深、钻头位置、转盘转速、钻时等参数用数据共享模块从综合录井网络上共享；

（7）进口密度及其它不易改变工程数据：人工输入方式。

当监测得到实时数据的时候，其数据流如图 4-17 所示。

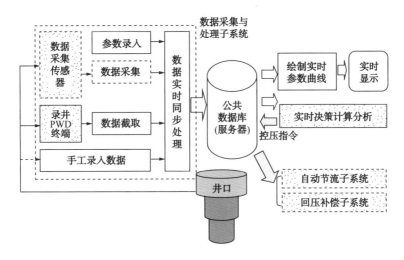

图 4-17 系统数据流方案

控压钻井过程中需要采用精度高、可靠性高、稳定性好的传感器对钻井过程中的关键参数进行直接采集监测，必须对相应传感器进行调研和优选，优选后的传感器进行组态集成为数据采集模块。

监测与控制系统是实现控压钻井关键组成部分之一，是控压钻井的"眼睛"和"大脑"。通过优选数据采集传感器和开发录井数据共享模块（兼容国内外多种录井仪软件版本和数据格式），为控压钻井提供了高效、准确的实时监控数据，为控压钻井控制软件正常工作提供数据支持，是控压钻井的"眼睛"；控压钻井控制软件是控压钻井的"大脑"，它连接了现场传感器、随钻环空压力测量系统、自动节流控制系统、回压补偿系统、综合录井系统，同时通过水力学计算和压力控制算法，实时分析决策，向自动节流控制系统和回压补偿系统下达控压指令和动作指令。

# 第二节 CQMPD 控压钻井装备的应用

CQMPD 控压钻井装备研制成功后，先后用于冀东、川渝、土库曼斯坦等地区复杂深井，有效解决了溢漏同存的复杂难题。2011 年，CQMPD 控压钻井装备在 NP23-P2009 井开展了工业应用，并相继成功完成 4 口井精细控压钻井作业，有效解决了溢漏同存难题。2014 年，CQMPD 控压钻井装备在四川磨溪—高石梯 GS19 井应用，成功解决了该井涌漏同存无法钻井的难题，实现了 CQMPD 精细控压钻井技术在川渝地区的工业化推广应用。2017 年，CQMPD 精细控压钻井成功引入到土库曼斯坦市场，实现"一趟钻、零复杂"钻达设计井深，同比降低钻井液漏失量 98.8%，目的层钻进时间缩短 60% 以上，取得了显著的经济效益。

## 一、西南油气田 GS19 井控压钻井应用

1. 基本情况

GS19 井是四川盆地乐山—龙女寺古隆起高石梯潜伏构造震顶构造东南端的一口预探

井，位于四川省资阳市安岳县，在磨溪—高石梯区块四开 $\phi$215.9mm 井眼裸眼段较长，从嘉陵江至筇竹寺组地层压力较高，油气显示层位多，且存在多个压力系统，部分层位含硫化氢，常规钻井作业使用钻井液密度高，普遍存在井下涌漏复杂。

GS19 井于 2014 年 2 月 17 日从井深 2865m 采用 $\phi$215.9mm 钻头，2.15g/cm³ 钻井液开始四开钻井作业。2014 年 3 月 7 日，钻至井深 4013.69m，钻遇高压裂缝层，溢、漏复杂交替发生，常规堵漏方式处理困难，导致钻探作业无法有效进行，后被迫采用水泥封堵裂缝层。截至 2014 年 4 月 3 日，该井段漏失 2.30~2.60g/cm³ 钻井液累计 1862.8m³，处理复杂及辅助时间达到 28d，造成钻探成本大幅增加、作业进度严重滞后。虽然采用水泥成功封堵裂缝层，而下部栖霞组至筇竹寺井段钻遇新裂缝层的可能性极大，从而再次造成井下复杂。为确保下部井段钻探作业安全顺利实施，减少钻井液漏失，缩短钻井作业时间，因此在下部井段（栖霞组至筇竹寺组）采用了精细控压钻井技术。

1）地层压力系数及温度

本井栖霞组设计压力系数 2.0，洗象池至龙王庙设计压力系数 1.60，沧浪铺至筇竹寺设计压力系数 2.0（表 4-3）。

表 4-3　GS19 井地层压力设计表

| 层位 | 垂深，m | 地层孔隙压力，MPa | 压力系数 | 资料来源 |
|---|---|---|---|---|
| 栖霞组—奥陶系 | 4000~4550 | 89.19 | 2.0 | B12、20、Y140、GS1、2、3、6 井 |
| 洗象池—龙王庙 | 4550~4960 | 77.78 | 1.6 | |
| 沧浪铺—筇竹寺 | 4960~5290 | 103.68 | 2.0 | |

根据邻近构造数据分析，温度梯度约 3.25℃/100m，本井栖霞组至筇竹寺组温度 130~169℃（表 4-4）。

表 4-4　GS19 井地层温度设计表

| 井号 | 层位 | 井深，m | 测温情况 日期 | 测温情况 温度，℃ | 备注 |
|---|---|---|---|---|---|
| AP1 井 | 茅三段 | 4115 | 1992.8.20 | 125 | 测井温度 |
| | 九老洞 | 5037 | 1993.4.17 | 137 | |
| | 灯四段 | 5390 | 1993.9.15 | 150 | |
| AK1 井 | 沧浪铺 | 4859.16 | 1999.6.25 | 144 | 中途测试 |
| MX1 井 | 长兴 | 3831 | 2007.11.1 | 113 | |
| HS1 井 | 筇竹寺 | 5367 | 2012.9.20 | 169 | 测井温度 |

2）油气水显示及井漏情况

（1）油气水显示。从邻井 GS1、2、3、6 井情况分析，从栖霞组至沧浪铺组有较好的油气显示，龙王庙具有良好油气储量；该井段基本不含油水（表 4-5）。

表 4–5　GS19 井邻井油气水显示情况

| 井号 | 层位 | 井段，m | 显示类别 | 录井显示 |
|---|---|---|---|---|
| GS1 井 | 栖一段 | 4206.50~4207.00 | 气侵 | 密度 2.03g/cm³，全烃 0.4970% ↑ 62.1428%，$C_1$: 10.1009% ↑ 50.4851%；密度 2.03g/cm³ ↓ 1.97g/cm³、黏度 70s ↑ 74s，池体积上涨 0.6m³，钻进观察至井深 4210.11m，循环恢复正常 |
| | 龙王庙组 | 4503.00~4506.00 | 气测异常 | 密度 2.17g/cm³，全烃 0.5486% ↑ 2.2454%，$C_1$: 10.2770% ↑ 1.5450% |
| | 沧浪铺组 | 4738.00~4745.00 | 气测异常 | 密度 2.17g/cm³，全烃 1.6745% ↑ 8.5179%，$C_1$: 10.9958% ↑ 4.8219% |
| GS2 井 | 栖一段 | 4285.5~4288 | 气侵 | 密度 2.12g/cm³，全烃 7.3910% ↑ 87.1564%，$C_1$: 5.2129% ↑ 83.5691%，密度 ↓ 2.08g/cm³，黏度 ↑ 65s，液面气泡占 20%，池体积上涨 0.4m³，集气点火燃，橘黄色焰高 3.0cm，续钻恢复正常 |
| | 洗象池组 | 4460~4464.5 | 气测异常 | 密度 2.18g/cm³，全烃 0.3875% ↑ 7.8448%，$C_1$: 10.2100% ↑ 7.4804% |
| | 洗象池组 | 4485.5~4491.5 | 气测异常 | 密度 2.18g/cm³，全烃 0.5829% ↑ 11.8346%，$C_1$: 0.4836% ↑ 10.4324% |
| | 龙王庙组 | 4562.5~4563.5 | 气测异常 | 密度 2.24g/cm³，全烃 0.8553% ↑ 4.8511%，$C_1$: 0.8548% ↑ 4.4691% |
| | 龙王庙组 | 4627.5~4628 | 气测异常 | 密度 2.22g/cm³，全烃 1.5826% ↑ 6.3175%，$C_1$: 1.5465% ↑ 5.2244% |
| | 沧浪铺组 | 4672.5~4673 | 气测异常 | 密度 2.22g/cm³，全烃 1.8613% ↑ 14.7171%，$C_1$: 1.7772% ↑ 13.8098% |
| | 沧浪铺组 | 4694~4694.5 | 气测异常 | 密度 2.15g/cm³，全烃 2.8691% ↑ 6.6173%，$C_1$: 2.6000% ↑ 6.1308% |
| | 沧浪铺组 | 4729~4730.5 | 气测异常 | 密度 2.19g/cm³，全烃 0.3398% ↑ 3.3799%，$C_1$: 0.1831% ↑ 3.1676% |
| | 沧浪铺组 | 4779.5~4782 | 气测异常 | 密度 2.18g/cm³，全烃 2.8407% ↑ 8.9125%，$C_1$: 2.7728% ↑ 8.1953% |
| GS6 井 | 栖一段 | 4196~4199 | 气侵 | 密度 2.17g/cm³，全烃 2.9160% ↑ 52.1520%，$C_1$: 1.9978% ↑ 46.6039%，密度 ↓ 2.13g/cm³，黏度 65s ↑ 68s，槽面集气点火燃，焰高 0.5~1.0cm，槽面气泡率 40%，续钻恢复正常 |
| | 高台组 | 4513~4514 | 气测异常 | 密度 2.18g/cm³，全烃 0.6155% ↑ 4.0098%，$C_1$: 0.5668% ↑ 3.5435% |
| | 龙王庙 | 4523~4524 | 气测异常 | 密度 2.15g/cm³，全烃 6.9652% ↑ 14.6311%，$C_1$: 6.2919% ↑ 11.1189% |
| | 龙王庙 | 4541~4542 | 气测异常 | 密度 2.16g/cm³，全烃 0.5243% ↑ 2.8747%，$C_1$: 0.3764% ↑ 2.4699% |
| | 沧浪铺 | 4760~4761 | 气测异常 | 密度 2.17g/cm³，全烃 0.9336% ↑ 6.5935%，$C_1$: 0.6827% ↑ 5.4312% |

（2）井漏情况：邻井在栖霞组至沧浪铺组使用 2.01~2.19g/cm³ 的钻井液，GS2 井在洗象池组发现井漏现象（表 4-6）。

表 4–6　GS19 井邻井井漏显示试情况

| 井号 | 层位 | 井段，m | 显示类别 | 岩性 | 录井显示 |
|---|---|---|---|---|---|
| GS2 井 | 洗象池组 | 4413.5~4414.5 | 井漏 | 浅灰褐色白云岩 | 密度 2.18g/cm³ 钻进至井深 4413.74m，井漏，累计漏失钻井液 64.4m³ |

邻井资料表明，本构造栖霞组至沧浪铺组井段地层漏失压力系数高于 2.15，但本井因为钻遇高压，钻井液密度较高，在目前该地层未有高密度钻井液钻井的先例，因此在下部地层存在井漏的情况极大。

3）含硫化氢情况

磨溪—高石梯构造的井从栖霞组至沧浪铺组在钻井过程中未见硫化氢显示，但是以龙王庙为目的层的井在完井测试过程中见硫化氢显示（表4-7），可见此地层属于高含硫地层。

表4-7　GS19井邻井硫化氢情况

| 序号 | 井号 | 层位 | 井段，m | H$_2$S 浓度，g/m$^3$ | 备注 |
|---|---|---|---|---|---|
| 1 | GS3井 | 龙王庙 | 4555~4577、4606.5~4622 | 0.62 | 完井试油 |
| 2 | GS6井 | 龙王庙 | 4522~4530 | 61.11 | 完井试油 |
| 3 | MX8井 | 龙王庙下段 | 4697.5~4713.0 | 10.53 | 完井试油 |
| 4 | MX8井 | 龙王庙上段 | 4646.5~4675.5 | 9.64 | 完井试油 |
| 5 | MX9井 | 龙王庙组 | 4581.5~4607.5 | 7.22 | 完井试油 |
| 6 | MX10井 | 龙王庙组 | 4680~4697 | 6.03 | 完井试油 |
| 7 | MX11井 | 龙王庙下段 | 4723~4734 | 6.7 | 完井试油 |
| 8 | MX11井 | 龙王庙上段 | 4684~4712 | 6.36 | 完井试油 |

4）井身结构

井身结构见表4-8和图4-18。

表4-8　GS19井井身结构数据

| 开钻次序 | 井段 m | 钻头尺寸 mm | 套管尺寸 mm | 套管程序 | 套管下入地层层位 | 套管下入井段 m | 水泥返深 m |
|---|---|---|---|---|---|---|---|
| 一开 | 30 | 660.4 | 508 | 导管 | 遂宁组 | 0~29 | 地面 |
| 二开 | 500 | 444.5 | 339.7 | 表层套管 | 沙二 | 0~498 | 地面 |
| 三开 | 2830 | 311.2 | 244.5 | 技术套管 | 嘉二$^3$ | 0~2828 | 地面 |
| 四开 | 5293 | 215.9 | 177.8 | 油层回接 | | 0~2628 | 地面 |
| | | | 177.8 | 油层悬挂 | 灯四段 | 2628~5291 | 2528 |
| 五开 | 5520 | 149.2 | 127 | 尾管悬挂 | 灯三段 | 5091~5518 | 4991 |

2. 施工情况

1）难点及对策

（1）地层裂缝发育、压力系数高，井漏、溢流频繁交替发生，安全施工难度大。前期初步分析地层裂缝压力系数2.20~2.24，由于堵漏及钻井液的大量漏失，实际地层压力系数约为2.39，漏失压力系数约为2.44，压力系数高，且窗口较窄。

对策：采用控压钻井技术控制当量密度2.4~2.43g/cm$^3$，略大于地层压力系数，实施近平衡钻进（微过平衡钻进）。若井漏较严重，逐渐降低当量密度至微漏或不漏状态；若溢流，立即提高井口控压值循环排气，避免过多气体进入井筒，并重新调节循环当量密度至安全密度窗口内。

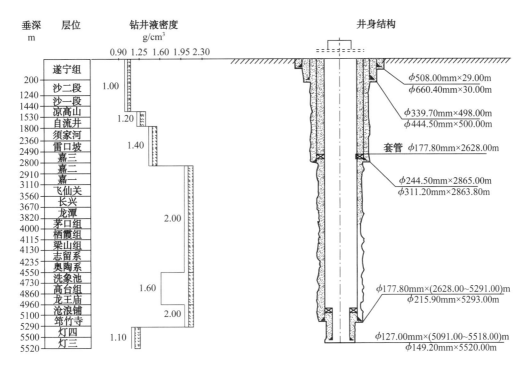

图 4-18　GS19 井井身结构图

（2）地层温度较高，暂时无法使用 PWD。由于该井温度梯度高，约 3.25℃ /100m，井底温度达到 130℃，限制了 PWD 系统的使用。

对策：

①采用存储式井下压力计采集井底压力、温度数据，校核水力学模型。

②控压钻进过程采用水力模型计算井底压力变化。

③采用微流量监测仪加强井漏、溢流监测。

（3）栖霞组至筇竹寺组含硫化氢。根据高石梯构造已钻井分析，栖霞组至筇竹寺组属于高含硫地层，在已钻井过程中未见硫化氢显示，但是仍然需要做好硫化氢防护措施。

对策：

①用控压钻井技术进行微过平衡钻进，防止地层流体进入井筒。

②施工作业中钻井液除硫剂含量保持在 1%~3%，pH 值保持在 10.5 以上；发现硫化氢后，合理控制回压，有控制地将进入井筒的含硫气体循环至地面进行有效处理，同时补充除硫剂和缓蚀剂。

③采用微流监测装置及时发现溢流，控制溢流量。

④加强硫化氢监测与防护，做好硫化氢应急处置措施。

⑤采用抗硫钻具，避免循环排气中因钻具腐蚀断裂造成井控风险。

（4）安全密度窗口窄，无法正常附加钻井液密度，起钻难度大。由于安全密度窗口窄，无法正常附加钻井液密度压稳地层后实施常规起钻作业。

对策：起钻前根据地层安全密度窗口带压起钻至套管内，注入重钻井液帽，使井筒当量密度略高于地层孔隙压力系数，再连续吊灌起钻。

（5）栖霞组至沧浪铺组裸眼段长，存在多压力系统且差异大，可能发生严重井漏或压差卡钻。本井栖霞组—奥陶系设计地层压力系数2.0，洗象池—龙王庙地层压力系数1.6，沧浪铺地层压力系数2.0，但前期钻井在栖霞组钻遇异常高压，处理复杂过程中钻井液密度高达$2.4\sim2.6g/cm^3$，虽然经过水泥封堵，但下部低压的洗象池～龙王庙地层极易发生井漏。由于客观存在上下两井段压力系数差异大，导致无法采用一套钻井液密度完成施工作业。

对策：

①继续控制当量密度$2.4\sim2.43g/cm^3$控压钻进，钻遇井漏后先堵漏再进行后期施工作业。

②释放上部地层压力，最大程度降低钻井液当量密度，避免严重井漏，减小压差卡钻几率。

2）施工过程

（1）阶段一：确定安全密度窗口。在有效封堵了上部多处漏层后，2014年4月9日下钻探得水泥塞面井深2899.59m，开泵循环划眼并钻塞，钻井液密度为$2.33g/cm^3$，控制套压$1\sim1.5MPa$，此时液面处于平稳状态，循环时全烃最高至25%，但出口点火未燃，井底ECD为$2.38\sim2.4g/cm^3$。为摸索安全密度窗口，保持排量不变的情况下，提高控压值至$2.8\sim2.9MPa$，液面开始降低，平均每5min漏失钻井液$0.4m^3$，并且漏速在逐渐加快，此时井底ECD为$2.44\sim2.45g/cm^3$，判断井底在当前处于漏失状态，初步判断地层压力系数为2.38~2.4，漏失压力系数2.44~2.45，本趟钻首先探索裸眼井段压力分布情况，为下步控压钻进井底ECD的确定提供了依据。

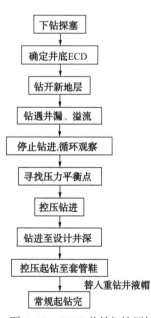

图4-19　GS19井精细控压钻进施工方案流程简图

（2）阶段二：精细控压钻进作业（图4-19）。在随后的钻进过程中随着钻头位置的逐步加深，录井出口全烃值一直处于缓步上升的趋势，井口控压值也随之上涨至最高3.8MPa，此时的井底ECD为$2.49\sim2.5g/cm^3$。继续钻进至井深4178.1m处关井，钻井液密度为$2.34\sim2.35g/cm^3$，关井后套压由7.5MPa逐渐降低至6.5MPa时液面平稳，平稳时井底ECD为$2.5\sim2.51g/cm^3$，所以判断地层压力系数为2.48~2.49，漏失压力系数为2.52~2.53，相对于上部处理复杂井段地层压力系数和漏失压力系数有明显的提高。

本趟钻钻进过程中于井深4145.13m和4232.22m处出现井漏，循环后效均点火燃，火焰5~8m，最大瞬时流量$2000m^3/h$。井底ECD在4145.13m和4232.22m处均约为$2.47g/cm^3$，说明该处的井底漏失压力系数相比之前有所降低，所以在后期钻进过程中逐步降低了控压值。堵漏方案采用随堵方式，泵入钻井液随堵后漏止，堵漏过程中每次均打入20余立方米堵漏钻井液，当循环堵漏钻井液刚出钻头时，提高井口套压，增大地层漏失量，将堵漏钻井液漏失$10m^3$挤入地层裂缝，这样更易封堵漏层，然后再利用原钻井液顶替堵漏钻井液并循环出地面，总体堵漏效果良好。

2014年4月24日钻进至设计井深4236.29m（五峰组）后，根据井下情况确定起钻方案为先控压起钻至套管鞋处，然后正反推加重钻井液并按常规方式起钻，原则上保证整个起钻过程处于微漏状态。由于考虑到前期钻进过程中控压值较高，所以决定先将密度提升至 2.42g/cm³，以降低控压起钻过程中的控压值，减小控压起钻时的井控风险（图 4-20）。

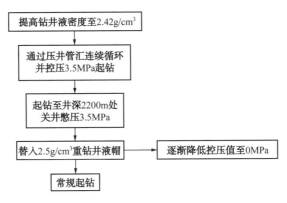

图 4-20　GS19 井控压起钻流程图

控压起钻前期由于控压值由 4.4 MPa 逐渐上涨至 6MPa，继续控压起钻难度大，且易造成井控风险，所以决定降低控压值循环排气释放地层能量，并重新求得地层安全密度窗口为 2.43~2.46g/cm³，钻井液密度由 2.35g/cm³ 提高至 2.45g/cm³，并加入了适量的堵漏剂。而后，井口控压 1MPa 起钻，带压起钻过程始终保持实际灌入量大于理论灌入量，控压起钻至井深 3681m 注入 2.6g/cm³ 的加重钻井液 12m³，然后采用 2.45g/cm³ 的钻井液常规起钻，每起一柱钻具灌钻井液一次，最终安全顺利完成起钻作业。起钻过程漏失钻井液共计 20m³。

（3）阶段三：后期固井作业。为了对栖霞组及上部储层进行重新评估，甲方决定对 GS19 井实施固井作业，虽然已经完成了精细控压钻井作业，但此时井下仍处于窄安全密度窗口状态，起下钻、通井和下套管等后续作业仍面临巨大的井控风险，作为固井作业的预备安全措施，2014 年 4 月 24 日—2014 年 5 月 5 日精细控压钻井设备参与了后续的固井施工，通过井口压力控制保证了施工作业安全（图 4-21）。

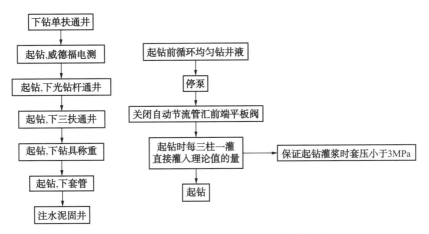

图 4-21　GS19 井后期处理流程及起钻方案

3. 应用分析

2014年4月5日—2014年5月7日GS19井在井段4019.69~4236.29m实施了精细控压钻井技术。施工作业期间，通过前期的技术准备和现场调研，合理地调整钻井液密度，提出了适宜的控压值，钻水泥塞过程中严格控制井底ECD通井下钻到底，减少了钻井液的漏失量及井下复杂情况的发生，保证了井控安全。钻进新地层后继续以各项钻井参数为指导标准，摸索地层孔隙压力和漏失压力，寻找安全密度窗口，并控制井底ECD在该窗口内顺利钻进，解决了常规钻井无法钻进的难点。精细控压钻进期间，在2处发现井漏，处理井漏复杂共漏失钻井液184m³，比前期减少了92.67%，处理井漏复杂用时19.92h，比前期缩短了97.23%，达到了预期目标。最后配合井队、电测作业队以及下套管固井作业队做好了本井后期工作，精细控压钻井技术应用取得了显著的效果。

（1）成功解决了前期复杂。本井前期复杂处理过程中未使用精细控压钻井技术，复杂处理具有较大的工程难度和井控风险，并且现场处理复杂时间较长，处理过程中漏失大量钻井液，既耽误本井勘探开发的进度，又增加了成本（表4-9）。采用精细控压钻井技术之后首先根据现场实际情况制定了相应的复杂处理措施和下步继续钻进的施工方案，然后按照制定的措施，迅速有效地完成了本井井下复杂的处理（图4-22），解决了溢漏交替发生的井下复杂，减少了钻井液的消耗，节约了钻井成本，缩短了钻井周期（表4-10），并且为下步顺利钻开新地层做好了充分的前期准备。

表4-9　GS19井井前期处理复杂统计

| 类型 | 密度，g/cm³ | 漏失量，m³ | 复杂处理时间，h |
|---|---|---|---|
| 钾聚磺钻井液 | 2.24~2.55 | 2412.3 | 720 |
| 堵漏钻井液 | 2.1~2.41 | 98.6 | |
| 合计 | | 2510.9 | 720 |

表4-10　GS19井控压钻进期间钻遇井漏统计

| 井深，m | 井漏状况 | 平均漏速，m³/h | 漏失量，m³ | 处理时间，h |
|---|---|---|---|---|
| 4145.13 | 未失返 | 30 | 110.9 | 12.67 |
| 4232.22 | 未失返 | 12 | 73.1 | 7.25 |
| 合计 | | | 184 | 19.92 |

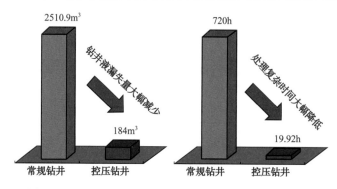

图4-22　GS19井控压钻井与常规钻井处理复杂时效对比

（2）顺利实施了新地层的钻进。本井前期复杂处理过程中未使用精细控压钻井技术，复杂处理效果不好，无法实施继续钻进作业。采用精细控压钻井技术后，在成功解决井下复杂的情况下，安全顺利地钻开了下部新地层。在下部井段钻遇井漏和显示时精确控制井底压力，减少了井下复杂的发生概率，降低了井控风险，为后期能够实现本井地质目标做出了贡献。

## 二、西南油气田 ST7 井控压钻井应用

双鱼石泥盆系埋藏深、纵向油气层多，压力系数悬殊大，上部茅口、栖霞产量高；受套管层次限制，钻井作业过程溢漏复杂多、井控风险高，泥盆系目的层采用小井眼进尺受限、工具不配套，勘探难度极大，是川渝地区"最难啃的骨头"之一。在该区块开展了 5 口井的精细控压钻井作业，双鱼石区块由以前的茅口组专打（六开井身结构）转为与上部低压层合打，节约一层套管（五开井身结构），泥盆系目的层采用 $\phi$149.2mm 钻头钻进，解决了 $\phi$139.7mm 小井眼进尺受限、工具不配套的难题，为泥盆系储层重大地质发现奠定了基础。

1. 基本情况

ST7 井位于四川省广元市剑阁县，是四川盆地双鱼石~河湾场构造带田坝里潜伏构造上的一口预探井（表 4-11），该构造带已钻 Y1 井、ST1、ST2、ST3 等井，该井与 ST3 井相距最近、为 7.35km，与 ST1 井相距 12.53km。

表 4-11 ST7 井基础数据

| 井 别 | 预探井 | 目的层 | 主探茅口组、栖霞组，兼探泥盆系、飞仙关组 |
|---|---|---|---|
| 井 型 | 直井 | 钻探目的 | 探查双鱼石~河湾场构造带田坝里潜伏构造泥盆系、二、三叠系储层发育及其含油气性 |
| 地理位置 | 四川省广元市剑阁县 | 完钻原则 | 进入志留系 15m 完钻 |
| 设计井深 | 7775m | 完井方法 | 射孔完井 |
| 完钻层位 | 志留系 | | |

该井用密度 1.74g/cm³ 钻井液钻进至 5602.04m，发现盐水侵（层位嘉四），提高钻井液密度至 1.95g/cm³，观察钻进至 6000m，停泵不断流，继续提高钻井液密度至 2.05g/cm³ 时出现井漏，平均漏速 7m³/h，一次堵漏成功。为满足起下钻作业要求，提高钻井液密度至 2.13g/cm³，采用 2.13g/cm³ 钻井液试钻进至井深 6007.85m（层位嘉三）发生井漏，平均漏速 37.2m³/h，一次堵漏成功。将钻井液密度降低至 2.07g/cm³ 恢复钻进，钻进至井深 6924.94m（层位长兴组）时发生溢流（液面上涨 1.7m³），后逐渐提高钻井液密度至 2.13g/cm³ 恢复钻进，但停泵后效严重，且钻进时平均漏速 0.3m³/h，出现溢漏同存井下复杂情况，无法继续提密度压稳气层。为了解决当前井下溢漏复杂的钻井难题，减少钻井液漏失，提高钻井作业的安全性，同时降低下部钻井作业溢漏复杂的风险，决定采用精细控压钻井技术解决当前溢漏复杂的钻井难题。

1）地层压力系数及温度

吴家坪组至茅口组压力系数设计 1.80。ST1 井茅口组实测地层压力系数 1.82，ST1 井用密度 1.87~1.96g/cm³ 的钻井液钻进见多次气测异常、气侵及井漏显示。ST3 井吴家坪组密度 1.88g/cm³ 的钻井液钻进气侵，密度 1.88g/cm³ 降到了 1.65g/cm³，经过处理恢复正常钻进。茅口组以密度 1.90g/cm³ 的钻井液钻进发生井漏，密度降到 1.88g/cm³ 钻进发生气侵，钻井液

密度由 1.88g/cm³ 降到 1.65g/cm³，经过处理恢复正常钻进。后面使用密度 1.91g/cm³ 钻进气侵，循环加重至密度 1.97g/cm³ 井漏，后堵漏停。邻区 S1 井在茅口组用 1.88~1.96g/cm³ 的钻井液钻进发生多次气测异常和气侵，提高密度至 1.97~2.06g/cm³ 的钻井液发生井漏。同属山前带的 WJ1 井茅口组测试获得压力系数为 1.80；而九龙山茅口组超高压，压力系数达到 2.0 以上（表 4-12）。

表 4-12  ST7 井地层压力设计表

| 层位 | 井深，m | 压力系数 | 孔隙压力，MPa | 资料来源 |
|---|---|---|---|---|
| 吴家坪~茅口 | 6910~7500 | 1.80 | 132.44 | ST 1 井、ST 3 井、S1 井、WJ1 井 |
| 栖霞~梁山 | 7500~7635 | 1.36 | 101.86 | ST 1 井 |
| 总长沟 | 7635~7640 | 1.30 | 97.43 | ST 3 井、K 2 井、TJ 1 井 |
| 观雾山~志留系 | 7640~7775 | 1.48 | 112.88 | ST 3 井、K 2 井 |

邻井 ST1 井茅口组 7308.65m 测井测温 159℃，ST3 井茅口组 7403m 测温 155℃，预计 ST7 的井底温度最高达 150℃以上。

2）油气水显示情况

油气水显示见表 4-13。

表 4-13  ST7 井邻井油气水显示情况

| 层位 | 井深，m | 显示类别 | 邻井显示（简述至地层） | 流体性质分析 |
|---|---|---|---|---|
| 飞仙关组 | 6320~6710 | 气侵、气测异常、井漏 | ST1 井用密度 1.64g/cm³ 的钻井液钻进见气测异常显示。L16 井飞三段测试获气 19.58×104m³/d，生产情况良好。S1 井用密度 1.64~1.96g/cm³ 的钻井液钻进，全烃最高 99.9%，飞三段测试产气 1.97×104m³/d，飞二段测试产气 2.28×104m³/d。K2 井用密度 1.06~1.09g/cm³ 的钻井液钻进见井漏。ST2 井用密度 1.73~1.74g/cm³ 的钻井液钻进飞一段见气测异常。ST3 井用密度 1.68g/cm³ 钻井液钻进飞一段见气测异常 | 气 |
| 长兴组 | 6710~6910 | 气测异常 | ST1 井长兴组用密度 1.65g/cm³ 的钻井液钻进，见气测异常，全烃最高 6.54%。ST3 井用密度 1.67~1.81g/cm³ 的钻井液钻进连续见气测异常 | 气 |
| 吴家坪组 | 6910~7210 | 气测异常、气侵、井漏 | ST1 井吴家坪组用密度 1.87g/cm³ 的钻井液钻进见气侵显示，全烃最高 79.78%，密度 1.87g/cm³ ↓ 1.80g/cm³，用密度 1.95g/cm³ 钻井液钻进见井漏显示，累计漏失钻井液 21.2m³。ST2 井用密度 1.95g/cm³ 的钻井液钻进见两次气测异常。ST3 井用密度 1.87~1.88g/cm³ 的钻井液钻进连续见气测异常、气侵显示 | 气 |
| 茅口组 | 7210~7500 | 气测异常、气侵、井漏 | S1 井且用密度 1.88~1.96g/cm³ 的钻井液见多次气侵显示。S1 井井段 5265.85~5266.26m 漏失密度 1.97~2.06g/cm³ 的钻井液 137m³。ST1 井用密度 1.92/cm³ 的钻井液见多次气测异常、井漏及气侵显示，L4 井测试获得 20.97×104m³/d；L16 井测试获 251.017×104m³/d 天然气产量。ST1 井茅口组测试获气 126.77×104m³/d。ST2 井用密度 1.90g/cm³ 的钻井液钻进见两次气测异常，密度 1.91g/cm³ 的钻井液钻进井漏，累计漏失钻井液 8.8m³。ST3 井用密度 1.88g/cm³ 的钻井液钻进气侵，液气分离器出口点火燃，焰高 3~5m ↓ 1~2m，密度 1.91g/cm³，液面累计上涨 1.2m³，关井控压循环加重钻井液至密度 1.95g/cm³，经液气分离器点火焰高 3~4m，循环加重至密度 1.97g/cm³ 井漏，然后堵漏停，累计漏失钻井液 113.3m³ | 气 |
| 栖霞组 | 7500~7630 | 气测异常、气侵、井漏 | 为区域储层，储层孔隙发育。ST1 井用密度 1.87~1.96g/cm³ 的钻井液钻见多次气测异常、气侵及井漏显示。L17 井测试获得天然气产量 32.23×104m³/d。ST1 井栖霞组测试获气 87.608×104m³/d。ST2 井用密度 1.66~1.75g/cm³ 的钻井液钻发生多次气测异常 ST3 井用密度 1.48~1.52g/cm³ 的钻井液钻见多次气测异常 | 气 |

3）含硫化氢情况

雷口坡组及以下地层均含硫化氢，LG68 井长兴组 $H_2S$ 含量为 57.18g/m3；K1 井茅口组 $H_2S$ 含量为 5.09g/m³；河湾场构造 H2 井茅口组 $H_2S$ 含量 1.34g/m³、H3 井茅口组 $H_2S$ 含量 0.91g/m³；ST1 井栖霞组 $H_2S$ 含量为 4.85g/m³，茅口组 $H_2S$ 含量为 0.226g/m³；ST2 井茅口~栖霞组 $H_2S$ 含量为 6.29g/m³，ST3 井栖霞组 $H_2S$ 含量为 5.67g/m³，K3 井在石炭系钻进中现场取气样测定 $H_2S$ 含量 0.64g/m³；在钻井过程中要做好硫化氢的监测和防护工作。

4）井身结构

井身结构见表 4-14 和图 4-23。

表 4-14 ST7 井井身结构数据

| 开钻次序 | 井段 m | 钻头尺寸 mm | 套管尺寸 mm | 套管程序 | 套管下入地层层位 | 套管下入深度 m | 环空水泥钻井液返深 m |
|---|---|---|---|---|---|---|---|
| 一开 | 70 | 660.4 | 508.0 | 导管 | 剑门关组 | 69 | 地面 |
| 二开 | 500 | 444.5 | 365.1 | 表层套管 | 蓬莱镇组 | 498 | 地面 |
| 三开 | 3560 | 333.4 | 273.1 | 技术套管 | 须家河组顶 | 3558 | 地面 |
| 四开 | 7505 | 241.3 | 193.7 | 油层回接 | | 0~2000 | 地面 |
| | | | 177.8 | | | 2000~3408 | |
| | | | 177.8 | 油层悬挂 | 栖霞组顶 | 3408~5240 | 3308 |
| | | | 193.7 | | | 5240~6320 | |
| | | | 177.8 | | | 6320~7503 | |
| 五开 | 7775 | 149.2 | 127 | 尾管悬挂 | 志留系 | 7353~7773 | 7253 |

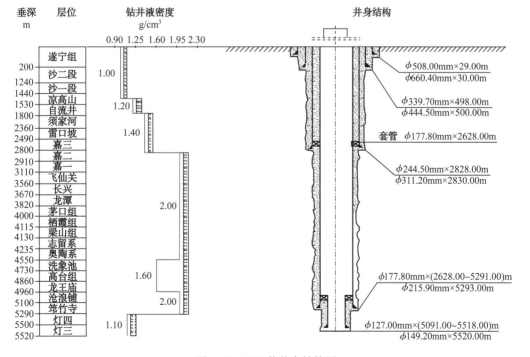

图 4-23 ST7 井井身结构图

2. 施工情况

1）难点及对策

（1）四开已钻井井段嘉四和长兴组钻遇异常高压，高密度钻井液钻下部地层存在上喷下漏的风险。邻井 ST1 井用密度 1.95g/cm³ 钻井液在 6910~7210m 钻进见井漏显示，累计漏失钻井液 21.2m³；ST2 井用密度 1.91g/cm³ 的钻井液钻进井漏，累计漏失钻井液 8.8m³；ST3 井用密度 1.88g/cm³ 的钻井液钻进气侵，液气分离器出口点火燃，焰高 3~5m ↓ 1~2m，密度 1.91g/cm³，液面累计上涨 1.2m³，关井控压循环加重钻井液至 1.95g/cm³，经液气分离器点火焰高 3~4m，循环加重至密度 1.97g/cm³ 井漏，累计漏失钻井液 113.3m³。本井长兴组地层压力系数 2.17 左右，远高于邻井的地层压力系数，采用高密度钻井液钻开下部地层时，存在上喷下漏的风险。

对策：

①在未监测到硫化氢的前提下，采用精细控压钻井设备逐步释放长兴组地层压力，如能够释放长兴组地层压力，钻井液密度最低降低至 2.05g/cm³（以实际水层压力为准），以满足钻进时压稳水层的要求。

②如果无法释放长兴组地层压力，则控制井底压力在安全密度窗口内控压钻进，下部地层出现无安全密度窗口，则堵漏建立安全密度窗口，如果常规堵漏无效则考虑用水泥封堵的方式进行堵漏。

③在下部钻遇井漏后，应及时监测环空液面，及时吊灌，保持液面高度，避免因液面下降导致上部气水层的流体进入井筒。

④钻至茅口组底部接近栖霞组顶时，应控制钻进速度，准确分层，避免钻遇栖霞组低压层出现井漏复杂。

（2）茅口组属于主产储层，邻井产量高，存在一定的井控风险。L4 井茅口组测试获气 20.97×10⁴m³/d；L16 井茅口组测试获 251.017×10⁴m³/d 天然气产量，ST1 井茅口组测试获气 126.77×10⁴m³/d。本井在茅口组可能钻遇高产气层，存在较大的井控风险。

对策：

①钻进过程中始终保持井底压力在安全密度窗口范围内，避免井底压力波动造成的溢流。

②钻遇钻时加快、放空等现象立即上提钻具循环观察，做好关井准备。

③加强液面的监测，钻遇新的显示立即关井，根据地层压力调整钻井液密度和控压值。

④控压起下钻根据灌返量调整控压值，如果控压值超过 3MPa 仍溢流，则停止控压起下钻，根据情况确定下步措施。

（3）本井四开裸眼段长，压力系数差异大，容易造成卡钻。邻井 S1 井密度 1.83~1.95g/cm³ 多次发生井漏，由于堵漏，井壁上形成了较厚的虚滤饼，导致发生粘附卡钻，长兴~茅口组 260.5m 左右两次侧钻，损失时间为 224d。同时四开裸眼段高低压处于同一裸眼，部分井段正压差大，可能造成压差卡钻。

对策：

①控压钻井期间，控制井底当量密度略大于地层压力，避免压差过大造成的压差卡钻。

②起下钻先控压起钻至套管鞋以上，然后盖重钻井液帽或钻头以上钻井液全部加重，

下钻至套管鞋先降低钻井液密度至要求值，再控压下钻到底。

③检修设备、更换旋转控制头时起钻至套管鞋。

（4）四开部分层位属于高含硫地层，必须做好防硫措施。邻构造 S1 井嘉二段 $H_2S$ 含量 46.45g/m³，LG68 井长兴组 $H_2S$ 含量为 57.18g/m³，ST1 井茅口组 $H_2S$ 含量为 0.226g/m³，ST2 井茅口～栖霞组 $H_2S$ 含量为 6.29g/m³。本井在嘉四钻遇的高压水层在循环排后效时多次监测到硫化氢，地面监测到硫化氢最高值 50μg/g，长兴组钻遇的高压气层循环排气过程中未监测到硫化氢，但长兴组～茅口组均属于高含硫地层，必须做好硫化氢的防范。

对策：

①钻进过程始终采用微过平衡方式控压钻进，减少地层流体进入井筒。

②在钻井液中预先加入 1%～1.5% 的除硫剂。

③控制钻井液 pH 值在 10.5 以上。

④作业环境中监测到硫化氢浓度小于 20μg/g，适当提高井底当量密度排除受侵钻井液，补充除硫剂。

⑤作业环境中监测到硫化氢浓度大于 20μg/g 时，按 Q/CNPC115《含硫油气井钻井操作规程》执行。

2）施工过程

由于前期井下复杂情况，钻井进度一度处于停滞状态，井控风险一直居高不下；在精细控压钻井设备安装、调试完后，首先对井底地层压力情况进行了分析和摸索，初步确定了安全密度窗口在 2.09～2.11g/cm³，以此为依据采用密度 2.06～2.13g/cm³ 的钾聚磺钻井液从井深 7001.46m（长兴组）开始实施控压钻进钻进，钻至井深 7582m（茅口组）顺利完成了四开钻进任务，累计纯钻时间 870.6h，完成进尺 580.54m，平均机械钻速 0.65m/h；四开钻进期间共发现位于茅口组的 1 个油气显示层，气层压力系数 2.09～2.11；发现 2 个位于长兴组和吴家坪组漏层，漏失压力系数约 2.13；井下再次出现溢漏复杂局面，期间实施的 1 次反推堵漏效果并不明显，鉴于地层多压力系统的窄安全密度窗口现状，以及气层未测得硫化氢的有利条件，现场技术人员借鉴磨溪—高石梯控压钻井经验，决定采用井底微欠精细控压方式，释放气层压力，有效扩大安全密度窗口；钻进和停泵期间根据地层能量精确保持 ECD 恒定在计算范围内，井口控压 0～4.5MPa，液气分离器出口火焰高度最大达 8m，气体流量计最大达到 2000m³/h；通过不断释放长兴组地层压力，逐步扩大安全密度窗口至 2.05～2.13g/cm³，实现了技术目标。

对于窄安全密度窗口的井，进行常规起下钻作业具有极大的井控风险，对此精细控压钻井技术提供了控压起下钻与重钻井液帽技术，在随后的 14 趟起下钻及 4 趟中完起下钻过程中均采用控压起下钻与重钻井液帽技术，控压起钻至井深 4000m 盖重钻井液帽，起钻完后下钻至 4000m 循环出盖帽重钻井液后控压下钻到井底，整个起下钻过程精确控制井底当量密度在 2.10g/cm³，不仅保证了井下安全，且比常规起下钻节约了时间。

四开结束后，井底安全密度窗口状况仍不能满足常规固井作业要求，2017 年 9 月 3 日—2017 年 9 月 4 日套管下至井底后，ST7 井顺利实施了四开精细控压固井施工作业，首先将钻井液密度调至 2.03g/cm³，充分循环均匀，在整个固井循环、停泵、泵注水泥、顶替等过程中全程实施精确压力控制，保持井底压力恒定在 2.10g/cm³，为固井作业成功打下了坚实的基础；碰压成功后，继续实施控压起钻，控压正循环洗井。整个固井施工过程通过控压、补压等压力精细控制，实现了"零漏失，零溢流"的作业目标，有效抑制了上部盐水层的流体浸入，解决了固井质量差的难题，电测固井质量解释显示，固井质量好和中等段占比97.8%。

在四开控压钻井的成功实施基础上，继续采用精细控压技术实施五开钻进；配合钻井队钻水泥塞至井深7582m后，逐步将密度降至1.60g/cm³；后采用密度1.59~1.63g/cm³的钻井液钻进至井深7775m（金宝石组）完钻，成功结束本井精细控压钻井作业，五开完成钻进进尺193m，纯钻时间86.1h，机械钻速达到了2.24m/h。钻进期间共发现分别位于组栖霞组和观雾山组的良好油气显示层4个，实现了地质目标，为进一步勘探双鱼石～河湾场构造地层提供了详细的地质和工程数据支撑。

3. 应用分析

（1）精细控压钻井技术确保了本井顺利实施，由以前的茅口组专打转为与上部低压层合打，节约一层套管，泥盆系目的层采用 φ149.2mm 钻头钻进，解决了 φ139.7mm 小井眼进尺受限、工具不配套的难题，为泥盆系储层重大地质发现奠定了基础。

（2）利用精细控压固井有效解决常规固井质量差的技术难题。本井 φ184.2mm 套管 +φ193.7mm 套管 +φ177.8mm 套管尾管固井作业是继 LG70 井、LT1 井、ST8 井后第四次采用精细控压固井方式，固井作业前，技术人员重点设计了精细控压与固井作业相结合的工艺流程，细化了水泥注入过程及候凝过程中的压力控制，始终确保盐水层当量密度为 2.10g/cm³，有效解决了固井过程中井漏、盐水侵等工程问题，顺利实现了高质量的固井，实现了水泥浆零漏失。

## 三、冀东油田 NB23-P2009 井控压钻井应用

1. 基本情况

NB23-P2009 井是南堡油田 2 号构造潜山老堡南 1 断块山构造较高部位的一口开发水平井（表4-15）。南堡 2 号构造潜山奥陶系储层裂缝发育，非均质性强，地层压力敏感，该段钻井过程中喷漏同存，井漏严重，非生产时间长。

表 4-15 NB23-P2009 井基础数据

| 井　别 | 开发井（采油井） | 目的层 | O |
|---|---|---|---|
| 井　型 | 水平井 | 完钻原则 | 主要目的层段相当于 LPN1 井 4040m~4120m 井段（斜深），钻至 B 靶点完钻 |
| 地理位置 | 位于河北省唐山市南堡开发区南堡乡 11.5km，南堡 2-3 陆域平台 | 完井方式 | 先期导管固井完成，目的层裸眼完井 |
| 设计井深（海拔）m | −4055 | 中靶要求 | （1）各靶点深度均为预测深度和海拔深度。（2）首先以82°左右井斜角探潜山顶面，然后尽快增斜至水平。水平段井眼轨迹控制在油层中上部。（3）目的层段相当于 LPN1 井 4040~4120m 井段（斜深），其油层侧向电阻率15~20000 Ω·m，自然伽马为 20~100API |
| 地面海拔 m | 2.85 | | |

为了解决奥陶系压力敏感储层涌漏同存的问题，减少钻井液漏失，减少非生产时间，提高水平段的钻进能力，设计在目的层五开奥陶系储层实施精细控压钻井作业。循环介质选择低密度水包油钻井液，通过微流量监测、回压补偿设备和自动节流管汇实现井底压力平稳控制，起下钻进行不压井带压起下钻作业。完钻后压井进行后续作业。

地质分层见表 4-16。

表 4-16 NB23-P2009 井地层分层表

| 地 层 | | | | | 设 计 分 层 | | | 油气显示 | | 断点位置 m | 工程提示 |
|---|---|---|---|---|---|---|---|---|---|---|---|
| 界 | 系 | 统 | 组 | 段 | 岩性剖面 | 底界海拔 m | 厚度 m | 邻井资料 | 本井预测 | | |
| 古生界 | 奥陶系 | | 下马家沟组 | O（未穿） | 灰岩 | -4055 | 1（未穿） | NP283 LPN1 NP23-P2002 NP21-X2460 NP23-P2001 | | | 防漏 防喷 防 $H_2S$ |

地层压力系数及温度见表 4-17。

表 4-17 NB23-P2009 井地层压力温度表

| 井号 | 层位 | 日期 | 测压方式 | 油层中部深度, m | | 地层压力 MPa | 压力系数 | 温度 ℃ | 备注 |
|---|---|---|---|---|---|---|---|---|---|
| | | | | 斜深 | 垂深 | | | | |
| LPN1 | O | 2005.5.21 | 静压 | 4125.15 | 4100.56 | 42.44 | 1.04 | 164.2~166.9 | 试采 |
| | | 2004.9.30 | 静压 | 4125.15 | 4100.56 | 40.98 | 1.01 | | 试油 |
| NP2-82 | O | 2010.1.11-18 | 静压 | 4917.6 | 4176.9 | 41.88 | 1.02 | 166.7 | 中途测试 |
| NP280 | O | 2008.10.03 | 静压 | 4530.80 | 4409.15 | 45.42 | 1.03 | 179.8 | 试油 |
| NP288 | O | 2009.2.11 | 静压 | 4951.3 | 4914.16 | 51.24 | 1.06 | | 试油 |

含硫化氢情况。本井地层不含硫化氢。

井身结构见表 4-18 和图 4-24。

表 4-18 NB23-P2009 实际井身结构和套管尺寸表

| 钻头顺序, mm×m | 套管顺序, mm×m | 水泥返深, m |
|---|---|---|
| 660.4×249 | 508×248.7 | 地面 |
| 444.5×2003 | 339.7×2002.9 | 地面 |
| 311.1×4203 | 244.5×4202 | 地面 |
| 215.9×5184 | 177.8×（3869.49~5182.7） | 地面 |
| 152.4×5452.2 | — | — |

2. 施工情况

1）难点及对策

（1）奥陶系灰岩储层裂缝发育，对井底压力波动敏感，易漏喷同存，难以钻达设计地质目标。

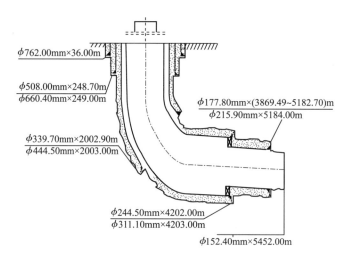

图 4-24　NB23-P2009 井实钻井身结构图

（2）井底温度高（≥165℃），井下压力随钻测量系统（PWD）不能在此温度下正常工作，无法实时获取井底压力。

（3）地层压力系数低 0.99~1.02。

（4）储层流体油气比高（4418$m^3/m^3$）。

（5）可能 $H_2S$，LPN1 井产出的天然气中发现有 $H_2S$，含量 52.6~99.66μg/g，平均 66.82μg/g。

对策：

（1）针对奥陶系灰岩储层压力敏感问题，采用控压钻井技术，精细控制井底压力，减小不同工况下的井底压力波动，使井底处于近平衡状态，避免井漏和溢流造成井下复杂。

（2）采用第一趟钻下入存储式井底压力计求取井底压力、温度数据，结合水力学计算软件计算不同钻井参数下的井筒压力剖面，为控压钻进顺利实施提供理论依据。

（3）采用低密度油包水钻井液钻进，为控压钻进顺利实施提供了操作窗口。

（4）采用控压钻井技术使井底处于近平衡状态，避免地层流体过多进入井筒，造成井下复杂。

（5）加强钻井液 pH 值的维护，确保钻井液的 pH 值不小于 10，同时在关键位置使用多通道气体监测仪实时监测 $H_2S$ 含量，发现异常及时处理。

2）第一趟钻情况

施工工况：扫塞、控压钻进施工参数准备；地层：奥陶系；井段：5184~5187m，进尺：3m。

钻具组合：$\phi$152.4mm 牙轮钻头 ×0.29m+330×310 双母接头 ×0.69m+$\phi$120mm 强制止回阀 ×0.38m+$\phi$121mm 压力计短节 ×0.55m+$\phi$120mm 钻铤 ×27.15m+$\phi$88.9mm 加重钻杆 101.6m+$\phi$88.9mm 钻杆 1813.7m+311×410mm 配合接头 ×0.61m+$\phi$127mm 加重钻杆 ×139.14m+$\phi$127mm 钻杆。

钻井参数：钻压：60~80kN；转速：40~50r/min；排量：16~18L/s；立压：17~18MPa；套压：

0~6MPa。

钻井液性能：密度：0.93g/cm³；表观黏度：46mPa·s；塑性黏度：32mPa·s；*n*=0.65；*k*=0.61。

施工过程：2011年10月11日验收合格后五开钻进，2011年10月11日19：00开始扫塞，并钻进新地层3m至井深5187m，为下步定向钻具组合扶正器出套管做准备，替入密度为0.93g/cm³水包油钻井液，充分循环乳化钻井液性能稳定后，做控压钻井相关试验，求取井底压力、温度等相关参数后起钻，于2011年10月13日19：00起钻完。

起钻原因：达到预定目标，起钻换牙轮钻头定向钻进。

效能评价：本趟钻完成了预定目标，测量了井底压力、温度等相关数据，为下步控压钻进顺利进行提供了重要数据。测得井底温度156.9℃，循环时井底温度103℃（图4-25）。

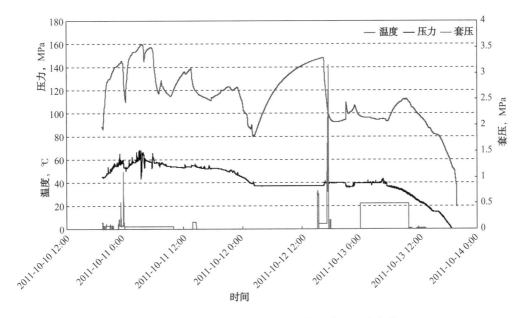

图4-25 NB23-P2009井第一趟钻井底压力、温度曲线

3）第二趟钻情况

施工工况：控压定向钻进；地层：奥陶系；井段：5187~5228m；进尺：41m。

钻具组合：φ152.4mm牙轮钻头×0.23m+φ120mm1.5°螺杆×7.66m+φ127mm强制止回阀×2只×0.78m+φ121mm压力计短节×0.55m+φ120mm坐键接头×0.76m+φ88.9mm无磁承压钻杆×9.3m+φ120mmMWD×0.9m+φ88.9mm钻杆×28.89m+φ121mm旁通阀×0.4m+φ88.9mm钻杆×863.78m+φ88.9mm加重钻杆×101.6m+φ88.9mm钻杆×892.4m+311×410mm配合接头×0.61m+φ127mm加重钻杆×139.14m+φ127mm钻杆。

钻井参数：钻压：60kN；转速：螺杆转速+30r/min；排量：16~18L/s；立压：17~18MPa；套压：1.0~1.8MPa。

钻井液性能：密度：0.92g/cm³；表观黏度：55mPa·s；塑性黏度：40mPa·s；*n*=0.65；*k*=0.61。

施工过程：2011 年 10 月 13 日 20：00 开始控压钻进，钻压 60kN，螺杆转速 +30r/min，排量 18L/s，立压 17MPa，控压 1MPa，定向井段 5192~5197m，工具面 ±20°；2011 年 10 月 15 日 20：20 定向钻进至井深 5215m，钻压 6kN，排量 18L/s，泵压 15.5MPa，控压 1MPa，钻遇显示后停止钻进，控压 2~3MPa 循环排气，20：25 点火成功；焰高 3~4m，橘黄色，有浓烟，持续燃烧时间 37min，全烃 1.628%~99.99%，$C_1$：98.994%/85.244%，流速 50~10155m$^3$/h，流量 3582m$^3$；21：00 控压 1.5MPa，恢复控压钻进至井深 5228m，循环替入密度 1.03g/cm$^3$ 的平衡液，井口带压 1.5~1.8MPa 起钻，至 2011 年 10 月 17 日 1：30 起钻完。

起钻原因：牙轮钻头达到推荐使用时间，完成定向增斜目标；井深：5210.22m；井斜角：87.15°；方位角：195.44°。

效能评价：

（1）采用控压钻井技术，精细控制井底压力，井底压力平稳，未发生钻井液漏失和其他钻井复杂情况。

（2）测得井底温度 151℃，循环时井底温度 101℃，求取地层孔隙压力系数 1.02，地层漏失压力系数 ≥ 1.07，为下步 PDC 钻头钻至完井井深提供了准确的控制依据。

（3）采用密度 1.03g/cm$^3$ 的平衡液带压起钻，既保证了井下安全，又降低了井漏的风险，降低了储层伤害风险，有效保护了油气层。

（4）完成了预定定向目标，优化了井眼轨迹，为下步 PDC 钻头一趟钻快速钻至完井井深创造了良好条件。

4）第三趟钻情况

施工工况：控压钻进；地层：奥陶系；井段：5228~5452m；进尺：224m。

钻具组合：$\phi$152.4mmPDC 钻头 ×0.23m+$\phi$120mm1.5° 螺杆 ×7.56m+$\phi$127mm 强制止回阀 ×2 只 ×0.78m+$\phi$121mm 压力计短节 ×0.55m+$\phi$120mm 坐键接头 ×0.76m+$\phi$88.9mm 无磁承压钻杆 ×9.3m+$\phi$120mmMWD ×0.9m+$\phi$88.9mm 钻杆 ×28.89m+$\phi$121mm 旁通阀 ×0.4m+$\phi$88.9mm 钻杆 ×863.78m+$\phi$88.9mm 加重钻杆 ×101.6m+$\phi$88.9mm 钻杆 ×892.4m+311×410mm 配合接头 ×0.61m+$\phi$127mm 加重钻杆 ×139.14m+$\phi$127mm 钻杆。

钻井参数：钻压：60kN；转速：螺杆转速 +35r/min；排量：18L/s；立压：17~19MPa；套压：1.5~5.5MPa。

钻井液性能：密度：0.92g/cm$^3$；表观黏度：43mPa·s；塑性黏度：30mPa·s；$n$=0.63；$k$=0.55。

施工过程：2011 年 10 月 18 日 00：30 下钻到底，替入 0.92g/cm$^3$ 水包油钻井液，3：58 见后效，控压 1.5~2.5MPa 循环排后效，出口点火燃，焰高 2~3m，橘黄色有浓烟，持续燃烧时间 26min，录井测得气体流速 100~2000m$^3$/h、流量 269m$^3$，全烃 3.490%~99.790%，$C_1$：51.051%/95.277%，5：00 控压 1.5MPa 恢复钻进；至 2011 年 10 月 21 日 10：00，控压 1.5~2.5MPa 钻进至完钻井深 5452m，用密度 1.08g/cm$^3$ 压井液压井起钻。

起钻原因：提前钻至完井井深，完成地质目标。

效果评价：

（1）采用控压钻井技术，精细控制井底压力，井底压力平稳，顺利钻至完井井深，完成了地质目标，该趟钻未发生钻井液漏失和其它钻井复杂情况。

（2）测得井底温度 155.7℃，循环时井底温度 110℃，求取地层孔隙压力系数 1.02，地层漏失压力系数 1.1，为下步压井起钻及后续作业提供了准确的施工依据。

（3）采用密度 1.08g/cm³ 的压井液起钻，保证了长时间静止时井下安全，后续作业中未发生溢流和井漏。

3. 应用分析

NB23-P2009 井构造上位于南堡 2 号潜山南堡 283 断块山，目的层为奥陶系。开发目的是滚动开发南堡 2 号潜山油藏，兼顾落实油层发育状况。根据已完成 NB23-P2001 井等 5 口开发水平井的水包油钻井液精细控压施工情况，由于水平井提高了裂缝钻遇率，因此当钻遇较发育的裂缝时，易发生井漏、井涌、又涌又漏等情况，井控风险大，且未达到地质设计目的。设计采用控压钻井技术降低钻井过程中井底压力的波动，实现减少漏失，降低井控风险及提高水平井段钻进能力的目的。

NB23-P2009 井 φ152.4mm 井眼五开实钻井段为 5184~5452m，钻至 5452m，接甲方通知完钻。控压钻井井段未发生溢流、井漏和其他钻井复杂，控压钻井纯钻时间 82.57h，累计取得进尺 268m，平均机械钻速 3.25m/h，期间发现油气显示层共计 10 层。通过 NB23-P2009 井控压钻井施工，取得如下成果：

（1）NB23-P2009 井采用控压钻井技术钻进、起下钻过程中保持井底压力平稳，完成冀东油田控制钻井液漏失量 500m³ 内的预期目标，并创造五开全井段"零漏失"的记录（图 4-26），同比节约水包油钻井液 400m³、压井液 2600m³。

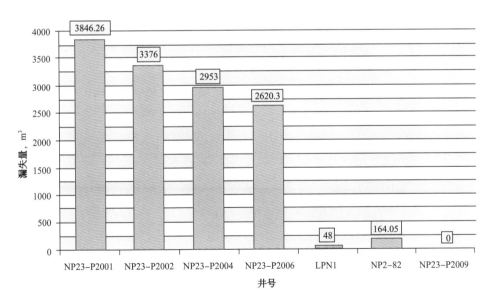

图 4-26　NB23-P2009 井目的层钻井液漏失量对比图

（2）避免了钻井液漏失进入地层对储层的伤害，有效保护了油气层，取得较好的经济效益。

（3）在南堡 2 号构造深层潜山裂缝目的层成功钻达设计井深（图 4-27），实现地质目的，加快了南堡2号构造勘探开发进度。

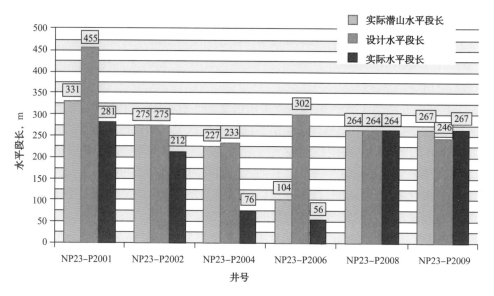

图4-27　NB23-P2009井设计与实钻水平段进尺对比图

（4）南堡2号构造深层潜山裂缝目的层采用控压钻井技术大幅降低了复杂时间（图4-28），减少了非生产时间，提高了钻井效率，同比节约钻井周期20d。

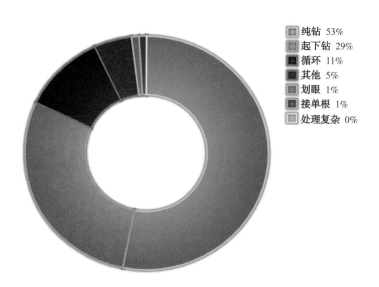

图4-28　NB23-P2009井控压钻井井段生产时效图

（5）创造了南堡2号构造深层潜山裂缝目的层钻遇油气显示、成功点火情况下"零漏失""零复杂"钻达设计井深的纪录（表4-19）。钻进过程中钻遇显示层10层，成功避免了裂缝/放空（5段）漏失复杂发生，有效的发现油气显示层，同时创造了南堡2号构造深层潜山裂缝目的层五开钻进最短钻井周期（6.58d）的纪录。

表 4-19　NB23-P2009 井目的层复杂时间对比表

| 井号 | 设计与实际井段对比 | | | 五开钻井时效分析 | | | | 平均机械钻速 m/h | 备注 |
| | 实际欠平衡段长 m | 实际潜山段长 m | 设计段长 m | 纯钻时间 h | 纯钻时效 % | 复杂时间 h | 复杂时效 % | 行程时间 h | |
|---|---|---|---|---|---|---|---|---|---|---|
| NP23-P2001 | 281 | 331 | 455 | 112 | 21.21 | 311 | 58.9 | 528 | 2.51 | 点火 |
| NP23-P2002 | 212 | 275 | 275 | 148 | 39.36 | 158 | 42.02 | 376 | 1.43 | 点火 |
| NP23-P2004 | 76 | 227 | 233 | 136.5 | 52.4 | 54 | 20.73 | 260.5 | 0.56 | 点火 |
| NP23-P2006 | 56 | 104 | 302 | 47 | 37.3 | 44 | 34.92 | 126 | 1.19 | 点火 |
| NP23-P2008 | 264 | 264 | 264 | 204 | 74.86 | 0.00 | 0.00 | 272.5 | 1.29 | 未点火 |
| NP23-P2009 | 268 | 268 | 246 | 82.57 | 52.51 | 0.00 | 0.00 | 157 | 3.25 | 点火 |

## 四、冀东油田 NB23-P2005 井控压钻井应用

### 1. 基本情况

NB23-P2005 井是南堡油田 2 号构造潜山老堡南 1 断块山构造较高部位的一口开发水平井（表 4-20）。南堡 2 号构造潜山奥陶系储层裂缝发育，非均质性强，地层压力敏感，该段钻井过程中涌漏同存，井漏严重，非生产时间长。

表 4-20　NP23-P2005 井基本数据表

| 井　别 | 开发井（采油井） | 完钻原则 | 主要目的层段相当于 LPN1 井 4010~4100m 井段（斜深），钻至 B 靶点后完钻 |
|---|---|---|---|
| 井　型 | 水平井 | 完钻层位 | 奥陶系储层 |
| 地理位置 | 位于河北省唐山市南堡开发区南堡乡 11.5km，南堡 2-3 陆域平台 | 完井方式 | 先期导管固井完成，目的层裸眼完井 |
| 设计井深（海拔），m | -3970 | 中靶要求 | （1）各靶点深度均为预测深度和海拔深度；（2）首先以 82°左右井斜角探潜山顶面，然后尽快增斜至水平。水平段井眼轨迹控制在油层中上部；（3）目的层段相当于 LPN1 井 4010~4100m 井段（斜深），其油层侧向电阻率 15~20000Ω·m，自然伽马为 20~100API |
| 目的层 | 奥陶系储层 | | |

为了解决奥陶系压力敏感储层涌漏同存的问题，减少钻井液漏失，减少非生产时间，提高水平段的钻进能力，设计在目的层五开奥陶系储层实施控压钻井作业。循环介质选择低密度水包油钻井液，通过微流量监测、回压补偿设备和自动节流管汇实现井底压力平稳控制，起下钻进行不压井带压起下钻作业。完钻后压井进行后续作业。

地质分层见表 4-21。

表 4-21　NP23-P2005 井钻井预测剖面

| 地　　层 | | | | | 设 计 分 层 | | | 油气显示 | 工程提示 |
| 界 | 系 | 统 | 组 | 段 | 岩性剖面 | 底界海拔 m | 厚度 m | 邻井资料 | |
| 古生界 | 奥陶系 | | 下马家沟组 | O（未穿） | 灰岩 | -3970 | 1（未穿） | NP23-P2004 LPN1 NP23-P2002 NP21-X2460 NP23-P2001 | 防漏 防喷 防 H$_2$S |

地层压力系数及温度见表 4-22。

表 4-22　NP23-P2005 井钻井预测剖面

| 井号 | 层位 | 日期 | 测压方式 | 油层中部深度，m | | 地层压力 MPa | 压力系数 | 温度 ℃ | 备注 |
| | | | | 斜深 | 垂深 | | | | |
| LPN1 | O | 2005.5.21 | 静压 | 4125.15 | 4100.56 | 42.44 | 1.04 | 164.2~166.9 | 试采 |
| | | 2004.9.30 | 静压 | 4125.15 | 4100.56 | 40.98 | 1.01 | — | 试油 |
| NP2-82 | O | 2010.1.11-18 | 静压 | 4917.6 | 4176.9 | 41.88 | 1.02 | 166.7 | 中途测试 |
| NP280 | O | 2008.10.03 | 静压 | 4530.80 | 4409.15 | 45.42 | 1.03 | 179.8 | 试油 |
| NP288 | O | 2009.2.11 | 静压 | 4951.3 | 4914.16 | 51.24 | 1.06 | — | 试油 |

本井地层不含硫化氢。井身结构见表 4-23 和图 4-29。

表 4-23　NB23-P2005 井实际井身结构

| 钻头顺序，mm×m | 套管顺序，mm×m | 水泥返深，m |
| --- | --- | --- |
| 660.4×230 | 508×228.15 | 地面 |
| 444.5×2012 | 339.7×2010.1 | 地面 |
| 311.1×4053 | 244.5×4050.25 | 地面 |
| 215.9×5060.88 | 177.8×（3750.51~5059.5） | — |
| 152.4×5352 | | — |

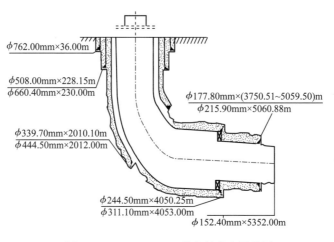

图 4-29　NB23-P2005 井实钻井身结构图

2. 施工情况

1）难点及对策

（1）与邻井地质靶区相距远、目的层地层特性差异大，地质不确定性多。

（2）奥陶系灰岩储层裂缝发育，对井底压力波动敏感，易又漏又涌，难以钻达设计地质目标。

（3）地层压力系数低 0.99~1.02，井底温度高（≥165℃），井下压力随钻测量系统（PWD）不能在此温度下正常工作，不能实时获取井底压力，井底压力控制较困难。

（4）储层流体油气比高（4418$m^3/m^3$）。

（5）可能含 $H_2S$，LPN1 井产出的天然气中发现有 $H_2S$，含量 52.6~99.66μg/g，平均 66.82μg/g。

对策：先期采用精细控压技术钻进，及时发现油气层，钻遇裂缝显示后采用精细控压钻井技术，有效控制漏失量，钻达设计井深，实现地质目的。

（1）针对奥陶系灰岩储层压力敏感问题，采用控压钻井技术，精细控制井底压力，减小不同工况下的井底压力波动，避免井漏和溢流造成井下复杂。

（2）采用存储式井底压力计求取井底压力、温度数据，结合水力学计算软件计算不同钻井参数下的井筒压力剖面，为控压钻进顺利实施提供理论依据。

（3）采用低密度水包油钻井液钻进，为控压钻进顺利实施提供了操作窗口。

（4）采用控压钻井技术使井底压力平稳，避免地层流体过多进入井筒，造成井下复杂。

（5）加强钻井液 pH 值的维护，确保钻井液的 pH 值不小于 10，同时在关键位置使用多通道气体监测仪实时监测 $H_2S$ 含量，发现异常及时处理。

2）第一趟钻情况

施工工况：扫塞、钻进；地层：奥陶系；井段：5060.88~5066m；进尺：5.12m。

钻具组合：$\phi$152.4mm 牙轮钻头 +330/310 双母 + 浮阀 + 精细控压接头 +$\phi$88.9mm 加重钻杆 ×2 柱 +$\phi$88.9mm 钻杆 ×25 柱 +$\phi$88.9mm 加重钻杆 ×9 柱 +$\phi$88.9mm 钻杆 ×38 柱 +311/410 转换接头 +$\phi$127mm 钻杆。

钻井参数：钻压：50kN；转速：50r/min；排量：19L/s；立压：16MPa；套压：0MPa。

钻井液性能：密度：0.92g/$cm^3$；表观黏度：46.5mPa·s；塑性黏度：33mPa·s；$n$=0.63；$k$=0.49。

施工过程：2011 年 12 月 10 日 22：00 开始扫塞，替入密度为 0.92g/$cm^3$ 水包油钻井液，充分循环乳化钻井液性能，2011 年 12 月 12 日 12：00 验收合格后五开钻进，进入新地层 5.12m 至井深 5066m，为下步定向钻具组合扶正器出套管做准备，于 2011 年 12 月 13 日 23：00 起钻完。

起钻原因：达到预定目标，起钻换牙轮钻头定向钻进。

效果评价：本趟钻完成了预定目标，测量了井底压力、温度等相关数据，为下步控压钻进顺利进行提供了重要数据。测得井底温度 156.2℃，循环时井底温度 100~105℃（图 4-30）。

3）第二趟钻井情况

施工工况：精细控压定向钻进；地层：奥陶系；井段：5066~5067m；进尺：1m。

钻具组合：$\phi$152.4mm 牙轮钻头 +120mm 螺杆 + 浮阀 1+ 浮阀 2+ 压力计短节 + 坐键接头 + 无磁钻杆 +MWD 短节 +$\phi$88.9mm 钻杆 ×15 柱 + 旁通阀 +$\phi$88.9mm 钻杆 ×14 柱 +$\phi$88.9mm 加重钻杆 ×1 柱 + 震击器 +$\phi$88.9mm 加重钻杆 ×10 柱 +$\phi$88.9mm 钻杆 ×33 柱 + 311/410 转换接头 +$\phi$127mm 钻杆。

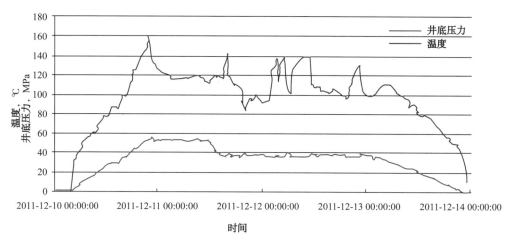

图 4-30　NB23-P2005 井第一趟钻井底压力、温度曲线

钻井参数：钻压：40kN；转速：螺杆转速 +30r/min；排量：17.5L/s；立压：19MPa；套压：0MPa。

钻井液性能：密度：0.92g/cm³；表观黏度：42mPa·s；塑性黏度：30mPa·s；$n$=0.64；$k$=0.51。

施工过程：2011 年 12 月 13 日 23：00 起钻完，组合钻具，2011 年 12 月 14 日 3：00 调试螺杆、试仪器，2011 年 12 月 15 日 12：30 定向钻进至井深起 5067m，循环短起、测油气上窜速度、起钻。

起钻原因：定向仪器无信号，起钻更换仪器。

效果评价：本趟钻下钻到底定向钻井，由于定向井仪器无信号，提前起钻检查钻具，未能达到预期目的。

4）第三趟钻井情况

施工工况：精细控压定向钻进；地层：奥陶系；井段：5067~5105m，进尺：38m。

钻具组合：$\phi$152.4mm 牙轮钻头 +120mm 螺杆 + 浮阀 1+ 浮阀 2+ 压力计短节 + 坐键接头 + 无磁钻杆 +MWD 短节 +$\phi$88.9mm 钻杆 ×15 柱 + 旁通阀 +$\phi$88.9mm 钻杆 ×14 柱 +$\phi$88.9mm 加重钻杆 ×1 柱 + 震击器 +$\phi$88.9mm 加重钻杆 ×10 柱 +$\phi$88.9mm 钻杆 ×33 柱 +311/410 转换接头 +$\phi$127mm 钻杆。

钻井参数：钻压：40kN；转速：螺杆转速 +30r/min；排量：18L/s；立压：19MPa；套压：0MPa。

钻井液性能：密度：0.93g/cm³；表观黏度：44mPa·s；塑性黏度：31mPa·s；$n$=0.63；$k$=0.58。

施工过程：2011 年 12 月 17 日 16：00 下钻到底，2011 年 12 月 17 日 19：30 循环排

后效完开始精细控压定向钻进；至 2011 年 12 月 19 日 03：30 钻进至井深 5104.8m、循环捞砂短起下钻，测后效。

起钻原因：钻头达到使用寿命，更换钻头。

效果评价：

（1）测得井底温度 156.2℃，循环时井底温度 100℃（图 4-31）。

（2）初步完成了预定定向目标，井深：5104.8m；井斜角：83.17°；方位角：217.19°。

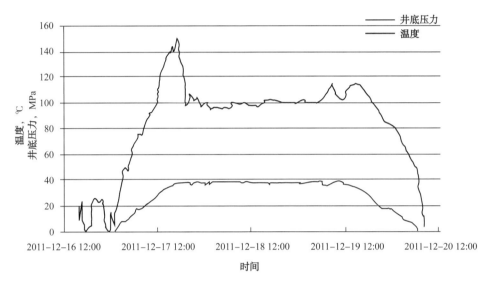

图 4-31　NB23-P2005 井第三趟钻井底压力、温度曲线

5）第四趟钻井情况

施工工况：精细控压定向钻进；地层：奥陶系；井段：5105~5139m；进尺：34m。

钻具组合：$\phi$152.4mm 牙轮钻头 +120mm 螺杆 + 浮阀 1+ 浮阀 2+ 压力计短节 + 坐键接头 + 无磁钻杆 +MWD 短节 +$\phi$88.9mm 钻杆 ×15 柱 + 旁通阀 +$\phi$88.9mm 钻杆 ×14 柱 +$\phi$88.9mm 加重钻杆 ×1 柱 + 震击器 +$\phi$88.9mm 加重钻杆 ×10 柱 +$\phi$88.9mm 钻杆 ×33 柱 + 311/410 转换接头 +$\phi$127mm 钻杆。

钻井参数：钻压：30kN；转速：螺杆转速 +30r/min；排量：17~18L/s；立压：18~19MPa；套压：0MPa。

钻井液性能：密度：0.93g/cm$^3$；表观黏度：45mPa·s；塑性黏度：32mPa·s；$n$=0.63；$k$=0.56。

施工过程：2011 年 12 月 21 日 02：00 下钻到底，05：30 循环排后效，2011 年 12 月 22 日 8：00 钻进至井深 5139m、循环捞砂、短起下钻，测后效；至 2011 年 12 月 22 日 17：00 起钻。

起钻原因：牙轮钻头达到推荐使用时间，完成了定向增斜目标；井深：5131.67m；井斜角：89.57°；方位角：217.2°。

6）第五趟钻井情况

施工工况：控压钻井；地层：奥陶系；井段：5139~5352m；进尺：213m。

钻具组合：$\phi$152.4mmPDC 钻头 +120mm 螺杆 + 浮阀 1+ 浮阀 2+ 压力计短节 + 坐键

接头 + 无磁钻杆 +MWD 短节 +$\phi$88.9mm 钻杆 ×15 柱 + 旁通阀 +$\phi$88.9mm 钻杆 ×14 柱 + $\phi$88.9mm 加重钻杆 ×1 柱 + 震击器 +$\phi$88.9mm 加重钻杆 ×10 柱 +$\phi$88.9mm 钻杆 ×33 柱 + 311/410 转换接头 +$\phi$127mm 钻杆。

钻井参数：钻压：20~35kN；转速：螺杆转速 +30r/min；排量：17~18L/s；立压：19~21MPa；套压：0.95~1.5MPa。

钻井液性能：密度：0.93g/cm$^3$；表观黏度：46.5mPa·s；塑性黏度：33mPa·s；$n$=0.64；$k$=0.55。

施工过程：2011 年 12 月 24 日 19：00 下钻到底，循环排后效，2011 年 12 月 24 日 21：30 开始精细控压钻进；2011 年 12 月 26 日 01：00 精细控压钻进至井 5228.16m，放空 0.4m（放空井段：5227.76~5228.16m）；1：30 上提钻具，循环观察，液面稳定；1：40 精细控压钻进至 5228.49m，再次放空 0.33m（放空井段：5228.16~5228.49m）液面下降 1.4m$^3$，降低排量（17↘11L/s）循环观察，点火 2 次，火焰高度分别 0.5~1m 和 0.5~4m，至 07：00 共漏失水包油钻井液 27m$^3$，最大漏速 32.4m$^3$/h；7：40 精细控压钻进至井深 5231.82m，期间发现放空 0.13m（放空井段：5230.40~5230.53m）；12 月 28 日 00：30 循环补充水包油钻井液；2011 年 12 月 29 日 01：00 控压钻进至设计井深 5302m，接甲方通知加深 50m；2011 年 12 月 29 日 14：30 控压 0.95~1.5MPa 钻进至井深 5352m 完钻，结束控压钻井。累计漏失水包油钻井液 106m$^3$，22：00 循环捞砂；23：00 控压循环测漏速；2011 年 12 月 31 日 9：30 循环备水；15：30 循环替入密度 1.03g/cm$^3$ 压井液；19：00 短起 11 柱、静止观察 2h；2011 年 12 月 31 日 02：00 循环测后效完、起钻。

起钻原因：完成地质目标。

效果评价：先期采用精细控压钻井技术发现了油气显示；采用控压钻井技术，精细控制井底压力（图 4-32），井底压力平稳，顺利钻至完钻井深，完成了地质目标。

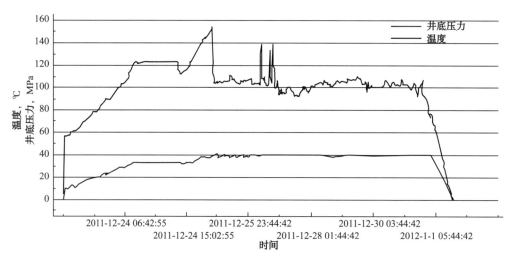

图 4-32　NB23-P2005 井第五趟钻井底压力、温度曲线

测得井底温度 153.0℃，循环时井底温度 100~110℃，求取地层孔隙压力系数 0.995，地层漏失压力系数 1.001，为下步压井起钻及后续作业提供了准确的施工依据。

准确测得 ECD（环空当量密度）与漏速关系如图 4-33 所示。

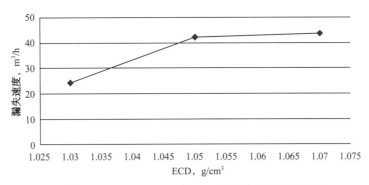

图 4-33　NB23-P2005 井 ECD 与平均漏速关系曲线

采用控压钻井技术，通过地层压力预测和实钻分析，精细控制井底压力，以微漏方式钻进。实现了"零窗口"条件下顺利钻达设计井深，并应地质要求，完成了加深 50m 进尺。

3. 应用分析

NB23-P2005 井构造上位于南堡 2 号潜山南堡 283 断块山，目的层为奥陶系。开发目的是滚动开发南堡 2 号潜山油藏，兼顾落实油层发育状况。根据已完成 NP23-P2009 等 6 口开发水平井的水包油钻井液精细控压施工，由于水平井提高了裂缝钻遇率，因此当钻遇较发育的裂缝时，易发生井漏、井涌、又涌又漏等情况，井控风险大。

设计采用控压钻井技术降低钻井过程中井底压力的波动，实现减少漏失，降低井控风险及提高水平井段钻进能力的目的。

NB23-P2005 井 $\phi$ 152.4mm 井眼五开实钻井段为 5060.88~5302m，钻至 5302m 接甲方通知加深 50m 钻至 5352m 完钻。控压钻井纯钻时间 91.97h，累计取得进尺 291.12 m，平均机械钻速 3.17m/h，期间发现油气显示层共计 7 层。通过 NB23-P2005 井控压钻井施工，取得如下成果：

（1）利用精细控压钻井技术，获得高产油气流，取得地质重要发现。

在深层潜山裂缝目的层成功钻达设计井深并加深 50m，实现了地质目的（图 4-34），加快了南堡 2 号构造勘探开发进度；本井作为南堡 2 号潜山南堡 283 断块山探边发现的重点发现井，发现产层 7 层，获高产油气流：经 5mm 油嘴求产，产油 72.5m³/d，产气 $2 \times 10^4$ m³/d，获得重大地质突破。

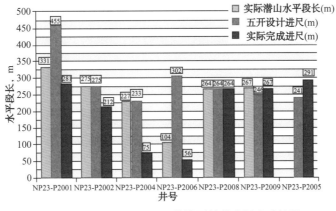

图 4-34　NB23-P2005 井控压钻井进尺完成情况

（2）NP23–P2005 井实现了在"零窗口"条件下微漏钻进（图 4–35），避免了钻井复杂，降低了水包油钻井液漏失量，节约了大量的水基钻井液，从而节约了钻井成本。

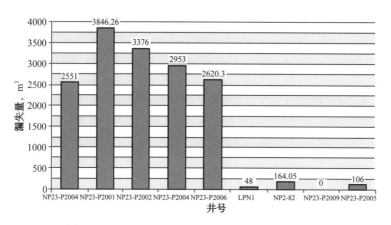

图 4–35　NB23–P2005 井目的层钻井液漏失量对比图

（3）南堡 2 号构造深层潜山裂缝目的层采用控压钻井技术大幅降低了复杂时间（图 4–36），减少了非生产时间，提高了钻井效率，缩短钻井周期。

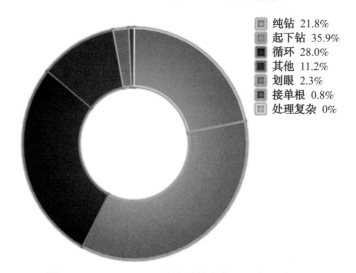

图 4–36　NB23–P2005 井控压钻井井段生产时效图

（4）在南堡 2 号构造深层潜山裂缝目的层钻遇油气显示、成功点火情况下，"零复杂"钻达设计井深，见表 4–24。

表 4–24　NB23–P2005 井目的层复杂时间对比表

| 井号 | 设计与实际井段对比 | | | 五开钻井时效分析 | | | | | 平均机械钻速 m/h | 备注 |
|---|---|---|---|---|---|---|---|---|---|---|
| | 实际作业段长 m | 实际潜山段长 m | 设计段长 m | 纯钻时间 h | 纯钻时效 % | 复杂时间 h | 复杂时效 % | 行程时间 h | | |
| NP23–P2001 | 281 | 331 | 455 | 112 | 21.21 | 311 | 58.9 | 528 | 2.51 | 点火 |
| NP23–P2002 | 212 | 275 | 275 | 148 | 39.36 | 158 | 42.02 | 376 | 1.43 | 点火 |

| 井号 | 设计与实际井段对比 | | | 五开钻井时效分析 | | | | | 平均机械钻速 m/h | 备注 |
|---|---|---|---|---|---|---|---|---|---|---|
| | 实际作业段长 m | 实际潜山段长 m | 设计段长 m | 纯钻时间 h | 纯钻时效 % | 复杂时间 h | 复杂时效 % | 行程时间 h | | |
| NP23–P2004 | 76 | 227 | 233 | 136.5 | 52.4 | 54 | 20.73 | 260.5 | 0.56 | 点火 |
| NP23–P2006 | 56 | 104 | 302 | 47 | 37.3 | 44 | 34.92 | 126 | 1.19 | 点火 |
| NP23–P2008 | 264 | 264 | 264 | 204 | 74.86 | 0 | 0 | 272.5 | 1.29 | 未点火 |
| NP23–P2009 | 268 | 268 | 246 | 82.5 | 52.51 | 0 | 0 | 157 | 3.25 | 点火 |
| NP23–P2005 | 291.12 | 291.12 | 241 | 91.93 | 21.8 | 0 | 0 | 420.9 | 3.17 | 点火 |

## 五、土库曼斯坦阿姆河右岸地区 WJor-22 井控压钻井应用

### 1. 基本情况

WJor-22 井是位于土库曼斯坦东北部阿姆河右岸 B 区西召拉麦尔根构造轴部的一口探井（表 4-25），目的层卡洛夫—牛津阶为孔隙—溶洞型储层。

表 4-25　WJor-22 井基本数据表

| 井 别 | 探井 | 完钻层位 | 下中侏罗统巴特阶 |
|---|---|---|---|
| 井 型 | 定向井 | 钻探目的 | 详探西召拉麦尔根构造卡洛夫－牛津阶储层发育情况及含气性，以期升级储量 |
| 地理位置 | 西召拉麦尔根气田 | 目 的 层 | 上侏罗统卡洛夫－牛津阶 |
| 地面海拔 | 326.60m | 完钻原则 | 钻穿卡洛夫－牛津阶碳酸盐岩，定向钻进至 XVhp 层顶面入靶点 B 点后，降井斜或稳井斜钻穿卡洛夫－牛津阶碳酸盐岩，至 C 点进入中－下侏罗统垂深 10m 完钻。B 点至终靶点（C 点）的闭合方位在 335°±10° 范围，水平位移控制范围 474m±100m |
| 补心高 | 9.40m | 完井方法 | 177.8mm 套管射孔、114.3mm 套管、筛管或裸眼完井（视基末利阶异常高压盐水层、卡洛夫－牛津阶的复杂程度和卡洛夫－牛津阶电测结果以及实际施工情况确定） |
| 设计井深 | 3620m/3753m（垂深/斜深） | | |

2013 年 6 月至 2016 年 10 月，川庆钻探工程公司在阿姆河右岸 B 区完成钻井 34 口井，其中 27 口井在目的层卡洛夫—牛津阶发生井漏，占 79%，漏失钻井液 16905.24m³，平均单井漏失量 626.12m³；处理复杂时间 197.8d，平均单井 7.3d。由于裂缝非常发育，部分井堵漏效果不佳，其中 4 口井被迫提前完钻，占总井数 12%，增加了钻井周期和钻井成本。

鉴于 WJor-22 井所处区块目的层卡洛夫—牛津阶极易发生井漏，安全密度窗口窄，钻井作业时井下出现又漏又涌等复杂的可能性大，为确保该井钻进的顺利进行，减少井下复杂，本井设计在目的层卡洛大—牛津阶采用精细控压钻井技术，提高钻井作业的安全性。

地质分层见表 4-26。

表 4-26 WJor-22 井实钻地层分层表

| 地层划分 | | | | 岩性简述 | 井深 m |
|---|---|---|---|---|---|
| 系 | 统 | 阶 | 代号 | | |
| 新近系 | | | N | 褐黄色流沙层及杂色泥岩、砂岩 | 210 |
| 古近系 | 渐新统 | | E3 | 泥岩夹砂岩 | 495 |
| | 古新统 | | E1 | 灰白色云岩为主，夹薄层砂岩、石膏 | 616 |
| 白垩系 | 上统 | 谢农阶 | K2sn | 泥岩为主，薄层砂岩、灰岩 | 1249 |
| | | 土仑阶 | K2t | 泥岩，夹细粒砂岩、灰岩 | 1545 |
| | | 赛诺曼阶 | K2s | 泥岩、砂岩与泥质灰岩不等厚互层 | 1856 |
| | 下统 | 阿尔布阶 | K1al | 泥岩与灰岩互层 | 2232 |
| | | 阿普特阶 | K1a | 砂岩、泥岩与灰岩互层。 | 2321 |
| | | 巴雷姆阶 | K1br | 泥岩夹灰岩、石膏 | 2434 |
| | | 戈捷里夫阶 | K1g | 棕红色砂岩、粉砂岩、泥岩不等厚互层夹薄层石膏 | 2572 |
| | | 凡兰吟阶 | K1v | 灰白色石膏与灰色膏质泥岩、灰白色膏盐岩 | 2680 |
| 侏罗系 | 上统 | 提塘阶 | J3tt | 棕红色泥岩夹薄层灰白色石膏 | 2887 |
| | | 基末利阶（J3km） | BA | 淡红色–白色硬石膏 | 2899 |
| | | | BC | 白色盐岩 | 3138 |
| | | | CA–HA | 硬石膏、盐岩、夹薄层灰岩 | 3406 |
| | | 牛津–卡洛夫阶（J3k-o） | GAP | 灰质泥岩 | 3412 |
| | | | XVhp | 灰岩 | 3516 |
| | | | XVa1 | 浅灰色灰岩 | 3541 |
| | | | XVz | 深灰色灰岩 | 3563 |
| | | | XVa2 | 浅灰色灰岩 | 3581 |
| | | | XVI | 深灰色或黑色泥质灰岩 | |
| | 中下统 | 巴特阶 | J2-1 | 深灰色泥岩（未钻穿） | |

地层压力系数及温度见表 4-27。

表 4-27 WJor-22 井钻遇地层压力系数和温度预测

| 地层 | | 井段 m | 中部井深 m | 压力系数 | 地层压力 MPa | 地层温度 ℃ |
|---|---|---|---|---|---|---|
| —布哈尔层 | E1 | 605 | | 1.15 | 0.1~6.8 | 22~62 |
| —提塘阶 | J3tt | 2880 | | 1.25 | 7.4~35.3 | 62~120 |
| —基末利阶 | J3km | 3335 | | 2.00 | 56.5~65.4 | 120~128 |
| —巴特阶 | J1-2 | 3620 | 3450 | 1.80 | 60.9 | 130 |

从邻井资料情况分析表明，卡洛夫–牛津阶油气显示频繁，且存在漏失现象，部分井出现涌漏同存复杂。见表 4-28。

表 4-28　WJor-22 井邻井油气水显示情况

| 层位 | 井段<br>m | 显示<br>类别 | 邻井显示简述 |
|---|---|---|---|
| GAP | 3335~<br>3345 | 气测异常<br>井漏 | WJor-21 井用密度 1.97g/cm³、漏斗黏度 43s 的钻井液钻井井漏，平均漏速 12.0m³/h，井漏失返；用桥钻井液堵漏无效，注水泥封堵漏层成功。累计漏失钻井液及堵漏钻井液 406.1m³。钻井见气测异常，TG：0.392% ↑ 2.59%。相邻构造 Jor-21 井用密度 1.90~2.18g/cm³ 的钻井液钻井井侵，TG：0.6552% ↑ 2.0954%，液面上涨 1.90m³，用密度 2.22g/cm³ 的钻井液钻井漏，漏速 21.0m³/h；经过桥钻井液堵漏停漏 |
| J3k-o | 3360~<br>3550 | 气测异常<br>井漏 | 本区主力产气层。WJor-21 井用密度 1.89g/cm³、漏斗黏度 43s 的钻井液钻井见多段井漏、气测异常。钻井中见气测异常，TG：0.2568% ↑ 8.5509%<br>相邻构造 WJor-21 井用密度 1.90~2.18g/cm³ 的钻井液钻井见放空、气侵、井漏。XVhp-XVI 层测试获高产气流，实测地层压力 58.00MPa，压力系数 1.84~1.92 |

　　土库曼斯坦东北部阿姆河右岸 B 区卡洛夫—牛津阶具有良好油气储量，测试平均产量在 $100 \times 10^4 m^3/d$。

　　WJor-22 井目的层卡洛夫—牛津阶气藏为低含硫气藏，WJor-21 井 $H_2S$ 含量在 0.0008%~0.0065%（0.012~0.100g/m³），$CO_2$ 含量 3.5609%（69.79g/m³）。高于 $H_2S$ 含量安全临界值 30mg/m³ 的标准。本井钻井过程中应加强硫化氢及二氧化碳的监测与防护措施。

　　井身结构见表 4-29。

表 4-29　WJor-22 井设计井身结构数据表

| 钻井<br>井段 | 井眼尺寸 | | | 套管 | | | 水泥<br>返高 |
|---|---|---|---|---|---|---|---|
| | 钻头尺寸<br>mm | 井深<br>m | 垂深<br>m | 管径<br>mm | 下深<br>m | 垂深<br>m | |
| 导管 | 人工挖埋 | | | 762 | 15 | | 人工预埋 |
| 一开 | 660.4 | 620 | 620 | 508 | 619 | 619 | 地面 |
| 二开 | 444.5 | 2260 | 2260 | 339.7 | 2259 | 2259 | 地面 |
| 三开 | 311.2 | 3385 | 3333 | 244.5 | 2780 | 2780 | 地面 |
| | | | | 250.8 | 3384 | 3332 | |
| 四开 | 215.9 | 3753 | 3620 | 177.8 | 3751 | 3619 | 地面 |
| 五开<br>（备用） | 149.2 | | | 114.3 套管<br>/ 筛管 / 裸眼 | | | |

　　2. 施工情况

　　1）难点及对策

　　（1）本井储层卡洛夫—牛津阶孔洞、裂缝发育，密度窗口窄，漏涌频发。根据实钻资料分析，邻井安全密度窗口窄，而本井分析的安全密度窗口 1.823~1.84g/cm³，安全密度窗口极窄，压力控制不当容易出现漏喷复杂，造成钻井液漏失量大（表 4-30），复杂处理时间长等难题。

表 4-30　阿姆河右岸 B 区部分典型井井漏情况

| 井号 | 失返次数 | 堵漏次数 | 漏失钻井液，$m^3$ | 损失时间，d | 备注 |
|---|---|---|---|---|---|
| B-P-105D | 1 | 10 | 2173 | 29.8 | — |
| Yan-103D | 4 | 15 | 1077.5 | 14.8 | — |
| B-P-111D | 2 | 6 | 942 | 17.9 | 堵漏无效，提前完钻 |
| B-P-206D | 6 | 19 | 1133.66 | 9.1 | 堵漏无效，提前完钻 |
| B-P-204D | 6 | 24 | 2700.5 | 27.4 | 堵漏无效，提前完钻 |
| B-P-203D | 5 | 8 | 1177.3 | 13.3 | — |
| B-P-201D | 2 | 11 | 1496 | 14.8 | — |
| B-P-112D | 1 | 17 | 1375.5 | 13.3 | — |
| WJor-21 | 1 | 9 | 529.4 | 13.66 | — |

通过对典型井密度窗口及 B 区典型井井漏情况分析，该区块安全密度窗口窄，属于垂直裂缝，边打边漏现象突出。加之常规钻井过程中 ECD 大于地层漏失压力，钻遇裂缝后发生严重井漏、恶性井漏可能性大，处理难度大。

对策：

①采用精细控压钻井作业控制 ECD 在安全密度窗口内，根据实钻情况合理调整；

②控压钻井期间，如钻遇油气显示立即关井求取真实地层压力，根据地层压力情况调整钻井液密度和控压值，保持井下处于微过平衡状态；

③控压钻井期间，如钻遇井漏复杂，停钻探索安全密度窗口，确定新的安全密度窗口后，控制 ECD 在安全密度窗口内控压钻进；

④若出现无安全密度窗口，采取微漏、微过平衡方式钻进，漏速控制在 $5m^3/h$ 以内，否则进行堵漏作业提高地层承压能力。

（2）地层产量高，出现井漏、漏涌转换速度换，容易出现高套压，井控风险大。阿姆河右岸 B 区每年发生的溢流、井涌 20 井次以上，常规钻井处理涌、漏复杂手段有限，处理过程中普遍存在井口高套压状态（表 4-31），最高 41.5MPa，且 B 区平均测试产量为 $100 \times 10^4 m^3/d$，井控风险大。

表 4-31　阿姆河右岸 B 区部分典型井关井套压统计

| 井号 | 区域 | 复杂类型 | 钻井液密度，$g/cm^3$ | 处理复杂最高套压，MPa |
|---|---|---|---|---|
| Hojg-21 | B | 井漏失返，漏涌转换 | 1.88~2.41 | 41.5 |
| Gir-21 | B | 井漏失返，漏涌转换 | 1.70~2.07 | 36.5 |
| Yan-105D | B | 井漏失返，漏涌转换 | 1.87 | 16 |
| B-P-105D | B | 井漏失返，漏涌转换 | 1.83~1.88 | 14 |
| B-P-111D | B | 井漏失返，漏涌转换 | 1.89~2.0 | 22 |
| B-P-204D | B | 井漏失返，漏涌转换 | 1.38~1.46 | 16 |

对策：

①控压钻井期间，加强溢漏的监测，及时发现溢流和井漏。

②发现溢流立即关井求压，根据真实的地层压力调整钻井液密度和控压值。

③钻遇井漏，在能够建立循环的情况下测定漏速，根据漏速决定下步措施；如果井漏失返，立即吊灌起钻至安全井段，然后进行堵漏作业，配堵漏钻井液期间定期吊罐钻井液。

④出现漏涌转换立即关井，根据关井压力确定下步措施。

（3）卡洛夫 – 牛津阶含硫化氢、二氧化碳。WJor–22 井目的层卡洛夫—牛津阶气藏为低含硫气藏，WJor–21 井 $H_2S$ 含量在 0.0008%~0.0065%（0.012~0.100g/m$^3$），$CO_2$ 含量 3.5609%（69.79g/m$^3$）。高于 $H_2S$ 含量安全临界值 30mg/m$^3$ 的标准。本井钻井过程中应加强硫化氢及二氧化碳的监测与防护措施。

对策：

①始终保持井底压力大于地层压力，防止地层流体进入井筒；

②施工作业中钻井液除硫剂含量保持在 1%~3% 以上，pH 值保持在 10.5 以上；

③按 Q/SY 1115《含硫油气井钻井操作规程》规定，加强作业期间的硫化氢监测与防护，做好硫化氢应急处置措施。

通过以上分析，本井卡洛夫—牛津阶实施精细控压钻井存在一定难点，但通过配套装备和一系列工艺技术措施，开展精细控压钻井的应用是安全可行的。

2）施工情况

施工工况：精细控压钻进；层位：基末利阶 CA~HA 层—牛津—卡洛夫阶 XV1 层；井段：3387~3725m；进尺：338m。

钻具组合：$\phi$215.9mmPDC×0.32m+430×410 浮阀 ×0.61m+411×410 回压阀 ×0.5m+411×410 回压阀 ×0.5m+$\phi$165mm 短钻铤 ×1.14m+$\phi$165mm 短钻铤 ×2.08m+$\phi$213mm 扶正器 ×1.0m+411×4A10 定向接头 ×0.61m+$\phi$165mm 无磁钻铤 ×9.1m+411×411 双公接头 ×0.2m+PWD 悬挂短节 ×1.83m+$\phi$127mm 加重钻杆 10 柱 ×285.67m+$\phi$127mm 钻杆。

钻井参数：密度：1.77~1.87g/cm$^3$；钻压：50~70kN；转速：70~80r/min；排量：22~25L/s；立压：12~15MPa；套压：0~3MPa。

施工过程：2017 年 6 月 27 日接 215.9mmPDC 钻头、组合钻具、安装 PWD 仪器下钻至 3336m，做变排量实验。2017 年 6 月 28 日下钻到底，井深 3387m，钻井液密度 1.80g/cm$^3$，排量 25L/s，钻进过程中井口套压 0.31~0.41MPa，控制 ECD（井底当量钻井液密度）1.89g/cm$^3$ 开始精细控压钻进。停泵测斜及接立柱均为控压，后效出口流量稳定，液面未上涨，判断本井实际地层压力系数低于 1.80，决定下调密度至 1.77g/cm$^3$。

2017 年 6 月 29 日钻井液密度下调至 1.77g/cm$^3$，井口套压 0.31~0.41MPa，停泵补压 2.5~3MPa，ECD（井底当量钻井液密度）降低至 1.86g/cm$^3$ 继续精细控压钻进。

2017 年 7 月 2 日钻进至 3556~3557m 岩屑中发现大量 1~2cm 大小的片状岩屑，之后恢复正常，分析认为该处为钻遇层位交接的破碎带，非井壁垮塌所致。

2017 年 7 月 5 日钻至井深 3670.46m 发现井漏 0.6m$^3$，利用精细控压钻井技术降低排量循环测漏速，测得该漏失层位原始漏失压力系数为 1.79。为扩大安全密度窗口，替入 10m$^3$ 随钻堵漏钻井液，恢复正常排量循环观察无漏失，继续钻进。

2017 年 7 月 7 日 14：00 精细控压钻进至完钻井深 3725.00m，利用精细控压钻井技术循环控压最高 2.8MPa 做承压试验，井底压力当量密度最大 1.94g/cm$^3$，未漏。循环加重钻井液密度至 1.87g/cm³，起钻至井深 3325.86m 静观 3d。

2017 年 7 月 11 日循环观察后效不明显，符合起钻条件，起钻。

2017 年 7 月 12 日接甲方通知精细控压钻井技术完成施工任务，拆设备。

2017 年 7 月 13 日精细控压钻井设备装车完，人员及设备离开 WJOR-22 井。

3. 应用分析

（1）本井利用精细控压钻井技术精确控制井底压力在安全密度窗口范围内，及时发现溢漏，提高了井控安全性，实现了该井目的层卡洛夫—牛津阶钻进不涌、不漏、不垮、一趟钻的目标。

（2）本井精细控压钻井技术的成功实施，大幅减少了复杂处理时间（图 4-37），大幅节约了钻井液及各类堵漏钻井液（图 4-38），提高了钻井时效，取得了良好的经济效益。本井与相距仅 2.42km 且属于同一构造的 WJOR-21 井相比，节约钻井液 520.8m³，各类堵漏钻井液 216.2m³，综合钻井时效提高 13d，取得了显著的经济效益。

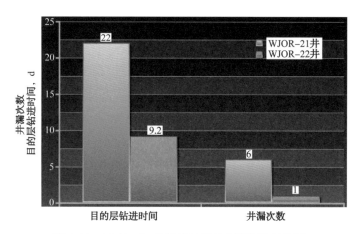

图 4-37　WJOR-21 井钻进时间及井漏次数对比图

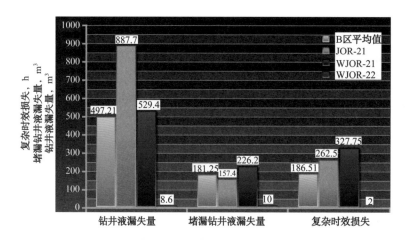

图 4-38　WJOR-21 井钻井液漏失量、堵漏钻井液消耗量及复杂时效损失对比图

（3）土库曼阿姆河右岸卡洛夫—牛津阶目的层原始安全密度压力窗口极窄（本井 1.77~1.79g/cm³），且较高的钻井液密度极易压漏地层导致较大的钻井液漏失量、复杂处理

时间，堵漏处理过程中还容易造成井控风险。本井精细控压钻井的成功实施为土库曼斯坦高风险、复杂井处理提供了技术利器。

（4）本井通过应用PWD能够实时监测井下压力的变化情况，对于窄安全密度窗口井的井下压力的精确控制提供了"一双眼睛"，且本井PWD测得钻进工况下，循环压耗在2.5~3MPa，该数值对于邻井同层位的安全钻井作业具有直接指导作用。但是PWD使用过程中因泵压波动、钻井液含气量高等原因可能出现错误解码，导致部分数据无参考价值。故精细控压钻井过程中必须坚持以微流量、PWD井底压力实时监测、水力学模型相结合的控压模式，确保控压的准确性。

（5）从本井精细控压钻进过程分析，本井整个裸眼段原始安全密度窗口为1.77~1.79g/cm³，通过堵漏提高承压能力的方式最终可确保安全密度窗口扩大至1.77~1.94g/cm³。利用精细控压钻井技术进一步认识了该井安全密度窗口，对未来邻井的安全钻井作业具有重要的参考价值。

## 六、土库曼斯坦阿姆河右岸地区 Med-21 井控压钻井应用

### 1. 基本情况

Med-21井是位于土库曼斯坦东北部阿姆河右岸B区麦捷特构造高点的第一口探井（表4-32），目的层卡洛夫—牛津阶为孔隙—溶洞型储层。川庆钻探工程公司在阿姆河右岸B区完成34口井，其中27口井在目的层卡洛夫—牛津阶发生井漏，占79%，漏失钻井液16905.24m³，平均单井漏失量626.12m³；处理复杂时间197.8d，平均单井7.3d。由于裂缝非常发育，部分井堵漏效果不佳，其中4口井被迫提前完钻，占总井数12%，增加了钻井周期和钻井成本。相距仅7.09km的Mes-22井在目的层卡洛夫—牛津阶钻进过程中共漏失钻井液572.9m³，处理复杂时间8.4d，最终由于堵漏效果不佳而提前完钻。

**表 4-32 Med-21 井基本数据表**

| 井别 | 探井 | 磁偏角 | 子午线收敛角 |
| --- | --- | --- | --- |
| 井型 | 定向井 | 设计井深 | 3445m/3643m（垂深/斜深） |
| 地理位置 | 麦捷特气田 | 完钻层位 | 巴特阶 |
| 构造位置 | 麦捷特构造高点 | 钻探目的 | 预探麦捷特构造卡洛夫－牛津阶储层发育情况及含气性，落实圈闭细节以期新增储量，同时为B区退地提供依据。 |
| 地面海拔 | 219.20m | 完钻原则 | 钻穿卡洛夫—牛津阶，进入中下侏罗统巴特阶垂深10m完钻 |
| 补心高 | 9.80m | 完井方法 | $\phi$177.8mm套管射孔、$\phi$177.8mm套管+$\phi$139.7mm筛管、裸眼、$\phi$114.3mm套管、筛管或裸眼完井（视基末利阶异常高压盐水层、卡洛夫—牛津阶的复杂程度和卡洛夫—牛津阶电测结果以及实际施工情况确定） |

鉴于Med-21井所处区块目的层卡洛夫—牛津阶极易发生井漏，安全密度窗口窄，钻井作业时井下出现又漏又涌等复杂的可能性大，为确保该井钻进的顺利进行，减少井下复杂，本井设计在目的层卡洛夫—牛津阶采用精细控压钻井技术，提高钻井作业的安全性。

地质分层见表4-33。

表 4-33 Med-21 井地层分层表

| 地层划分 | | | 岩性简述 | 井深 m | 厚度 m | 故障提示 |
|---|---|---|---|---|---|---|
| 系 | 统 | 阶 | | | | |
| 新近系 | | | 褐黄色流沙层及杂色泥岩、砂岩 | 60 | 60 | 防漏 防垮 防卡 防泥包 |
| 古近系 | 渐新统 | | 泥岩夹砂岩 | 310 | 250 | |
| | 始新统 | | 泥岩夹砂岩 | 360 | 50 | |
| | 古新统 | | 灰白色云岩为主，夹薄层砂岩、石膏 | 455 | 95 | |
| 白垩系 | 上统 | 谢农阶 | 泥岩为主，薄层砂岩、灰岩 | 1055 | 600 | |
| | | 土仑阶 | 泥岩，夹细粒砂岩、灰岩 | 1345 | 290 | |
| | | 赛诺曼阶 | 泥岩、砂岩与泥质灰岩不等厚互层 | 1575 | 230 | |
| | 下统 | 阿尔布阶 | 泥岩与灰岩互层 | 1935 | 360 | |
| | | 阿普特阶 | 砂岩、泥岩与灰岩互层。 | 2020 | 85 | |
| | | 巴雷姆阶 | 泥岩夹灰岩、石膏 | 2110 | 90 | |
| | | 戈捷里夫阶 | 棕红色砂岩、粉砂岩、泥岩不等厚互层夹薄层石膏 | 2225 | 115 | |
| | | 凡兰吟阶 | 灰白色石膏与灰色膏质泥岩、灰白色膏盐岩 | 2300 | 75 | |
| 侏罗系 | 上统 | 提塘阶 | 棕红色泥岩夹薄层灰白色石膏 | 2405 | 105 | |
| | | 基末利阶（J3km） | 淡红色—白色硬石膏 | 2415 | 10 | 防盐膏污染防卡 防盐水喷 防套管挤压变形 |
| | | | 白色盐岩 | 2845 | 430 | |
| | | | 硬石膏 | 2910 | 65 | |
| | | | 盐岩 | 3020 | 110 | |
| | | | 硬石膏，夹薄层灰岩 | 3200 | 180 | |
| | | 牛津—卡洛夫阶（J3k-o） | 灰质泥岩 | 3210 | 10 | 防喷 防漏 防 $H_2S$ 防 $CO_2$ |
| | | | 灰岩 | 3300 | 90 | |
| | | | 浅灰色灰岩 | 3315 | 15 | |
| | | | 深灰色灰岩 | 3330 | 15 | |
| | | | 浅灰色灰岩 | 3355 | 25 | |
| | | | 深灰色或黑色泥质灰岩 | 3435 | 80 | |
| | 中下统 | 巴特阶 | 深灰色泥岩（未钻穿） | 3445（未穿） | 10 | |

地层压力系数及温度见表 4-34。

表 4-34 Med-21 井地层压力系数和温度预测

| 地层 | | 井段，m | 压力系数 | 地层压力，MPa | 地层温度，℃ |
|---|---|---|---|---|---|
| —布哈尔层 | —E1 | ~455 | 1.10 | 0.1~4.9 | 22~50 |
| —提塘阶 | —J₃tt | ~2405 | 1.20 | 5.4~28.3 | 50~103 |
| —基末利阶 | —J₃km | ~3200 | 1.85 | 43.6~58.0 | 103~113 |
| —巴特阶 | —J₂-₁ | ~3445 | 1.80 | 56.5~60.8 | 113~118 |

从邻井情况分析表明，卡洛夫—牛津阶油气显示频繁，且存在漏失现象，部分井出现涌漏同存复杂，见表 4-35。

表 4-35　Med-21 井邻井油气水显示情况

| 层位 | | 井段，m | 显示类别 | 邻井显示简述 |
|---|---|---|---|---|
| 卡洛夫—牛津阶 | GAP | 3200~3210 | 气测异常 | Bush-21 井用密度 1.89g/cm³ 的钻井液钻至井深 3114.70m 气测异常，TG：0.7827% ↑ 3.2016%，钻井正常 |
| | XVhp | 3210~3300 | 气测异常 | 区域气层。Bush-21 井用密度 1.89~1.95g/cm³ 的钻井液钻至井深 3127.34m、3132.38m 均见气测异常，气测值 TG：0.7925% ↑ 27.7608%，峰值 TG：↑ 55.5623%；Mes-21 井用密度 1.87g/cm³ 的钻井液钻至井深 3214.68m、3241.43m、3256.35m 均出现气测异常，气测值 TG：0.1485% ↑ 1.7995%、钻井恢复正常。Mes-22 井用密度 1.89~1.93g/cm³ 的钻井液钻进中见 11 段气测异常、气侵及井漏 |
| | XVa1 | 3300~3315 | 井漏、气测异常 | 区域气层 Mes-22 井用密度 1.93g/cm³ 的钻井液钻至井深 3508.02m 井漏，漏速 14.4m³/h，随钻堵漏钻井液堵住。 |
| | XVa2 | 3330~3355 | 气测异常、井漏 | 区域气层 Mes-22 井用密度 1.92~1.93g/cm³ 的钻井液钻进出现气测异常、气侵、井漏等钻井显示 |

土库曼斯坦东北部阿姆河右岸 B 区卡洛夫—牛津阶具有良好油气储量，测试平均产量在 $100 \times 10^4 m^3/d$。

Med-21 井目的层卡洛夫 - 牛津阶气藏为低含硫气藏，相邻的麦斯捷克构造 Mes-21 井 $H_2S$ 含量 0.243g/m³，$CO_2$ 含量 137.341g/m³；别列克特利—皮尔古伊构造 $H_2S$ 含量 0.001%~0.012%（0.154~0.298g/m³），$CO_2$ 含量 3.99%~4.01%（78.35~78.74g/m³），高于 $H_2S$ 含量安全临界值 30mg/m³ 的标准。本井钻井过程中应加强硫化氢及二氧化碳的监测与防护措施。

井身结构见表 4-36。

表 4-36　Med-21 井设计井身结构和套管尺寸数据表

| 钻井井段 | 井眼尺寸 | | | 套管 | | | 水泥返高 |
|---|---|---|---|---|---|---|---|
| | 钻头尺寸 mm | 井深 m | 垂深 m | 管径 mm | 下深 m | 垂深 m | |
| 导管 | 人工挖埋 | | | 762 | 15 | | 人工预埋 |
| 一开 | 660.4 | 470 | 470 | 508 | 469 | 469 | 地面 |
| 二开 | 444.5 | 1950 | 1950 | 339.7 | 1949 | 1949 | 地面 |
| 三开 | 311.2 | 3294 | 3198 | 244.5 | 2300 | 2300 | 地面 |
| | | | | 250.8 | 3293 | 3197 | |
| 四开 | 215.9 | 3643 | 3445 | 177.8 | 3641 | 3444 | 地面 |
| 五开（备用） | 149.2 | | | 114.3 套管/筛管/裸眼 | | | |

2. 施工情况

1）难点及对策

（1）本井储层卡洛夫—牛津阶孔洞、裂缝发育，密度窗口窄，漏涌频发。根据实钻资料分析，本井安全密度窗口为 1.80~1.89g/cm³，安全密度窗口窄，压力控制不当容易出现漏涌复杂，造成钻井液漏失量大（表4-37），复杂处理时间长等难题。

表4-37 阿姆河右岸B区部分典型井井漏情况

| 井号 | 失返次数 | 堵漏次数 | 漏失钻井液，m³ | 损失时间，d | 备注 |
|---|---|---|---|---|---|
| B-P-105D | 1 | 10 | 2173 | 29.8 | — |
| Yan-103D | 4 | 15 | 1077.5 | 14.8 | — |
| B-P-111D | 2 | 6 | 942 | 17.9 | 堵漏无效，提前完钻 |
| B-P-206D | 6 | 19 | 1133.66 | 9.1 | 堵漏无效，提前完钻 |
| B-P-204D | 6 | 24 | 2700.5 | 27.4 | 堵漏无效，提前完钻 |
| B-P-203D | 5 | 8 | 1177.3 | 13.3 | — |
| B-P-201D | 2 | 11 | 1496 | 14.8 | — |
| B-P-112D | 1 | 17 | 1375.5 | 13.3 | — |
| Mes-22 | 1 | 7 | 572.9 | 8.4 | 堵漏无效，提前完钻 |

通过对典型井密度窗口及B区典型井井漏情况分析，该区块安全密度窗口窄，属于垂直裂缝，边打边漏现象突出。加之常规钻井过程中ECD大于地层漏失压力，钻遇裂缝后发生严重井漏、恶性井漏可能性大，处理难度大。

对策：

①采用精细控压钻井作业控制ECD在安全密度窗口内，根据实钻情况合理调整；

②控压钻井期间，如钻遇油气显示立即关井求取真实地层压力，根据地层压力情况调整钻井液密度和控压值保持井下处于微过平衡状态；

③控压钻井期间，如钻遇井漏复杂，停钻探索安全密度窗口，确定新的安全密度窗口后，控制ECD在安全密度窗口内控压钻进；

④若出现无安全密度窗口，采取微漏、微过平衡方式钻进，漏速控制在5m³/h以内，否则进行堵漏作业提高地层承压能力。

（2）地层产量高，出现井漏、涌漏转换速度快，容易出现高套压，井控风险大。阿姆河右岸B区每年发生的溢流、井涌20井次以上，常规钻井处理涌、漏复杂手段有限，处理过程中普遍存在井口高套压状态（表4-38），最高41.5MPa，且B区平均测试产量为$100 \times 10^4 m^3/d$，井控风险大。

表4-38 阿姆河右岸B区部分典型井关井套压统计

| 井号 | 区域 | 复杂类型 | 钻井液密度，g/cm³ | 处理复杂最高套压，MPa |
|---|---|---|---|---|
| Hojg-21 | B | 井漏失返，漏涌转换 | 1.88~2.41 | 41.5 |
| Gir-21 | B | 井漏失返，漏涌转换 | 1.70~2.07 | 36.5 |
| Yan-105D | B | 井漏失返，漏涌转换 | 1.87 | 16 |
| B-P-105D | B | 井漏失返，漏涌转换 | 1.83~1.88 | 14 |
| B-P-111D | B | 井漏失返，漏涌转换 | 1.89~2.0 | 22 |
| B-P-204D | B | 井漏失返，漏涌转换 | 1.38~1.46 | 16 |
| Mes-22 | B | 井漏失返，漏涌转换 | 1.89~1.97 | 20.5 |

对策：

①控压钻井期间，加强溢漏的监测，及时发现溢流和井漏。

②发现溢流立即关井求压，根据真实的地层压力调整钻井液密度和控压值。

③钻遇井漏，在能够建立循环的情况下测定漏速，根据漏速决定下步措施；如果井漏失返，立即吊罐起钻至安全井段，然后进行堵漏作业，配堵漏钻井液期间定期吊罐钻井液。

④出现漏涌转换立即关井，根据关井压力确定下步措施。

（3）卡洛夫—牛津阶含硫化氢、二氧化碳。Med-21 井目的层卡洛夫 - 牛津阶气藏为低含硫气藏，相邻的麦斯捷克构造 Mes-21 井 $H_2S$ 含量 0.243g/m³，$CO_2$ 含量 137.341g/m³；别列克特利—皮尔古伊构造 $H_2S$ 含量 0.001%~0.012%（0.154~0.298g/m³），$CO_2$ 含量 3.99%~4.01%（78.35~78.74g/m³），高于 $H_2S$ 含量安全临界值 30mg/m³ 的标准。本井钻井过程中应加强硫化氢及二氧化碳的监测与防护措施。

对策：

①始终保持井底压力大于地层压力，防止地层流体进入井筒；

②施工作业中钻井液除硫剂含量保持在 1%~3% 以上，pH 值保持在 10.5 以上；

③按 Q/SY 1115 "含硫油气井钻井操作规程" 规定，加强作业期间的硫化氢监测与防护，做好硫化氢应急处置措施。

通过以上分析，本井卡洛夫—牛津阶实施精细控压钻井存在一定难点，但通过配套装备和一系列工艺技术措施，开展精细控压钻井的应用是安全可行的。

2）第一趟钻井情况

施工工况：钻塞；井段：3340~3344m（钻塞井段 3319~3340m）；进尺：4m。

钻具组合：$\phi$215.9mm 三牙轮钻头 ×0.23m+430×410 双母浮阀 ×0.61m+$\phi$165mm 钻铤 3 柱 ×82.45m+$\phi$127mm 加重钻杆 5 柱 ×140.63m+S135 钻杆。

钻井液：密度：1.88g/cm³。

钻井参数：钻压：80kN；转速：60r/min；排量：28L/s；立压：12MPa；套压：0MPa。

2017 年 8 月 6 日接 215.9mm 三牙轮钻头，下常规组合钻水泥塞，井段 3319.00~3340.00m，钻井液密度 1.88g/cm³，钻塞完后继续钻进至 3344m，起钻。

3）第二趟钻井情况

施工工况：钻进（走精细控压流程，不控压）；层位：基末利阶下石膏层 HA；井段：3344~3490m；进尺：146m。

钻具组合：$\phi$215.9mmPDC 钻头 ×0.39m+$\phi$172mm1.0° 单弯螺杆 ×7.87m+411×410 回压阀 ×0.5m+411×410 回压阀 ×0.5m+411×4A10 定向接头 ×0.61m+$\phi$165.1mm 无磁钻铤（4A11×410）×9.24m+$\phi$127mm 加重钻杆 5 柱 ×140.63m+$\phi$127mm 钻杆。

钻井参数：钻井液密度：1.85~1.90g/cm³；钻压：40~50kN；转速：30r/min+ 螺杆转速；排量：25L/s；立压：18MPa；套压：0MPa。

施工过程：2017 年 8 月 7 日接 $\phi$215.9mmPDC 钻头，下定向组合，不带 PWD，采用密度 1.85~1.90g/cm³ 的钻井液，走精细控压钻井流程，不控压钻进。2017 年 8 月 10 日钻进至基末利阶下石膏层 HA 底部，预留 10m 左右，井深 3490m，起钻。

4）第三趟钻情况

施工工况：精细控压钻进；层位：基末利阶下石膏层 HA~ 卡洛夫—牛津阶 XVI 层；井段：3490~3730m；进尺：240m。

钻具组合：$\phi$215.9mmPDC×0.39m+$\phi$172mm0.75°弯螺杆×7.87m+411×410 回压阀×0.51m+$\phi$212mm 扶正器×0.99m+411×410 回压阀×0.51m+411×4A10 接头×0.40+$\phi$165mm 无磁钻铤×9.24m+411×411 双公接头×0.2m+$\phi$172mmPWD 无磁悬挂短节×1.82m+$\phi$127mm 加重钻杆 5 柱×140.63m+$\phi$127mm 钻杆。

钻井参数：钻井液密度：1.80~1.92g/cm³；钻压：40~50kN；转速：30r/min+螺杆转速；排量：26L/s；立压：19MPa；套压：0.3~0.8MPa。

施工过程：2017 年 8 月 11 日钻井液密度 1.85g/cm³，排量 26L/s，控制 ECD1 95g/cm³ 钻进。钻进至井深 3397m 进入卡洛夫—牛津阶 XVhp 层之前将密度降低至 1.80~1.82g/cm³，ECD1.90~1.92g/cm³，继续精细控压钻进。期间钻进及停泵均未控压，后效出口流量无变化，液面稳定。2017 年 8 月 12 日井深 3529.6m，接立柱停泵 8min，后效气体流量最大 1000m³/h，持续时间 4min，火焰最高 4m，控压 0.8MPa，液面上涨 0.2m³ 后恢复正常。判断 XVhp 层地层压力系数大于 1.82。钻进至井深 3543.46m 做变排量实验，根据变排量实验后效预测 XVhp 层地层压力系数约 1.84。至 8 月 16 日停泵测斜及接立柱均未控压，后效逐渐减弱至点火未燃烧。2017 年 8 月 16 日钻进至井深 3699.74m，考虑在勘探节点前完钻时间紧迫，以及裸眼段最易漏的薄弱层在 GAP 层及 XVhp 层的实际情况，利用精细控压钻井技术提前做承压实验，循环控压最高 4MPa，井底压力当量密度最大 2.03g/cm³，未漏。循环加重钻井液密度至 1.92g/cm³，ECD 为 2.01~2.03g/cm³ 继续精细控压钻进。2017 年 8 月 17 日精细控压复合钻进至完钻井深 3730m，循环，起钻至套管鞋静观 2 天。

3. 应用分析

（1）本井利用精细控压钻井技术精确控制井底压力在安全密度窗口范围内，及时发现溢漏，提高了井控安全性，实现了该井目的层卡洛夫—牛津阶钻进不涌、不漏、不垮、一趟钻的目标。

（2）本井是精细控压钻井技术在土库曼斯坦的第二次成功应用，也是首次实现钻井液的"零漏失"，大幅减少了复杂处理时间（图 4-39、图 4-40），提高了钻井时效，取得了良好的经济效益。

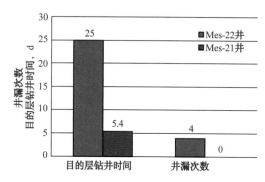

图 4-39 Mes-22 井目的层钻井时间及井漏次数对比图

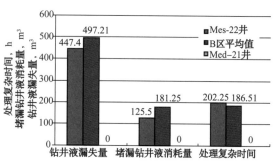

图 4-40 Mes-22 井钻井液漏失量、堵漏钻井液消耗量及复杂处理时间对比图

　　相距仅 7.09km 的 Mes-22 井目的层卡洛夫—牛津阶由于安全密度窗口窄，钻进过程中发生 4 次井漏，其中失返 1 次，共漏失 1.89~1.94g/cm³ 的钻井液 447.4m³，消耗各类堵漏钻井液 125.5m³，钻进用时 25d（其中处理复杂时间长达 8.4d），最终由于堵漏效果不佳而提前完钻。本井产层降低钻井液密度至 1.80~1.82g/cm³，相比 Mes-22 井降低了井底压力 3~5MPa。整个精细控压钻井过程中实现钻井液零漏失，综合钻井时效提高 19.6 天，取得了良好的经济效益。

　　（3）本井通过应用 PWD 能够实时监测井下压力的变化情况，测得钻进工况下，循环压耗在 3MPa 左右，该数值对于邻井同层位的安全钻井作业非常珍贵。

　　本井在实钻过程中将控压模拟软件与 PWD 实测数据进行了大量对比，对比结果均显示控压软件计算结果较准确，误差值在 ±0.3MPa 以内，具有较好的参考价值。精细控压钻井过程中必须坚持以微流量、PWD 井底压力实时监测、水力学模型相结合的控压模式，确保控压的准确性。

　　（4）从本井精细控压钻进情况分析，本井裸眼段可确定的安全密度窗口为 1.84~ 2.03g/cm³。利用精细控压钻井技术对安全密度窗口的进一步认识，对未来邻井的安全钻井作业具有重要的参考价值。

# 参 考 文 献

［1］HANNEGAN D M. Managed Pressure Drilling Technolo-gy: Applications, Variations and Case Histories［J］. SPE112803-DL.

［2］HANNEGAN D M. Managed Pressure Drilling in MarineEnvironments-Case Studies［J］. SPE92600.

［3］HANNEGAN D M. Case Studies—Offshore ManagedPressure Drilling［J］. SPE101855.

［4］MART M D. Managed Pressure Drilling Techniques and Tools［D］. Texas A & M University, 2006

［5］Kozicz J. Managed-Pressure Drilling—Recent Experi-ence, Potential Efficiency Gains and Future Opportunities［J］. SPE103753-MS.

［6］严新新，陈永明，燕修. MPD 技术及其在钻井中的应用［J］. 天然气勘探与开发，2007，30（2）：62-66.

［7］辜志宏，王庆群，刘峰，等. 控制压力钻井新技术及其应用［J］. 石油机械，2007，35（11）：68-72.

［8］黄兵，石晓兵，李枝林，等. 控压钻井技术研究与应用新进展［J］. 钻采工艺，2010，9（1）：1-4.

［9］陈明. 控制压力钻井技术研究综述［J］. 重庆科技学院学报（自然科学版），2010，12（5）：30-32.

［10］王果，樊洪海，刘刚，等. 控制压力钻井技术应用研究［J］. 石油钻探技术，2009，37（1）：34-38.

［11］李枝林. 充气液 MPD 理论及应用研究［D］. 西南石油大学，2008.

# 第五章 XZMPD 控压钻井装备与应用

西部钻探工程工程有限公司自主研发的 XZMPD 控压钻井系统是基于井底恒定压力的控压钻井系统，具备自动闭环逻辑分析—分系统联动—连续智能井筒压力控制功能。该系统基于各分系统功能特性的精细压力控制方法，使得钻进工况下精度控制达 0.2MPa，起下钻、接单根工况下精度控制达 0.35MPa；基于高精度流量测量与微量回压调整联动测试地层压力窗口的工艺方法，为解决复杂地层窄密度窗口安全钻井提供了技术支持。

XZMPD 控压钻井系统通过有效控制地层流体侵入井眼，减少井涌、井漏、卡钻等多种钻井复杂情况，降低非生产作业时间和减少钻井风险。该系统的成功研制与推广应用，大幅降低了生产作业成本，总体达到国际先进水平[1]。

## 第一节 XZMPD 控压钻井装备

控压钻井作业，将钻井井筒视为密闭的压力系统，根据安全压力窗口的上限和下限，制定井底环空压力的控制目标。XZMPD 控压钻井系统，在钻井过程中，通过钻井参数监测子系统、决策分析子系统、电控子系统、地面自动节流控制及回压补偿等子系统联动，可围绕井筒进行压力管理，实现钻井全过程的压力控制以及工序转换（钻进、起下钻、接单根）过程中的井底压力控制平稳衔接，精确控制井筒环空压力剖面，维持井底压力处于安全压力窗口以内。

XZMPD 控压钻井系统包括五大分系统：钻井参数监测系统（包括井底压力随钻测量系统，简称 PWD）、决策分析系统、电控系统、自动节流控制管汇及回压补偿泵系统（图 5-1）。该系统通过室内测试、现场试验及推广应用验证，具备以下功能：

（1）通过装备配套的高精度质量流量计的流量监测与节流压力进行微溢流与微漏失测试，现场可实时确定目标地层压力窗口，提高对压力窗口预测困难地层井漏、溢流的处理和控制能力。

（2）决策分析系统具有自学习功能，可利用 PWD 实测井底压力数据实时校正理论计算结果，显著提高装备的压力控制精度。

（3）通过钻井参数监测、自动决策及指令执行，可实时精确控制井筒环空压力剖面，控制井底压力处于安全压力窗口以内，解决窄密度窗口井常规钻井时静态溢、动态漏的问题，降低钻井风险和复杂发生，减少非生产作业时间。

主要技术指标有：

适用环境温度：–30~70℃；

适用排量范围：8~60L/s；

适用密度范围：1.0~2.6g/cm³；

装备压力控制精度：0.35MPa；

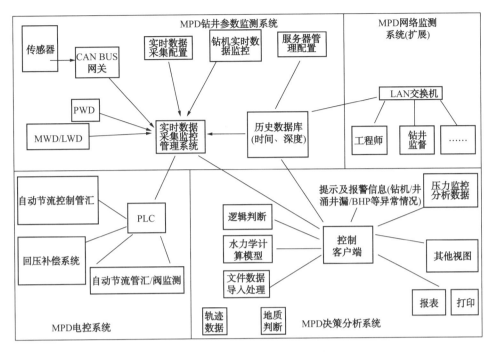

图 5-1　XZMPD 控压钻井装备构架图

井底压力随钻测量系统：$\phi$ 121mm/140MPa/150℃、$\phi$ 172mm/140MPa/150℃；
适用井型：直井、定向井、水平井。

## 一、钻井参数监测系统

钻井参数监测系统主要功能是对井下 PWD 随钻环空压力、立管压力、钻井泵冲数、井深、大钩载荷等参数进行实时采集、监测。将采集到的钻井参数作为整个系统的公共数据，提供给其他分系统，以实现各分系统间的数据交互，为控压钻井决策提供数据支持。钻井参数监测系统构成如图 5-2 所示。

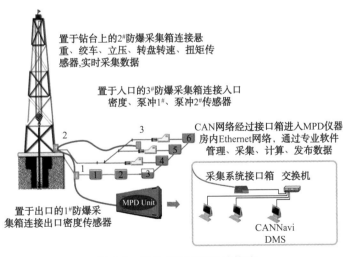

图 5-2　钻井参数监测系统构成

根据钻井参数监测系统的要求，系统配备三个智能化防爆总线数据采集箱，分别安装于钻台、钻井液入口、钻井液出口等区域，连接深度、大钩负荷、立压、入口密度、出口密度、泵冲等多种传感器，监测、计算、存储、发布钻井参数，提供给其他系统，并作为整个系统的公共数据区负责各子系统间数据交互。

钻井参数监测系统由硬件、软件两部分构成。系统硬件主要由 PWD 井下仪器、地面压力传感器、钻井泵泵冲传感器、进出口密度监测装置、滚筒圈数记录深度传感器以及大钩载荷传感器等构成。

（1）深度传感器：防爆型绞车（深度）传感器安装在绞车轴上，可以监测整个作业过程中绞车轴转动所产生的角位移。通过相应计算就可以得到钻进过程中大钩的高度变化，从而得到当前的钻井深度、钻头位置数据。

（2）大钩负荷传感器：大钩负荷（悬重）传感器通过测量悬重油压回路中的压力，来判断大钩悬重的轻／重载。

（3）立管压力传感器：立管压力传感器安装在立管上，用于实时测量立管压力。

（4）密度传感器：入口／出口传感器用于测量入口、出口钻井液的密度。

（5）泵冲传感器：泵冲传感器安装在钻井泵上，用于作业过程中实时测量钻井泵的泵充数据，通过换算得到钻井泵的排量数据。

（6）井下 PWD 仪器：井下 PWD 仪器为使用泥浆脉冲传送井底压力、温度参数与基于 CAN_BUS 总线的地面数据传输相结合的泥浆脉冲随钻井底压力监测系统。在钻井过程中，将环空井底压力、温度数据，动态采集经 DSP 数据处理并通过固定格式的编码，控制脉冲执行机构产生脉冲信号，地面设备接收到脉冲信号后进行解码，还原为井底压力和温度数据，为钻井过程控制提供依据。

钻井参数监测系统软件功能主要包括：

（1）CAN 总线的管理维护、数据采集、计算与发布，单个传感器的采样频率最高可达 40Hz。

（2）钻井参数的计算监测，系统所提供钻井参数主要包括井深、钻头位置、大钩高度、钻时、悬重、钻压、转盘扭矩、立压、转盘转速、入口密度、出口密度、泵速、泵冲数、钻井时间等，其中井深单根误差小于 10cm。

（3）钻井数据的存储入库，形成所需的规范数据库系统。

（4）使用 OPC 方式为电控系统进行实时数据交互，并将其提供给其他系统。

（5）使用 WITS 方式为控压决策系统提供实时数据和接受其数据，并将其提供给其他系统；使用 ODBC 方式为控压决策系统提供历史数据。

（6）使用 TCP/IP 方式为网络监测系统提供数据传输及其他扩展应用。

## 二、决策分析系统

决策分析系统是整个控压钻井系统的大脑，其主要功能为：基于数据采集监测系统所得数据，完成全部数据的分析，实时模拟计算、比对分析、钻井复杂分析与判断、决策发送指令并通过电控系统操作自动节流管汇调节控制井口回压。

为了实现研制的控压钻井系统实现精确的维持井底环空压力恒定的控制目标，本系统拟采用的控压原理为通过调整自动节流阀的开启度，控制井口套压，来达到控压钻井实现井底压力控制的目的，确保在整个钻井过程中（包括循环钻井、停泵接单根以及起下钻等），井底环空压力控制在指定范围之内。

控压决策分析系统是一个闭环系统，系统根据钻井实时监控系统提供的数据，结合 PWD 实测井底压力、节流阀开启度等进行分析运算，根据控制井底环空压力保持恒定的目的，依据控压钻井工艺流程，给控压电控系统发出相应的调整指令。

决策分析系统的计算基于钻井参数监测系统，系统运行之前输入的钻具组合、井眼轨迹、井身结构等非实时数据、井下 PWD 实测压力 / 温度数据、地面传感器监测的井口回压、出入口钻井液密度、泵冲等系列钻井参数均作为决策分析系统的计算、判断、决策、分析的依据。控压决策分析系统主要包含模块如图 5-3 所示。

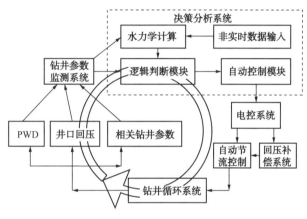

图 5-3　决策分析系统构成

1. 非实时输入模块

要准确控制井底环空压力，除了需要有准确的实时监视参数（如井底压力、套压、立压、泵排量、密度等），还需要将现场的井身结构、钻具组合（包括钻头水眼等）、设计轨迹和实钻轨迹等非实时数据在系统运行前，录入系统中。该模块用于钻前（或者依据实际情况更新）输入决策分析系统计算相关的一些原始数据，例如井身结构、下部钻具组合、井眼轨迹、钻井液性能数据等。

钻具组合数据：系统要求第一行从钻头开始输入，要求数据真实准确，另外可以通过输入水眼大小和个数，系统自动计算钻头水眼面积，也可以直接手动输入钻头水眼过流面积。对于钻具组合中是否存在单流阀，可将单流阀选项进行勾选。系统内置 API 标准钻具库。用户输入时可以手动输入钻具的各项属性，也可以在表格右键菜单中，点击"标准钻具"菜单项，弹出选择钻具对话框，从标准 API 钻具库中选择。

井身结构数据（图 5-4）：在井身结构表格中输入各次开钻裸眼和套管尺寸，系统自动绘制井身结构的示意图，每段导管、套管、油管的起始位置，系统默认为转盘高度（测深 0m）处。输入的井身结构可以通过下方的组合表格进行分拆，在多开结构的井中可以方便地配置一开、二开、三开的井身结构，方便进行不同钻井阶段的控压钻井分析。系统提供 API 标准套管库。用户输入可以手动输入，也可以表格右键点击"标准管柱"弹出套管柱选择对话框，进行相应选择。

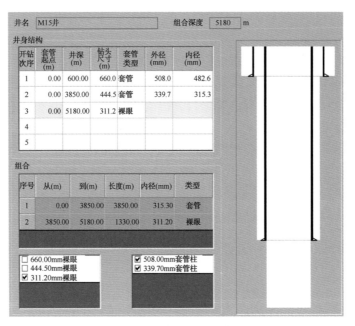

图 5-4　井身结构数据输入

　　轨迹数据（图 5-5）：对于直井来说，该部分数据不必输入；表格中黄色区域允许输入和修改，白色区域数据是程序根据输入的数据自动计算出来的，不可以修改；表格提供了方便操作的右键菜单，包含了复制、粘贴、插入行、删除行、整体输入、全选等功能。系统自动计算缺省的投影方位，点击"缺省方位"按钮，系统根据轨迹数据自动计算合适的方位作为投影方位，并刷新垂直投影图。

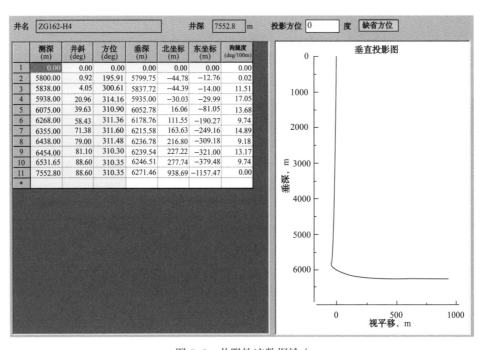

图 5-5　井眼轨迹数据输入

钻井液 / 地层数据（图 5–6）：用于输入钻井液、钻井泵、地层相关信息。

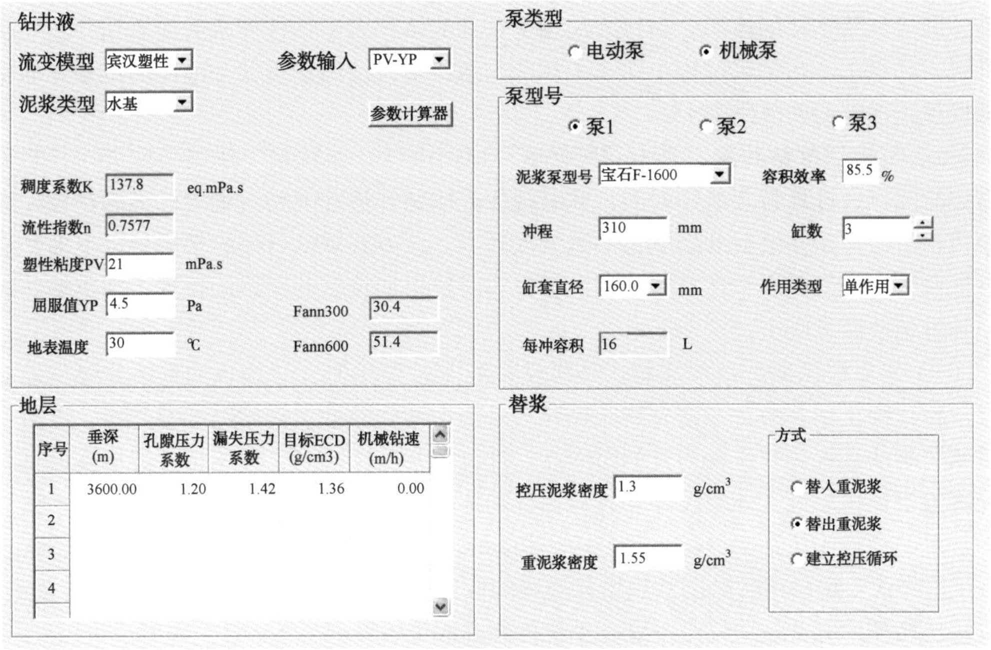

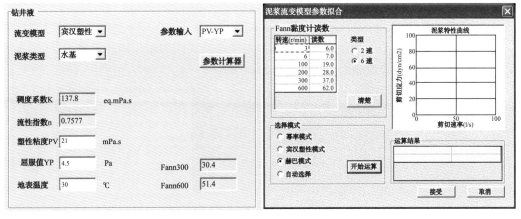

图 5–6　钻井液 / 地层数据输入

在"钻井液"部分，用户应输入钻井液流变特性数据。提供四种流变模型可供选择：牛顿模型、幂率模型、宾汉塑性模型、赫巴模型。此外，支持 Fann 黏度计读数直接输入。系统提供了一个 "钻井液流变参数计算器"，用于方便地进行流体流变学参数的计算，如图 5–7 所示。

图 5–7　钻井液参数输入 / 参数计算器

在"泵参数"方面，为了方便用户的使用，内置了一个常用钻井泵型号数据库，使用时只需在列表中选择相应的型号，冲程、缸数、泵的作用类型等数据会自动填入。

"替浆"部分用于起下钻过程中的钻井液顶替计算，系统设置有三种模式：

（1）替入加重钻井液：点击"工作区"窗口中"开始替浆"按钮确认进入替浆流程为开始时间点，计算替浆所用时间，加重钻井液开始从井口打入，需充满整个钻柱后进入环空（即要计算钻柱的体积，当打入的加重钻井液体积大于钻柱体积后加重钻井液才从钻头处进入环空）。在替浆过程中在"工作区"窗口实时给出加重钻井液段的位置（加重钻井液段顶、加重钻井液段底）。

（2）替出加重钻井液：点击"工作区"窗口中"开始替浆"按钮确认进入替浆流程为开始时间点，计算替浆所用时间，此时视作控压钻井液在下钻过程中已充满钻柱，进入替浆流程后控压钻井液就开始从钻头处流入环空。该方式默认开始时钻头处以上即是加重钻井液段。在替浆过程中在"工作区"窗口实时给出加重钻井液段的位置（加重钻井液段顶、加重钻井液段底）。

（3）建立控压循环：与"替入加重钻井液"过程相似，"替入加重钻井液"是加重钻井液替代控压钻井液，"建立控压循环"是控压钻井液替代常规钻井钻井液。点击"开始替浆"确认进入替浆流程为开始时间点，计算替浆所用时间，控压钻井液从井口打入，需充满整个钻柱后进入环空（即要计算钻柱的体积，当打入的控压钻井液体积大于钻柱体积后加重钻井液才从钻头处进入环空）。初始时常规钻井液充满钻柱和环空。在替浆过程中在"工作区"窗口实时给出常规钻井液段的位置（常规钻井液段顶、常规钻井液段底）。建立控压循环，应首先下钻至井底，钻头处在井底位置。

在进入替浆流程前一定要核实"钻井液/地层"界面上的控压钻井液密度、加重钻井液密度或常规钻井液密度。因为在替浆流程中理论压力的计算是使用控压钻井液密度、加重钻井液密度或常规钻井液密度，与入口密度无关。非替浆流程才使用的是入口密度。当钻头提离井底时，要计算钻头到井底的静液柱压力。在替浆流程中静液柱压力取得是控压钻井液密度计算的，非替浆流程取得是入口密度计算的。"开始替浆"与"结束替浆"是相对应的，点击"开始替浆"按钮后，必然要"结束替浆"，不管是手动点击"结束替浆"按钮，还是程序满足条件后自动"结束替浆"。

2. 水力学计算模块

根据输入的非实时基础数据以及钻井参数监测系统得到的相关钻井参数，进行实时两相流模拟计算，得到压力控制的目标（目标套压）。

1）环空循环压耗的计算

在控压钻井作业中，井底环空压力 $p_{BH}$ 主要由三部分构成：一是钻井流体的静液柱压力 $p_{Hyd}$，二是环空的循环压耗 $\Delta p_{Ann}$；三是井口节流回压 $p_{Choke}$。

$$p_{BH}=p_{Hyd}+\Delta p_{Ann}+p_{Choke} \tag{5-1}$$

式中　$p_{BH}$——井底环空压力，MPa；

$p_{Hyd}$——钻井流体静液柱压力，MPa；

$\Delta p_{Ann}$——环空循环压耗，MPa；

$p_{Choks}$——井口节流回压，MPa。

钻井流体静液柱压力 $p_{Hyd}$ 使用简单的数学计算可以得到，环空的循环压耗 $\Delta p_{Ann}$ 需要经过一定的数学模型计算得到，水力学计算模块的核心内容就在于环空循环压耗的计算，这直接关系到决策分析系统给出的井口回压控制目标的准确性，也就是关系到整个控压钻井系统的压力控制精度。

环空循环压耗由于受到井身结构、钻具组合、钻井液类型和流变性参数及地层情况等诸多因素的影响，因此，需要有一个准确的水力学压耗模型，能考虑到上面各种因素的影响。本系统研究过程中采用业界认可的 Reed，T. D. 和 A. A. Pilehvari 井眼流动模型为基础[2]，并用实测值对模型进行修正。此模型可适用于全尺寸井眼，并已经在实际应用中得到验证。

软件系统开发过程中，应用 TZ201C 井井身结构数据（图 5-8）/ 钻具结构 / 钻井液性能 / 排量参数，计算对比了模型计算数据与实测 PWD 数据之间的误差，对算法模型进行了修正。

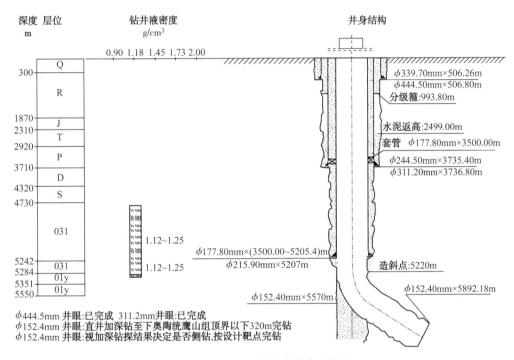

图 5-8　TZ201C 井井身结构示意图

该井在井深 5524.28m 处接单根，此时，流量 7.76L/s，钻井液密度 1.12g/cm³，稠度系数 $k$=0.18Pa·s，流性指数 $n$=0.69。接单根，停泵，套压由 2.31MPa 增加到 4.09MPa，由此可以得到正常控压时环空压降为 1.78MPa 左右。在该深度下，流量 7.76L/s，环空压降理论值为 1.79MPa。模型结论与 PWD 数据吻合。

且本系统采用的环空循环压耗计算模型经过现场 3 口试验井的检验，其计算精度满足控压钻井系统要求，决策分析系统结合 PWD 数据进行自学习校正，压力控制精度达到设计要求。

2）自学习校正模块

为了提高决策分析系统模拟计算结果的精度，系统开发形成了基于 PWD，并对理论计算压力进行校正的自学习模块：根据 PWD 实测数据，对压耗模型进行实时修正和训练。由于 PWD 在停泵状态下无法工作，此时的压力控制完全基于软件的计算结果，因此，根据循环时 PWD 数据实时修正算法模型也是关系到控压钻井能否成功实施的关键。

通过对压耗模型的实时修正和训练，可以将压耗模型对特定的一口井做出相应的调整，使计算结果更加符合当前井的实际情况，提高控压钻井的精度。具体算法拟通过对摩擦系数、钻井液性能等相关影响因素建模，采用神经网络自学习，进行参数调整[3]。

完善自学习模块后，通过室内测试，对于训练数据（图 5-9），理论公式预测值与实际值之间的均方根误差（root mean squared erro，RMSE）达到 0.24，而小波神经网络模型的 RMSE 为 0.016，其误差下降程度大于 10 倍；对于测试数据（图 5-10），其小波神经网络模型的预测结果改善程度与训练数据类似。

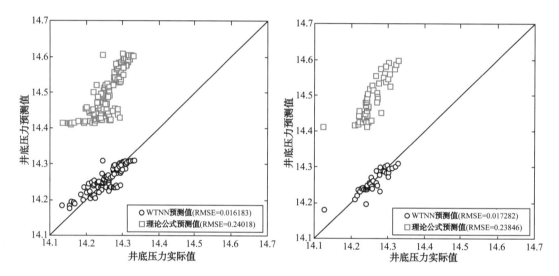

图 5-9　小波神经网络模型和理论公式对训练数据　　图 5-10　小波神经网络模型和理论公式对测试数
的预测结果比较　　　　　　　　　据的预测结果比较

通过沙门 011 井现场试验验证，软件自校井底压力精度与 PWD 实测数据对比误差小于 ±0.1MPa，见表 5-1。

表 5-1　沙门 011 井决策分析自学习修正数据对比

| 当前井深 m | PWD 实测压力 MPa | 计算压力 MPa | 绝对误差 1 MPa | 自学习修正压力 MPa | 绝对误差 2 MPa |
|---|---|---|---|---|---|
| 3874.34 | 52.95 | 51.59 | −1.36 | 52.85 | −0.10 |
| 3875.24 | 52.95 | 51.44 | −1.51 | 53.00 | +0.05 |
| 3877.11 | 52.34 | 51.56 | −0.78 | 52.43 | +0.09 |
| 3879.71 | 52.78 | 51.54 | −1.24 | 52.94 | +0.16 |

3）抽吸、激动压力的计算

为提高所控井底压力精度，建立了可与起下钻速度实时对应的抽吸/激动压力计算模型，并结合 TZ201C 实测数据，对起下钻导致的抽汲 / 激动压力进行了验证。

以 TZ201C 井起钻为例，井深 5645.55m，钻井液密度 1.12g/cm³，保持井底目标当量密度 1.19g/cm³，静止套压 3.31MPa，见表 5-2。

表 5-2　TZ201C 井数据抽吸 / 激动计算验证

| 项目 | 套压 MPa | | 抽吸 / 激动压力 MPa | 时间 min | 钻杆速度 m/s | 抽吸 / 激动压力计算 MPa | 深度范围 m |
|---|---|---|---|---|---|---|---|
| 第二柱 | 卸扣 | 3.31 | 0.55~0.69 | 约 5 | 0.093 | 0.66（加速度为 0.05m/s²） | 5617.62~5589.75 |
| | 上提 | 3.86~4 | | | | | |
| 第三柱 | 卸扣 | 3.31 | 0.55~0.69 | 约 5 | 0.093 | 0.66（加速度为 0.05m/s²） | 5589.72~561.85 |
| | 上提 | 3.86~4 | | | | | |

结果经控压钻井系统现场试验验证，模型计算的抽吸激动压力数据与存储 PWD 数据吻合。

3. 逻辑判断模块

决策分析系统的逻辑判断模块能够根据井下 PWD、钻井参数监测系统以及电控系统、指令执行（自动节流控制管汇）反馈的信息进行分析、判断，实现实时决策的功能[4]。逻辑判断模块能够根据监视模块提供的数据，结合给定的地层孔隙压力和破裂压力（漏失压力），通过压耗算法模型，调整节流管汇，控制井口套压，以保持井底环空压力介于给定的范围之内。此部分是一个综合判断模块，主要功能包括：（1）根据各实测参数，判断目前的工作状况是否正常，如果非正常状态，则发出报警。（2）如果为正常状态，则根据目前的工况以及设定的目标压力，系统自动计算出需要达到的目标套压。再根据控压工艺流程发出相应的调整指令。（3）除了需要计算出相应的调整量外，还必须保证逻辑判断的抗干扰性，防止一些干扰因素引起的闭环系统参数震荡。决策分析系统逻辑判断流程如图 5-11 和图 5-12 所示。

控压决策分析系统逻辑判断模块提供必要的报警，用户根据实际情况填写报警参数。系统文件中丰富的报警声音文件供用户选择，用户也可以自己录制报警声音文件，放在系统目录 emergency 文件中，报警参数设置界面选定即可，如图 5-13 所示。

为了在程序中控制异常情况的发生，将异常分为黄色警告和红色报警两类：

（1）黄色警告（Warning）：有异常发生，提醒工程师注意观察并排除异常，程序仍可自动控制，或者由工程师确定是否继续自动控制。

（2）红色报警（Error）：发生的异常导致程序不能再自动控制，必须转入手动或者采取别的措施排除错误。此时系统自动切断自动控制，并报警（转入手动控制模式后系统应该具有监控、计算、显示的功能，只是不再发送指令）。

4. 控制模块

该模块的主要功能是完成与其他系统之间的通信及数据交互，负责向电控系统发出相应的调整指令，并监控指令的执行情况。

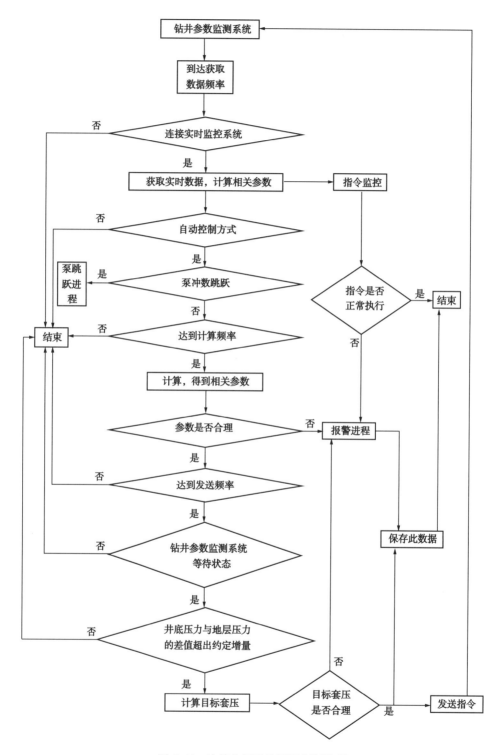

图 5-11　决策分析系统逻辑判断流程

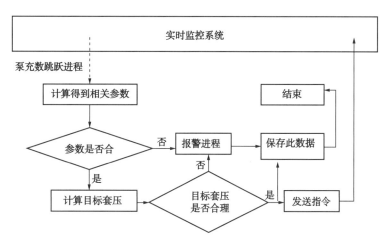

图 5-12 决策分析系统逻辑判断流程（泵冲跳跃）

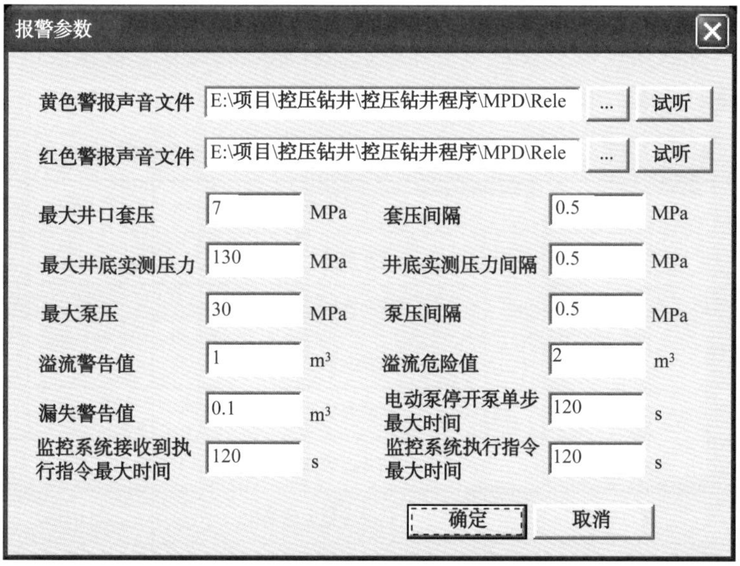

图 5-13 决策分析系统报警参数设置界面

控制模块根据逻辑判断模块的结果，发出相应的指令，PLC 电控系统接收到来自决策分析系统的控制指令，通过自身控制程序，控制自动节流控制管汇完成相关节流阀开关状态的转换及节流阀开度的调节，实现决策分析压力控制目标。其具体的工作模式是：将逻辑判断模块的结果通过公共数据区传递给电控系统，传递的参数主要有：目标套压值、当前工况以及入口流量。电控系统根据目标套压值和当前工况，按照工艺流程，控制相应的阀门动作，以达到规定的套压值[5]。

除了尽量提高自动控制系统本身的稳定性和可靠性外，系统准备一套手动控制模型，以便在发生意外情况时，仍能保证将环空压力剖面控制在预期的范围之内。手动模型主要是在接单根时，从循环到停泵的整个过程的控制。接单根过程手动控制的示意图如图 5-14 所示。

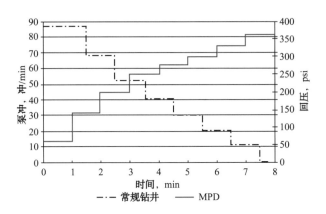

图 5-14　接单根时的泵排量 / 回压控制示意图

　　针对目前的井场实际情况，制定停泵、开泵操作规范，在控压过程中，要求司钻按规范进行操作。

　　5. 数据接口模块

　　决策分析系统数据接口主要是与钻井参数监控系统的交互。数据接口通过 COM 组件传递。需要传递的参数、来源、单位以及精度见表 5-3。

表 5-3　决策分析系统与其他分系统数据接口参数

| ID | 说明 | 原始数据来源 | 单位 | 小数位 |
|---|---|---|---|---|
| 1001 | 当前井深 | 钻井参数监测系统 | m | 2 |
| 1002 | 钻头位置 | 钻井参数监测系统 | m | 2 |
| 1003 | 钩载 | 钻井参数监测系统 | kN | 1 |
| 1004 | 立管压力 | 钻井参数监测系统 | MPa | 2 |
| 1005 | 转盘扭矩 | 钻井参数监测系统 | N·m | 0 |
| 1006 | 转盘转速 | 钻井参数监测系统 | r/min | 0 |
| 1007 | 入口密度 | 钻井参数监测系统 | $g/cm^3$ | 2 |
| 1008 | 出口密度 | 钻井参数监测系统 | $g/cm^3$ | 2 |
| 1009 | 泵冲数 1 | 钻井参数监测系统 | 冲 | 0 |
| 1010 | 泵冲数 1 | 钻井参数监测系统 | 冲 | 0 |
| 1011 | 钻井泵排量 | 决策分析系统 | L/s | 1 |
| 1012 | 出口流量 | 电控系统 | L/s | 1 |
| 1013 | 井口套压 | 电控系统 | MPa | 2 |
| 1014 | 目标套压 | 决策分析系统 | MPa | 2 |
| 1015 | 回压泵压力 | 电控系统 | MPa | 2 |
| 1016 | 回压泵流量 | 电控系统 | L/s | 1 |

| ID | 说明 | 原始数据来源 | 单位 | 小数位 |
|---|---|---|---|---|
| 1017 | 回压泵工作状态 | 电控系统 | 无 | |
| 1018 | 工况 | 决策分析系统 | 无 | |
| 1019 | 电控系统状态 | 电控系统 | 无 | |
| 1020 | 井底实测压力 | 钻井参数监测系统 | MPa | 2 |
| 1021 | 井底理论压力 | 决策分析系统 | MPa | 2 |
| 1022 | 闸板阀状态 | 电控系统 | 无 | |
| 1023 | AJ1 节流阀开度 | 电控系统 | 百分比 | 1 |
| 1024 | AJ2 节流阀开度 | 电控系统 | 百分比 | 1 |
| 1025 | AJ3 节流阀开度 | 电控系统 | 百分比 | 1 |
| 1026 | 总泵冲数 | 钻井参数监测系统 | 冲 | 2 |
| 1027 | 钻杆速度 | 钻井参数监测系统 | m/s | 2 |
| 1028 | 钻杆加速度 | 钻井参数监测系统 | $m/s^2$ | 2 |
| 1029 | 实际泵速 1 | 钻井参数监测系统 | 冲 /min | 2 |
| 1030 | 实际泵速 2 | 钻井参数监测系统 | 冲 /min | 2 |
| 1031 | 井底有效压力 | 钻井参数监测系统 | MPa | 2 |
| 1032 | AJ3 阀前压力 | 电控系统 | MPa | 2 |

决策分析系统与其他分系统之间数据的传输通过 TCP/IP 协议传输。控压决策分析系统工作时需与钻井参数监测系统连接，进行数据的传输，会涉及到实时监控系统 IP、实时获取频率、实时计算频率、实时发送频率、控压增量、控压系数等参数。计算频率、发送频率、数据存储频率为获取频率的倍数，确保实时数据始终是最新的。控压决策分析系统监控参数设置如图 5-15 所示。

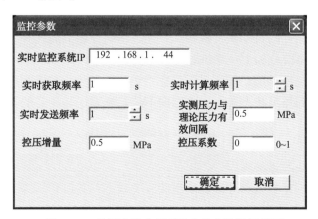

图 5-15　控压决策分析系统监控参数设置界面

（1）实时监控系统 IP：监控系统所在电脑的 IP 地址。

（2）实时获取频率：获取监控系统中的实时数据，监控指令执行情况。

（3）实时计算频率：计算得到井底压力、工况等参数，做图，判断计算后各参数是否合理。

（4）实时发送频率：计算，判断是否停泵，判断计算后各参数是否合理，在合理的情况下如果处在停泵状态或井底压力与地层压力的差值超出约定增量范围，计算目标套压，目标套压合理判断，合理的话发送指令。

（5）控压增量：为了不每时每刻都在调整井口套压，设置该阈值，当有效井底压力与地层目标压力的差值大于该阈值时，系统才发送控制指令。

（6）控压系数：为了不频繁的调控压力，减少设备损耗，在每次控压时在地层目标压力的基础上增加或减少一定的阈值，该值为控压增量乘以控压系数，若要精确控压，可将该系数设为 0。

（7）实测压力与理论井底压力有效间隔：该值是为了判断 PWD 压力是否有效。PWD 压力是否有效的一种判断是：当实测井底压力与理论井底压力的差值小于该值时，PWD 压力有效，实测井底压力作为有效井底压力。

## 三、电控系统

电控系统作为控压钻井系统的重要一环，接收决策分析系统的工作指令并进行处理。同时向下位机发送指令，来实现对自动节流控制管汇各液控节流阀和液控平板阀进行控制，并监控各节流阀开度及平板阀的开关状态。电控系统采用 PLC 进行系统控制，其主要功能如下：

（1）实时采集并向钻井参数监测系统发送套管压力、节流管汇出口流量、节流管汇闸板阀工作状态、节流阀开度指示、回压泵流量、回压泵压力、回压泵工作状态等参数。同时接收工况、目标套压、入口钻井液流量等参数。

（2）根据决策分析系统的控制信号、指令要求，电控系统能进行处理并发出相应指令，控制自动节流阀组，调节节流阀开度，达到压力控制要求。同时，指令控制自动节流管汇各节流阀的控制模式、各平板阀的开关次序，完成钻进、接单根、起下钻工艺流程的转换。

电控系统是控压钻井的自动执行机构。它通过精确控制节流阀开度使套压满足控压钻井的控制要求。电控系统分为上位系统和下位系统：

上位系统：人机交换界面，能够显示电控系统各种参数（节流阀组状态、钻井工况、钻井液流量、套压、回压泵状态等）；能够向下位系统发送其所需的各种参数，并在需要的时候控制下位系统程序的运行。

下位系统：置于 PLC 的 CPU 中的程序，该程序根据控压钻井工艺流程编写，使电控系统能够完成控压钻井的各种操作。

通过实时采集数据（节流阀开度、闸板阀开关状态、井口套压等），并根据节流阀的 CV 曲线，PLC 对节流阀进行反馈控制，在调节节流阀开度使实际套压达到目标值时，则停止对节流阀的控制。PLC 系统控制流程如图 5-16 所示。

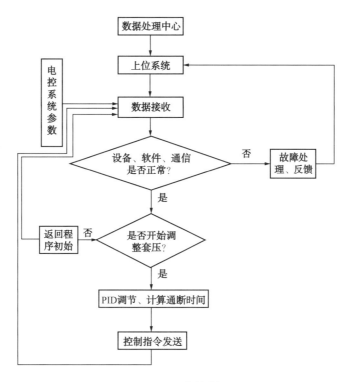

图 5-16 PLC 系统控制流程图

## 四、自动节流管汇

在进行精细控压钻井时，自动节流控制系统从数据采集系统接收来自电控系统的控制参数，将其计算判断后形成控制指令并执行；执行时，自动控制系统不断监测被控参数，当被控参数达到目标值后，停止自动控制并重新开始接收数据。这种闭环控制能够及时、有效、精确地实现对井底环空压力的控制，从而满足精细控压钻井的要求。

自动节流管汇是控压钻井系统的直接执行机构，液压控制柜内有上位 PLC 执行电路及电磁阀，电磁阀接收来自电控系统的工作指令，液压控制柜接收来自电控系统 PLC 控制信号，将控制信号转换为推动液动平板阀液缸动作的液压信号，实现电信号变量转换为节流阀开度变量，达到节流调节施加井口回压的目标。

自动节流控制系统采用可编程逻辑控制器（PLC）为控制器，液压系统为执行器，其实现的功能如下：

（1）实时采集并向数据采集系统发送套管压力等参数。同时接收工况、目标套压、入口钻井液流量等参数。

（2）根据决策分析系统的参数判断是否需要进行控制套压，如果需要则发出控制信号调整节流阀开度，使套压达到控制要求。

（3）根据钻井工艺流程的转换，可自由切换各个节流阀的控制模式，以便能够在不同的钻井工况条件下实现井底环空压力的精确控制。

自动节流管汇主要由 2 只 $4\frac{1}{16}$in 液控节流阀（AJ1、AJ2）与 1 只 $2\frac{1}{16}$in 液控节流阀（AJ3）、

2只$4^1/_{16}$in液控平板阀（AZ1、AZ2）与1只$2^1/_{16}$in液控平板阀（AZ3）、液压控制柜、液控阀与液压控制柜连接管线、压力采集单元、阀位显示单元与质量流量计等构成。自动节流管汇连接流程如图5-17所示、外观如图5-18所示。

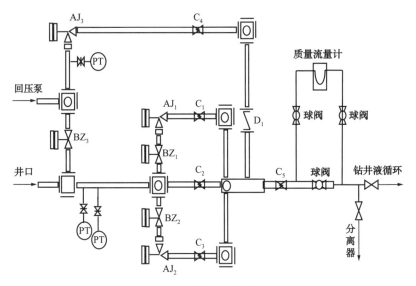

图5-17 自动节流管汇连接流程图

图5-18 自动节流管汇外观图

控压钻井系统对于井底压力的控制，最终是通过自动调节地面节流控制管汇系统液动控制节流阀（$AJ_1$、$AJ_2$、$AJ_3$）的开度来节流控制井口回压，从而达到控制井底压力的目的。而钻进、停泵、开泵、接单根、起下钻等各种工况下的工艺流程衔接转换，则需要通过相关液动闸板阀（$BZ_1$、$BZ_2$、$BZ_3$）开关状态的转换来实现。因此，自动节流控制的关键在于对节流阀开度的自动控制，本系统中液动节流阀（$AJ_1$、$AJ_2$、$AJ_3$）均采用孔板节流阀。结合控压钻井工艺流程，对节流阀执行器方案进行了优选，如图5-19所示。

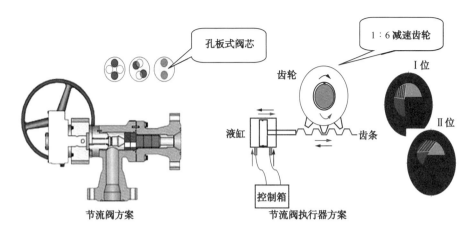

图 5-19　液动节流阀控制方案示意图

孔板式节流阀阀芯由两块阀板组成：一块阀板固定在阀体内；另一块阀板与执行机构相连。两块阀板上均加工有两个通孔，通过与执行机构相连的阀板的相对旋转运动，则两块阀板之间的通孔构成不同的节流阀开度[6]。

本系统中自动节流阀、闸板阀的控制方式采用液压方式。

节流阀液压自动控制原理：理论状态下，特定性能的钻井液以特定流量流过节流阀的情况下，节流阀的开度与阀前的节流压力有对应关系。节流阀的开度则与节流阀执行机构与节流阀阀板相连的轴旋转的角度相对应。节流控制管汇中节流阀自带角位移传感器及阀前压力传感器，可为电控系统提供阀的开度及阀前压力反馈信号[9]。液动节流阀闭环自动控制方案如图 5-20 所示。

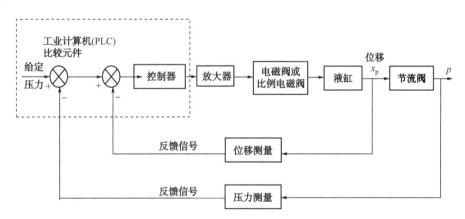

图 5-20　液动节流阀闭环自动控制方案

PLC 电控系统自动比较当前的实际压力及来自决策分析系统的目标压力，如果实际压力小于目标压力，则液动"关"路电磁阀打开，"关"路液缸进液，节流阀关，节流回压增加，当系统接收到的开度、压力反馈信号达到目标压力则自动关闭相应电磁阀，自动调节节流阀动作完成，其控制方案如图 5-21 所示。实际压力大于目标压力时的自动调节过程与此类似。

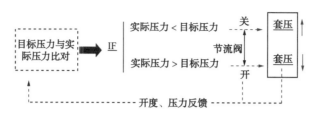

图 5-21　液动节流阀闭环自动控制方案（b）

液控节流阀主要特征参数为：

（1）流量：0~60L/s。

（2）循环介质：钻井液。

（3）钻井液密度范围：1.0~2.6g/cm³。

（4）节流压差：0~12MPa。

（5）压力级别：35MPa。

（6）节流压力精度：$\Delta p$=0.1MPa（排量 20L/s，密度 1.07g/cm³）。

## 五、回压补偿泵

为了实现控压钻进→停泵→接单根→开泵→钻进、循环→停泵→提钻→下钻→循环的整个过程中对于井底压力的连续稳定控制状态，在钻井泵停止过程中及停稳期间，环空循环压耗会随着钻井泵的逐渐停止逐渐减小，此时需要回压补偿泵持续向井筒内注入钻井流体，并结合自动节流管汇实现井口回压的调节控制，以维持整个接单根、起下钻过程中井底压力的连续稳定控制。

在控压钻井系统室内测试及沙门 011 井首次现场试验过程中，使用现有泡沫钻井用雾化泵代替作为回压补偿，由于该雾化泵排量最大在 6L/s 左右，实际在接单根停泵 / 起下钻过程中，其实际排量仅在 4L/s 左右，再加之对井筒憋压进行补偿，导致实际经过 AJ3 节流阀的流量仅能达到 3.5L/s，AJ3 节流阀工作处于压力敏感区，节流阀开度的少量调节即会导致节流回压值产生较大的变量，影响压力控制的精度。AJ3 节流阀开度与压力关系如图 5-22 所示。

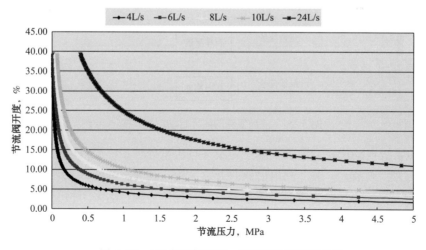

图 5-22　AJ3 节流阀开度—节流回压敏感性曲线

在参考国外控压钻井系统配套回压补偿泵的实际排量基础之上，同时根据室内测试及现场试验数据显示结果分析，控压钻井系统运行需要的回压补偿泵的排量最优在 10~12L/s 之间。

回压补偿泵系统包括美国卡特彼勒的 C9 柴油发动机、美国 Allison 公司的 47000FS 变速箱、ZDY280 减速机、美国 Gardner Denver 公司的 THE 钻井泵（三缸单作用柱塞泵）四大主要部件。钻井液罐储有足够的钻井液，首先灌注泵将钻井液从钻井液罐中吸出经过灌注泵（离心泵）将钻井液灌注进柱塞式钻井泵，柱塞式钻井泵把钻井液增压后经高压管汇注入井筒。灌注泵采用电动机驱动，柱塞泵采用卡特柴油发动机驱动，系统采用空气冷却方式对空气、循环水、变速箱润滑油进行冷却。

采用钻井用雾化泵进行回压补偿过程中出现的节流压力变化的情况下，补偿排量波动的问题，对回压补偿泵系统给予解决方案[8]：

（1）系统设计最大排量 15L/s，最大排出压力 15MPa。通过合理的发动机选型，以及变速箱、减速机的配套，发动机的选型是满足系统设计排量及排出压力条件下的动力要求，变速箱和减速箱也能完全满足使用要求。

（2）系统使用艾里逊 4700FS 变速箱机构，从艾里逊变速箱的设计原理和工作原理来看，"自动变速箱采用高效率、高可靠性的液力变矩器和行星齿轮结构设计，该型号（4700FS型）艾里逊自动变速箱液力变矩器中设有闭锁变矩器，闭锁变矩器使其成为直接机械连接，达到最大传动效率"，即：变速箱在切换挡位后，只要发动机转速高于 1200r/min，变速器会立即自动锁闭变扭器，使变速箱在机械方式下工作，机械方式的工作就是仅仅通过齿轮机构传动，齿轮的传动是刚性的，输入转速恒定，输出转速也一定会恒定，不会出现液力偶合器出现的"速差或滑差"现象。

（3）在使用时，选定合适的发动机转速（建议在 1800~2200r/min），以及合适的变速箱挡位，则钻井泵的转速也就一定，也就是钻井泵的排量一定，这时，钻井泵的工作压力随着井口背压的增加或减少，只是增加或减少钻井泵的负载扭矩，也就是负载功率的增加或减少，而这种负载扭矩或负载功率的增加或减少，对发动机来说有足够的扭矩或功率来满足这种变化，就不会出现钻井泵转速降低或排量减少的情况。

# 第二节　控压钻井压力控制工艺与作业程序

## 一、控压钻井压力控制工艺

配套研发形成的控压钻井技术是基于恒定井底压力控压钻井技术的一种，主要包括以下几个关键环节的控制工艺：

（1）利用高精度质量流量计，联合自动节流控制系统，测定地层孔隙压力和地层漏失压力。

（2）钻进过程中因工程参数（主要是流量）变化导致的环空循环压耗的改变目标套压的调整。

（3）钻完单根进尺，钻井液由循环转为停止循环过程中的压力补偿控制调整。

（4）接单根完成后，钻井液由停止循环转为循环过程中的压力补偿控制调整。

（5）起下钻过程中的压力补偿控制调整。

1. 钻进过程中的压力控制

钻进工况下，决策分析系统依据采集的排量、套压、井下 PWD 数据，实时比对实际井筒压力与目标压力。依据其差值，相应给出节流阀控制信号，以实现对井筒压力控制的目标。钻进工况下压力控制流程如图 5-23 所示。

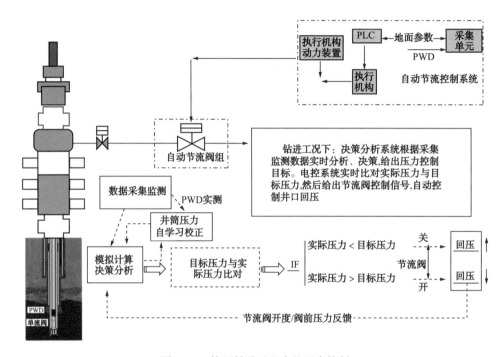

图 5-23  控压钻进过程中的压力控制

在控压钻进过程中，决策分析系统接收来自钻井参数监测系统的各钻井参数，并根据给定的井底目标压力自动计算，通过系统的自学习模块，利用井底 PWD 随钻采集井底压力数据对软件计算结果进行校正，得出井口回压控制目标，发送至电控系统。

电控系统软件将获取的井筒压力与目标压力进行比对。比对后，根据两者差值正负、大小，通过发送指令控制地面自动节流控制管汇相应节流阀的开关动作，以实现实际井底压力与目标压力的逼近，完成钻进中的井底压力自动控制目标[9]。

2. 停泵 / 接单根 / 开泵过程中的压力控制

控压钻井停泵接单根过程中，为了维持井底压力的恒定，停泵—接单根—开泵过程需要回压补偿泵的配合完成。

停泵过程中（钻井泵排量逐渐降低至零）通过节流阀联调进行压力控制，钻井泵停止后，通过回压泵在井口增加部分回压以补偿环空循环压耗，从而实现停泵过程中的井筒压力平稳过渡。接单根完成后，逐渐打开钻井泵，通过节流阀联调进行压力控制，直至钻井泵排量恢复至正常钻进排量，关闭回压泵，继续钻进。停泵 / 接单根 / 开泵过程中的压力控制流程如图 5-24 所示。

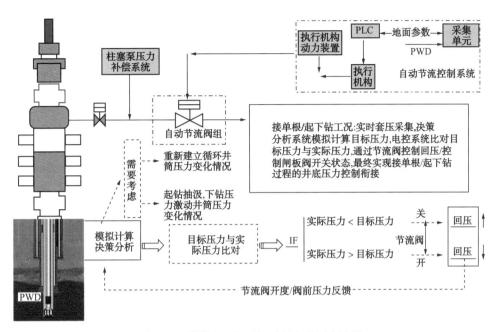

图 5-24　接单根 / 起下钻过程中的压力控制

整个停泵（循环—停泵—停止循环）、开泵（停止循环—开泵—循环）的转换过程中，涉及到相应闸板阀的开 / 关状态的调节及节流阀的开度调节，决策分析系统根据钻井泵的排量变化自动计算循环压耗，得出与不同钻井泵排量（泵冲）相应需要在井口控制回压目标值，电控系统则根据来自决策分析系统的控制回压目标值完成相关阀门的开关动作及井口回压的自动节流控制。

3. 起下钻过程中的压力控制

控压钻井过程中，为了实现井底压力的连续控制目标，起钻 / 下钻过程均实施过井口旋转防喷器带压提钻 / 下钻作业，在钻井泵停止，完成带压提钻 / 下钻作业期间，通过回压补偿泵向井筒内补充钻井液，自动控制节流阀施加井口回压。此过程中需额外增加部分回压值以补偿环空循环压耗，在钻柱的上提 / 下放过程中，井筒内会产生相应的抽吸 / 激动压力，决策分析系统能够根据钻柱的上提 / 下放速度，自动计算抽吸 / 激动压力值，并通过发送依据抽吸 / 激动压力而变化的井口回压控制目标，实现井底压力的恒定控制目标。起钻过程中的压力控制如图 5-25 所示。

全井段的带压提钻工作强度较高，且井下钻铤等异性钻具不能通过井口旋转防喷器进行带压提钻作业。起钻过程中如何维持井下压力的连续控制呢？带压起钻到一定井深再替入加重钻井液维持井下压力的连续控制是常用的方法。当控压提钻到一定井深，通过开泵注入加重钻井液以平衡地层压力（加重钻井液性能要求具有防气窜的能力），此时可敞开井口实施常规提钻、换钻头、下钻作业。下钻至加重钻井液段底部，座封井口旋转防喷器，开泵顶替出加重钻井液，继续实施带压下钻作业[10]。

合理设计加重钻井液的性能（密度、黏度、体积等）及加重钻井液段的长度，直接关系到带压提钻的井段长度，利于整个过程压力控制的平稳，且能够适当减少劳动强度，提高钻井效率，节约钻井材料。

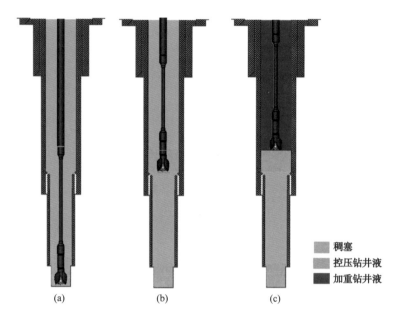

稠塞
控压钻井液
加重钻井液

图 5-25　起钻过程中的压力控制

根据控压钻井过程中的井底压力控制目标，为了维持替入加重钻井液后井底压力的连续控制，加重钻井液段需产生的附加压力计算为：

$$p_a = p_t - \rho_m g h + \Delta p \qquad (5-2)$$

式中　$p_a$——加重钻井液段产生的附加压力，MPa；

　　　$p_t$——井底压力控制目标，MPa；

　　　$\rho_m$——钻井液密度，g/cm$^3$；

　　　$h$——井深，m；

　　　$g$——重力加速度，m/s$^2$；

　　　$\Delta p$——附加抽吸压力（替入加重钻井液后起钻的抽吸压力），MPa。

计算出加重钻井液段产生的附加压力 $p_a$ 之后，加重钻井液段长度的计算为：

$$H = \frac{p_a}{(\rho - \rho_m)g} \qquad (5-3)$$

式中　$H$——加重钻井液段长度，m；

　　　$\rho$——加重钻井液密度，g/cm$^3$；

　　　$\rho_m$——钻井液密度，g/cm$^3$。

根据钻井现场下部钻具组合的一般情况来说，加重钻井液段长度应当大于下部钻铤的总长度，即：$H > L_{dc}$。

在技术套管的下深 $L$ 大于加重钻井液段长度 $H$ 的情况下，加重钻井液段全部在技术套管内，根据计算出的加重钻井液段长度，需要的加重钻井液体积计算为：

$$V = \pi \frac{r_1^2}{4}(H - L_{dc}) + \pi \frac{r_2^2}{4}L_{dc} + \pi \frac{(R_i^2 - R_1^2)}{4}(H - L_{dc}) + \pi \frac{(R_i^2 - R_2^2)}{4}L_{dc} \quad (5-4)$$

式中　$V$——加重钻井液体积，$m^3$；

$\quad\quad H$——加重钻井液段长度，m；

$\quad\quad L_{dc}$——钻铤总长度，m；

$\quad\quad r_1$——钻杆内径，m；

$\quad\quad r_2$——钻铤内径，m；

$\quad\quad R_1$——钻杆外径，m；

$\quad\quad R_2$——钻铤外径，m；

$\quad\quad R_i$——技术套管内径，m。

在技术套管的下深 $L$ 小于加重钻井液段长度 $H$ 的情况下，加重钻井液段部分在裸眼井段，此时需要的加重钻井液体积计算为：

$$\begin{aligned} V =\ & \pi \frac{r_1^2}{4}(H - L_{dc}) + \pi \frac{r_2^2}{4}L_{dc} + \pi \frac{(R_3^2 - R_2^2)}{4}L_{dc} \\ & + \pi \frac{(R_3^2 - R_1^2)}{4}(H - L - L_{dc}) + \pi \frac{(R_i^2 - R_1^2)}{4}L \end{aligned} \quad (5-5)$$

式中　$R_3$——裸眼段井眼直径，m。

由以上计算公式可以看出，控压钻井加重钻井液设计相关计算需要的基础数据如下：

（1）井底压力控制目标 $p_t$：根据提钻当天控制的井底目标当量密度以及井下情况，确定合理的井底压力控制目标值，作为加重钻井液的计算依据。

（2）当前钻井液性能数据：包含钻井液密度、塑性和表观黏度等数据。

（3）入井钻具的详细数据：包括钻杆内径、外径、长度，钻铤内径、外径、长度，钻头尺寸以及其他入井工具的内外径等。

（4）井身结构数据：技术套管内径、下深等数据。

在现场实际作业过程中，替入加重钻井液需要遵循以下两个原则：

（1）加重钻井液段尽量在上层技术套管内，以免在替出加重钻井液过程中憋漏裸眼井段的薄弱地层；

（2）实际使用的加重钻井液密度 $\rho$ 与当前的钻井液密度 $\rho_m$ 之间的密度差不能太大（$\rho - \rho_m \leq 0.4\text{g/cm}^3$），以减小两种不同密度钻井液之间的混浆量。

根据以上分析可知：影响加重钻井液体积的主要因素有井底压力控制目标 $p_t$，钻井液密度 $\rho_m$，加重钻井液的密度 $\rho$，井身结构、井下钻具组合及抽吸压力。而在实际替入加重钻井液的过程中井底压力控制目标 $p_t$ 及钻井液密度 $\rho_m$ 等数据已经确定，加重钻井液的优化设计只需关注加重钻井液段长度 $H$ 与加重钻井液的密度 $\rho$ 之间的关系即可，这两者确定后，需要的加重钻井液体积相应确定。

分析基于的基础数据：井深 3300m，技术套管内径 222.4mm，下深 2000m；裸眼段钻头直径为 215.9mm；井底压力控制目标为 40MPa；当前钻井液密度 1.18 g/cm3，套管内抽吸压力设置为 0.3MPa。根据前述的方法做出加重钻井液段长度与加重钻井液密度的对应关系曲线如图 5-26 所示。

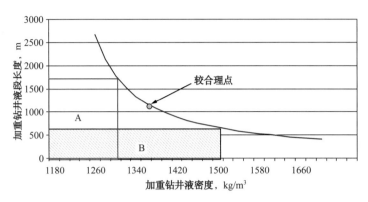

图 5-26  加重钻井液段长度与加重钻井液密度关系曲线

根据建模过程中的式（5-3）可知：加重钻井液段的长度和加重钻井液密度与钻井液密度差的乘积将是一个定值，即图 5-26 中区域 A 和区域 B 面积必定相等；根据最优化理论，可以得出较合理的加重钻井液参数（避免过长加重钻井液段和过高加重钻井液密度），即加重钻井液段长度为 1338m，加重钻井液密度 1.34g/cm³（两者和最小点）[11]。

现场作业过程中，替入加重钻井液体积除了受到加重钻井液密度影响之外，还受到井身结构以及井队储备加重钻井液的罐容积影响，现场作业中需要进行综合考虑。

## 二、控压钻井作业程序

1. 控压钻进及密度窗口测试作业程序

控压钻进过程中，使用的钻井液密度低于常规钻井液密度，通过在循环钻进中施加一定的井口回压的方式来控制井底压力当量钻井液密度维持在安全密度窗口以内。

控压钻进过程中，循环通路使用自动节流管汇中并联的两路节流阀（AJ1/AJ2）其中之一。使用 AJ1 节流阀通路循环控制，此时闸板阀 BZ2、BZ3 处于关闭状态，通过节流阀 AJ1 的开度调节实现井口回压的控制。控压钻进流程如图 5-27 所示。

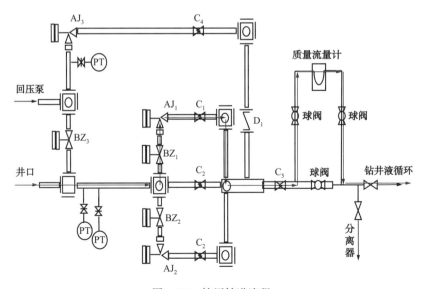

图 5-27  控压钻进流程

钻进中，决策分析系统自动根据井深、钻井液密度及其他性能参数、排量、当前井口套压等数据自动决策，发送目标套压指令，通过电控系统调节实现自动节流控制井口回压。控压钻井系统稳定，则继续控压钻进；如果发生井漏、井涌情况，则按照控压钻井动态井控程序操作[12]。

钻进过程中，可根据需要进行地层压力及地层漏失压力的测试，钻进中实时标定地层安全密度窗口，为实现井底压力的精细控制提供可靠的依据。控压钻井地层压力窗口测试原理如图 5-28 所示。

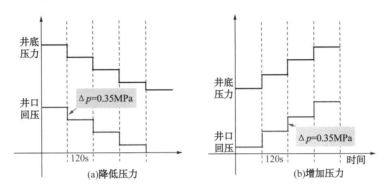

图 5-28　控压钻井地层压力窗口测试原理

钻进中可根据图 5-28（a）所示测试原理进行地层压力测试，具体测试程序如下：

（1）循环清洗井眼，使 PWD 能够继续传递数据，通过自动节流控制系统保持井底压力。

（2）降低井底压力，每降低 0.35MPa，控压钻井系统必须达到稳定的循环状态后（循环一定时间，例如 120s，通过质量流量计观察是否有井侵），才能再次降低 0.35MPa。

（3）观察并记录所有的控压钻井系统相关的压力，排量和钻井液体积变化。降低压力后，产层的反应为地层流体进入环空。

（4）检测到井侵后（出口流量大于入口流量），记录此时的井底压力，即实际地层压力。同时在不造成井漏的前提下，立即通过自动节流控制系统增加回压 1MPa。

（5）确保控压钻井系统处于稳定状态且井侵已经停止。

（6）继续循环，使用 PWD 传递井底压力数据，通过自动节流控制系统保持井底钻井液当量循环密度至测试前的控制目标值。

（7）如地层能量不足，井口回压降至 0MPa，无法求得实际地层压力，则认为当时的井底压力就是地层压力，井口控压继续钻进。

（8）确定实际的地层压力后，优化设计钻井液密度和回压值，优化控压钻井井底压力操作窗口。

（9）调整好控压钻井液密度和回压后，恢复钻进。司钻按照常规作业的操作，监测上提和下放时的悬重变化，及时发现处理井下复杂情况。

钻进中可根据 5-28（b）所示测试原理进行地层漏失压力测试[13]，具体测试程序如下：

（1）循环清洗井眼，使 PWD 能够继续传递数据，通过自动节流控制系统保持井底压力。

（2）增加井底压力，每增加 0.35MPa，控压钻井系统必须达到稳定的循环状态后（循环一定时间，例如 120s，通过质量流量计观察是否有井漏），才能再次增加 0.35MPa。

（3）观察并记录所有的控压钻井系统相关的压力，排量和钻井液体积变化。增加压力后井漏的反应为出口流量小于入口流量。

（4）检测到井漏后（出口流量小于入口流量），记录此时的井底压力，即实际地层漏失压力。同时在不造成溢流的前提下，立即通过自动节流控制系统减少回压 1MPa。

（5）如果井口回压累计增加超过 5MPa，停止测试。

（6）确定实际的地层漏失压力后，优化设计钻井液密度和回压值，优化控压钻井井底压力操作窗口。

（7）调整好控压钻井液密度和回压后，恢复钻进。司钻按照常规作业的操作，监测上提和下放时的悬重变化，及时发现处理井下复杂情况。

2. 控压接单根作业程序[14]

控压接单根作业需要井队技术人员与控压钻井工程师密切配合完成。循环停止后，通过回压泵补偿环空压力，保持井底压力恒定。作业程序如下：

（1）钻完单根进尺，停转盘，循环观察井眼情况；井队告知控压钻井工程师准备接单根。

（2）上下活动钻杆（注意控制上提下放速度，钻杆接头过胶芯时，速度不能高于 2m/min），并充分循环保证井眼清洁。

（3）停泵前，控压钻井工程师记录（以控压钻井排量）循环立压、井口压力(AJ1/AJ2 阀前压力)、井底压力和节流阀（AJ1/AJ2）开度；计算停泵后需增加的井口压力值（用于钻井泵停泵后补偿环空循环摩阻）。

（4）按照控压钻井排量循环，上提钻具到接单根位置，准备接单根。

（5）启动回压泵，通过节流阀（AJ3）循环。此时闸板阀（BZ3）保持关闭状态。将节流阀（AJ3）设置为井底压力控制模式（自动控制模式，以井底压力为控制目标）。

（6）当节流阀（AJ3）和节流阀（AJ1/AJ2）阀前压力一致后，打开隔离阀（闸板阀 BZ3）；司钻缓慢降低钻井泵（泵冲）排量至 0，节流阀（AJ1/AJ2）手动控制，根据排量降低情况适当关闭；通过节流阀（AJ3）自动控制井口施加回压，保持井底压力平稳。

（7）通过立管卸压管汇泄掉钻杆和立管内的圈闭压力，通过钻井参数监测系统确认立压为 0，并通过观察软管（立管）再次确认。

（8）坐好吊卡，准备接单根。注意保持接单根期间井况稳定，记录井口压力和排量。

（9）关闭方钻杆旋塞，卸开方钻杆，接钻杆和方钻杆。

（10）打开方钻杆旋塞。开始转动转盘及钻杆。检查并确认立管卸压管汇上所有阀门处于关闭状态。

（11）缓慢开启钻井泵，并根据泵排量增加，手动控制逐渐打开节流阀（AJ1/AJ2），通过节流阀（AJ3）自动控制井口施加回压，保持开泵过程中井底压力平稳。

（12）节流阀（AJ1/AJ2）调到自动控制模式，节流阀（AJ3）转换到手动控制模式，调整节流阀（AJ3）开度直到节流阀（AJ1/AJ2）开度恢复到接单根前位置。

（13）关闭闸板阀（BZ3），停回压泵，自动调整节流阀（AJ1/AJ2）。

（14）循环钻井液保持井口压力和立压在接单根前的水平，直到 PWD 读数稳定。

（15）决策分析系统转换至自动控制模式，保持稳定的井底压力，继续控压钻进。

3. 控压起钻作业程序

起钻之前必须充分循环洗井，保证井眼清洁。钻进进入产层，控压起钻之前先注入一段稠浆，有效控制油气上窜。起钻至预定的深度要注入加重钻井液以平衡地层压力（加重钻井液性能要求具有防气窜的能力）。在注加重钻井液之前要先注一段稠浆作为隔离液，以免混浆。

控压起钻程序如下：

（1）起钻之前准备好一定量备用加重钻井液，加重钻井液的密度和体积量根据实际使用的钻井液密度、井底当量钻井液密度控制目标、注入加重钻井液段长及井身结构数据计算得到。

（2）控压钻井工程师和井队钻井工程师计算需要的加重钻井液体积和密度。控压钻井工程师准备好井口"压力降低步骤表"和顶替体积量。加重钻井液泵入深度由现场控压钻井工程师和井队钻井工程师决定。

（3）充分循环，保证井眼清洁。起钻前根据情况决定是否需要打入压水眼钻井液。

（4）确认井眼已经清洁。在井底压力自动控制模式下，通过自动节流控制系统保持井底压力稳定。控制速度上下活动钻杆，工具接头通过旋转防喷器的速度要低于 2m/min。

（5）按照接单根程序，停止循环。

（6）按照接单根程序，卸掉方钻杆；之前应泄掉立管内的圈闭压力，确保立压表读数为 0。

（7）通过旋转防喷器起钻至预定深度。起钻速度按照控压钻井工程师的要求，避免产生抽吸压力。自动节流控制系统和回压泵在井口压力控制模式下，保持井底压力的连续稳定。如果抽吸压力很大，控压钻井工程师可通过提高回压来补偿抽吸压力的影响。确保正确灌浆，保持井底压力连续稳定，钻杆接头通过旋转防喷器的速度不高于 2m/min。

（8）将加重钻井液的性能输入至自动节流控制系统的水力参数模型；连接方钻杆，准备替入加重钻井液；确定井口压力降低步骤和顶替排量，保持井底压力连续稳定。如作业需要，控压钻井操作人员手动操作回压泵和自动节流控制系统。

（9）在 PWD 把井底数据传输到地面前，按照预定排量保持井口压力不变。控压钻井工程师负责发出停 / 开泵和调整节流阀的指令。

（10）注入隔离液（钻井工程师决定注入的隔离液体积和深度，并注意观察立压和井口压力下降情况，以及 PWD 随钻测压工具显示的井底压力升高情况）。

（11）控压起钻至隔离液段顶部。

（12）按照顶替方案注入加重钻井液，直至加重钻井液返至地面。

（13）打入加重钻井液后，井口压力为 0MPa，检查进出口钻井液密度以及环空钻井液返出情况；全开自动节流阀，通过流量计检查是否存在溢出情况。

（14）检查确认井口压力为 0MPa，井口无溢流后，拆旋转控制头总成，安装防溢管（维修保养旋转控制头；确保钻井液补给罐内充满加重钻井液；并利用流量计监测钻井液体积和钻井液进出量，确保井口压力为 0MPa）。

（15）常规起钻（使用钻井液补给罐连续灌加重钻井液）。

（16）止回阀起至井口，按照止回阀泄压程序操作。

（17）当钻头起到全封闸板防喷器以上时，关闭全封闸板。

（18）重新组合钻具，准备下钻。

4. 控压下钻作业程序

控压下钻程序如下[15]：

（1）井队钻井工程师和控压钻井工程师计算所需控压钻井液体积，准备足够的控压钻井液进行替浆，地面需有足够的钻井液罐回收加重钻井液；替出加重钻井液时，控压钻井工程师需准备井口压力提高步骤表和顶替体积量，供自动节流管汇操作人员执行。

（2）全封闸板保持关闭状态。

（3）组合控压钻井钻具组合。

（4）确认井口压力为 0MPa 后，打开全封闸板；开全封闸板前，检查是否存在圈闭压力；检查旋转防喷器处是否存在硫化氢。

（5）常规下钻至隔离液段底部，此过程中使用钻井液补给罐连续灌加重钻井液。按照控压钻井工程师建议的速度下钻，以减少激动压力。每下入 15 柱，钻柱内灌满控压钻井液一次。确保井口压力为 0MPa，监测钻井液罐体积，保证下入钻具体积等于环空钻井液返出体积。

（6）讨论顶替方案。控压钻井工程师更新水力参数，如作业需要，控压钻井操作人员可手动操作回压泵或者自动节流系统。

（7）接方钻杆，准备循环控压钻井钻井液，拆防溢管，安装旋转防喷器。

（8）按照顶替方案泵入控压钻井液替出加重钻井液；按照顶替方案，相应增加井口压力。

（9）循环控压钻井液，确保自动节流系统运转正常。

（10）顶替结束后，停止循环，按照接单根程序卸开方钻杆。

（11）通过自动节流阀和回压泵，在井底压力控制模式下，按照接单根程序保持井底压力。

（12）下钻至井底：下钻至套管鞋后，控压钻井工程师可考虑通过降低井口回压来降低激动压力的影响。

（13）接方钻杆。按照接单根程序缓慢提高钻井泵排量，通过自动节流系统和回压泵保持稳定的井底压力。

（14）上下活动钻杆，循环钻井液。

（15）井下情况稳定后，重新开始控压钻进；按照控压钻井作业步骤钻进，根据 PWD 数据校正水力模拟参数。

5. 控压钻井作业应急程序

1）节流阀堵塞应急程序

由于自动节流控制管汇中有两路并联的可供使用的节流阀通路，控压钻井过程中，如果发生节流阀堵塞，立即启动节流阀堵塞应急程序（表5-4），将循环通路转换至另外的备用通路循环控制。

表5-4　节流阀堵塞应急程序

| 序号 | 操　　作 | 注意事项 |
|------|---------|---------|
| 1 | 发现节流阀堵塞后，立即转换到另一个节流阀。确保操作参数恢复到未堵时的状态 | 控压钻井操作人员保证此操作的连续流畅。保持井口和井底压力稳定 |
| 2 | 继续控压钻进作业 | |
| 3 | 关闭堵塞节流阀下游的阀门和上游远程控制阀，将此节流阀隔离 | |
| 4 | 泄压，打开节流阀帽。节流阀打开30% | 泄压时采取硫化氢预防措施。安装节流阀时保持泄压阀处于打开状态 |
| 5 | 卸掉压力后，检查和维修节流阀 | |
| 6 | 维修结束后，上紧节流阀帽，关闭泄压阀 | |
| 7 | 校正节流阀，节流阀打开30% | |
| 8 | 打开下游隔离阀，测试并检查是否泄漏 | |
| 9 | 全开下游阀门，并关闭节流阀 | |
| 10 | 打开上游的远程控制阀，进行整体检查 | |
| 11 | 关闭上游阀门，并将此节流阀调整到自动控制状态，备用 | 提交节流阀堵塞原因和处理报告 |

2）PWD仪器失效应急程序

控压钻井作业期间，下部钻具组合中接有PWD随钻压力、温度测量仪器，系统自动控制需PWD仪器实时数据的支持，以保障井底压力控制的精度。

由于决策分析系统包含自学习软件模块，通过前期钻井过程中获取的有效PWD数据对模拟软件计算结果进行训练修正，以减少软件决策计算得到的目标压力与实际井底压力之间的差别，保证系统压力控制精度。如果钻进过程中PWD仪器信号失效，可立即启动PWD仪器失效应急程序（表5-5）。

表5-5　PWD仪器失效应急程序

| 序号 | 操　　作 | 相关操作 | 注意事项 |
|------|---------|---------|---------|
| 1 | PWD随钻测压工具工程师向控压钻井工程师报告PWD随钻测压工具失效，失去信号 | 按照PWD随钻测压工具工程师的指令进行调整，以重新获得信号 | |
| 2 | 控压钻井工程师告知井队工程师随钻测压工具失效 | 现场项目负责人决定是否根据水力参数模型预计的井底压力钻进或者起钻 | 根据井队工程师和控压钻井工程师的指令，进行下步作业 |
| 3 | 使用水力参数模型，预计井底压力，继续控压钻进 | 控压钻井工程师每15min运行一次水力参数模型，计算井底压力 | 继续钻进 |
| 4 | 起钻维修PWD测压工具 | | |

3）控压钻井井控应急程序

使用精细控压钻井系统实施控压钻井过程中，利用系统自带高精度质量流量计进行流量监测，决策分析系统可以快速发现溢流，启动井控应急程序（表5-6），增强钻井安全性。

表5-6　控压钻井井控程序总体方案

| 序号 | 井控状况 | 应急程序 |
|---|---|---|
| 1 | 控压钻井参数正常，状况稳定 | 继续钻进 |
| 2 | 井涌小于1m³（如单根气/后效气/短暂欠平衡或微量漏失/钻遇新地层） | 处理措施：停止钻进，循环调节自动节流阀 AJ1/AJ2，调整井底压力减小井漏或井涌，循环出井侵流体 |
| 3 | 井涌大于1m³（钻遇新地层或大量漏失/井漏失返或地面设备失效） | 处理措施：交与井队控制井口，按照相关油田井控实施细则执行井控程序 |

控压钻井过程中，井底处于微过平衡状态，钻进过程中返出钻井流体直接进入地面钻井液循环系统，绿色区域（正常钻进）具体循环流程如图5-29所示。返出钻井液中无严重的伴生气，压力、返出量和钻井液罐液面无增加的情况下，自动节流控制系统自动控制节流阀开度，保持稳定的控压钻进状态。

如发现井侵，立即转换至黄色区域循环线路，并启动井涌应急程序。

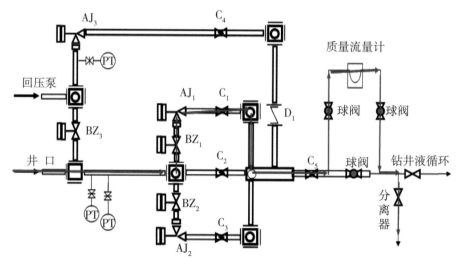

图5-29　黄色区域（井涌）循环路线

井涌量小于1m³情况下的应急程序见表5-7。

表5-7　井涌量小于1m³情况下的应急程序

| 序号 | 溢流量小于0.5m³的处理措施 | 溢流量为0.5~1m³的处理措施 |
|---|---|---|
| 1 | 停止钻进，保持循环 | 以2MPa为基数，间隔时间5min，连续施加井口压力，直至溢流停止 |
| 2 | 增加井口压力2MPa，井队和录井加密坐岗观察并及时相互沟通，间隔5min坐岗观察读取液面 | 若井口压力大于7MPa，则适当提高钻井液密度以降低井口回压 |
| 3 | 液面保持不变，则由控压钻井工程师据情况采取措施 | |
| 4 | 液面继续上涨，则井口压力以1MPa为基数，间隔5min连续增加，直至溢流停止 | |

| 序号 | 溢流量小于 0.5m³ 的处理措施 | 溢流量为 0.5~1m³ 的处理措施 |
|---|---|---|
| 5 | 若井口压力大于 7MPa，则适当提高钻井液密度以降低井口控压值 | |
| 6 | 停止钻进，保持循环 | |

如果井涌量超过 $1m^3$，交与井队控制井口，按照相关油田井控实施细则执行井控程序。

# 第三节　XZMPD 控压钻井装备应用

西部钻探工程工程有限公司自主研发的 XZMPD 控压钻井系统，自 2010 年研发成功以来，在新疆油田、青海油田等油田累计应用 30 口井，实施井段累计 10008m，系统正常运行 15992h，成功解决了新疆油田南缘地区、火烧山区块，青海油田狮子沟区块因窄密度窗口所带来的溢流、漏失等钻井复杂，以及进而造成的水平段难以钻达设计井深、钻井周期长、开发成本高、储层伤害严重等问题，充分证明了装置性能的实用性和可靠性，节约了钻井成本。

## 一、新疆油田白 28 井控压钻井应用

1. 基本情况

白 28 井是新疆油田勘探事业部在准噶尔盆地西北缘部署的一口设计井深 3460m 的直井、预探井[16]。

构造名称：准噶尔盆地西部隆起中拐凸起；

构造位置：位于准噶尔盆地西部隆起克百断裂带；

钻井目的：落实 381 井北佳木河组断鼻圈闭的含油气性；

目的层位：二叠系佳木河组（$P_1j$）。

为保证钻井安全和实现勘探发现的目标，三开使用控压钻井技术。

1）设计井身结构

白 28 井设计井身结构如图 5-30 所示。

2）地质分层及目标井段（储集层）特征分析

白 28 井主探二叠系佳木河组，根据邻井 563 井、381 井、807 井、克 502 井、481 井等井的录井、测井实验分析数据和地质综合研究结果，对佳木河组储集体特征进行分析和预测。预测地质分层及地层岩性见表 5-8。

3）邻井地层岩性情况

邻井克 301、克 305 两井的 $P_1j$ 顶部地层的岩性显示，均为泥岩夹凝灰质砂岩，仅沉积厚度有所差异。克 82 井为凝灰质泥岩，据该段地层粘土矿物组分分析数据显示，伊蒙混层比达 90%。

预测白 28 井佳木河组发育碎屑岩与火山岩的混积沉积，佳二段上部岩性以冲积扇砂砾岩为主，佳二段下部岩性为火山岩和碎屑岩共存，火山岩主要为火山溢流相的安山岩、

凝灰岩并局部发育火山爆发相的火山角砾岩。

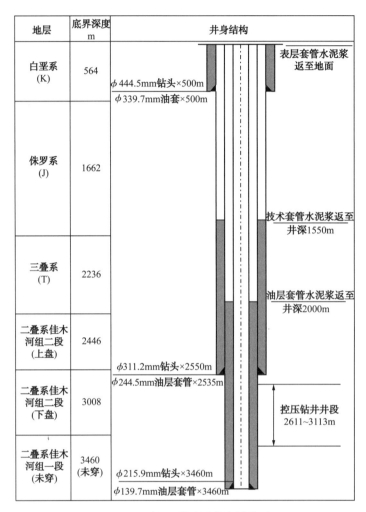

图 5-30 白 28 井设计井身结构图

表 5-8 白 28 井预测地质分层及地层岩性

| 地层 | | | | | 设计地层 | | 地层岩性 |
|---|---|---|---|---|---|---|---|
| 界 | 系 | 统 | 组 | 段 | 底界深度<br>m | 厚度<br>m | |
| 中生界<br>Mz | K | | | | 587 | 587 | |
| | J | | | | 1690 | 1103 | |
| | T | | | | 2230 | 540 | |
| | P | 下统<br>P_1 | 佳木河组<br>P_1j | P_1j_2/ | 2505 | 275 | 上部主要为灰褐色砂砾岩夹灰黑色泥岩，下部为凝灰质角砾岩、砾岩、砂岩与安山岩互层 |
| | | | | /P_1j_2 | 2985 | 480 | 以凝灰岩为主，中间夹凝灰质角砾岩、砂砾岩、流纹岩与安山岩互层 |
| | | | | P_1j_1 | 3460<br>（未穿） | 475 | 主要以大套中基性火山岩（玄武岩、安山岩、霏细岩）为主，局部有花岗岩，夹火山碎屑岩类的火山角砾岩和凝灰岩以及正常沉积的砂砾岩等 |

邻区邻井钻遇佳二段井较少，主要取心集中在佳三段。安山岩分析孔隙度为 0.67%~20.40%，平均 10.10%，渗透率为 0.01~44.50mD，平均 0.678mD，为低孔低渗储层。火山角砾岩分析孔隙度为 6.38%~23.62%，平均 12.59%，渗透率为 0.07~91.88mD，平均 1.081mD，为低孔低渗储层。通过对邻区碎屑岩储层的物性进行统计，孔隙直径 13~109μm，平均为 72.5μm，面孔率为 0.01%~1.66%，平均为 0.49%。油气层孔隙度变化范围为 8%~18%，平均为 10.63%。渗透率变化较大，油气层为 13~2545mD，平均为 214.5mD。属于小孔隙、渗透率中等、分选差的储层。

381 井北二叠系佳木河组断鼻圈闭整体上是由 808 井东断裂挤压运动而形成，808 井东断裂是一条佳木河组内部的基底卷入的断裂，主要活动在佳木河组三段、二段以及佳木河组一段顶部，并且产生大量伴生断裂。邻井 556 井取心多段见到裂缝发育，倾角 10°~80°，部分岩心发育网状缝，裂缝密度为 2~4 条 /10cm，被方解石和沸石充填或半充填。推测白 28 井佳木河组裂缝较发育，发育较多斜劈缝和网状缝。

白 28 井目的层储集体的主要特征预测结果见表 5-9。

表 5-9　白 28 井目的层储集体特征预测结果表

| 层位 | 深度范围 m | 厚度 m | 岩性 | 相类型 | 孔隙度 % | 孔隙类型 |
|---|---|---|---|---|---|---|
| P₁j | 3000~3400 | 400 | 火山角砾岩、安山岩、砂砾岩 | 近火山口相、冲积扇相 | 8~15 | 粒内溶孔、气孔、微裂缝和裂缝 |

4）含油气分析

白 28 井所钻探的圈闭 381 井北佳木河组断鼻圈闭是佳木河组内部一套地层较为平缓的大型鼻状构造，该断鼻圈闭地层平缓，通过邻井地震相对比分析，发育较好的火山岩岩相，且该鼻状构造因断裂挤压引起，裂缝相对较为发育，根据该区佳木河组丰富的含油气性以及邻区中拐地区佳木河组二段多发育气藏的特点，认为该构造是规模天然气成藏的有利平台，因此，推测白 28 井在佳木河组内部的断鼻圈闭内获天然气概率较大。另外，白 28 井也可钻遇断裂上盘的地层尖灭带。根据之前邻井油气显示、试油情况及老井复查结果分析，预测白 28 井在二叠系上佳木河组 2200~2460m、3000~3400m 井段均会有良好的油气显示。预测在主要目的层佳木河组获得油气的概率在 80% 以上。

5）地层压力预测

根据邻井克 019、克 88、克 502 等井的钻井液密度使用情况（表 5-10），以及克拉玛依地区钻井试油压力情况，分析认为该区侏罗系八道湾组以上地层连通性好，不存在压力异常区，在三叠系、二叠系有较高压力，故预测工区侏罗系八道湾组以上地层压力系数在 1.0~1.25 之间，三叠系压力系数在 1.25~1.34 之间，二叠系佳木河组压力系数在 1.35~1.43 之间，见表 5-11。

6）井壁稳定性分析

利用克 301、克 82、克 305 井的测井资料，综合考虑了各段钻井液密度使用情况、该区多口已钻井的破裂压力数据规律以及邻井钻井过程中的复杂情况等信息，运用井壁稳定软件进行了克 301、克 82、克 305 井地层坍塌、破裂压力计算。

表 5-10　白 28 井邻井钻井液使用情况表

| 井号 | 井段，m | 钻井液密度，$g/cm^3$ |
|---|---|---|
| 克 019 | 299~1560 | 1.14~1.18 |
| | 1560~1712 | 1.14~1.18 |
| | 1712~1955 | 1.18~1.26 |
| | 1955~2000 | 1.15~1.32 |
| | 2000~2330 | 1.32~1.34 |
| 克 88 | 500~2250 | 1.17~1.25 |
| | 2250~3057 | 1.17~1.25 |
| | 3057~3700 | 1.04~1.07（欠平衡钻井） |
| 克 502 | 0~300 | 1.12~1.18 |
| | 300~670 | 1.11~1.18 |
| | 670~1020 | 1.21~1.29 |
| | 1020~1348 | 1.30~1.34 |
| | 1348~2229 | 1.35~1.40 |

表 5-11　白 28 井压力系数预测表

| 深度，m | 地　层 | 压力系数 |
|---|---|---|
| 500~1690 | $K_1tg~J_1b$ | 1.0~1.25 |
| 1690~2230 | $T_3b~T_1b$ | 1.25~1.34 |
| 2230~3460 | $P_1j$ | 1.34~1.43 |

　　由于克 301、克 82、克 305 井分别在不同小断块内，因此，地层坍塌压力主要以克 301 井为依据，而克 82、克 305 井的坍塌压力仅作为参考。

　　由克 301 井地层坍塌、破裂压力剖面可知：该区纵向上地层坍塌压力的分布规律为二叠系佳木河组除顶部坍塌压力有异常外，整体上，坍塌压力系数值在 0.9~1.02 之间，顶部地层的坍塌压力系数值达到 1.1~1.25。该区纵向上地层破裂压力的分布规律为破裂压力系数自上而下基本在 1.6 左右。

　　从克 301、克 82、克 305 井坍塌压力数据显示可看出，由于三井分别位于不同的小断块内，在具体数值上有所不同。但作为中拐—五八区区域性大地质构造背景下的井，三口井各地层的破裂压力、坍塌压力，尤其是在 $P_1j$ 地层中表现出的趋势具有一致性，即，在 $P_1j$ 顶部有一段井壁不稳定段，而其下部地层井壁稳定性较好。

克301、克82井在$P_1j$组使用钻井液密度均在1.30g/cm³以上，在过平衡钻井条件下满足了力学支撑井壁的需要，实钻过程反映作业顺利，没有复杂情况发生。而在同钻井液密度条件下，与上下井段相比，$P_1j$组顶部井段有井径相对扩大的现象，该段地层主要为泥岩或凝灰质泥岩，与钻井液性能及泥岩黏土矿物组分中各水敏性矿物含量有关。

综上所述，$P_1j$组顶部的一段地层应属于不稳定的地层，其下部地层在力学上为相对稳定地层。

7）邻井钻井复杂分析

按钻井工程施工需要，分段叙述可能钻遇的断层、漏层、超压层、位置和井段等。

克556井：钻至井深2227.27m（$P_1j$）下取心钻头于井深2225m遇阻，提钻换牙轮钻头至井底时发生井塌，钻具被卡，经上提下放活动钻具解卡，钻井液密度由1.22g/cm³上升为1.32g/cm³。

钻至井深2519.10m（$P_1j$）发生井漏，共漏失钻井液30m³，漏失钻井液密度1.31g/cm³。钻至井深2624.49m（$P_1j$）发生井漏，共漏失钻井液40m³，漏失钻井液密度1.28g/cm³。两次井漏均经降低钻井液密度恢复正常。

克563井：钻揭佳木河组时，在井深2123.13m、2131.91m、2139.53m、2159.96m、2163.49m、2169.92m、2174.62m、2188.64m、2241.80m发生多次油气侵，经循环钻井液后恢复下正常。

根据邻井复杂情况，结合本区地层结构与岩性分析，预测本井二叠系、三叠系可能发生井漏及油气侵。因此，白28井应控制好钻井液性能，严密监测压力变化，提前调整钻井液密度，防止井漏、井喷等复杂情况发生。

8）作业井段压力窗口预测

白28井作业窗口预测见表5-12。

表5-12 白28井作业窗口预测

| 井段，m | 坍塌压力系数 | 破裂压力系数 | 地层压力系数 | 漏失压力系数 | 安全密度窗口，g/cm³ |
|---|---|---|---|---|---|
| 2500~2650 | 1.10~1.20 | 1.60 | 1.35 | 1.28~1.39 | 1.20~1.28 |
| 2650~3000 | 1.0 | 1.60 | 1.35~1.38 | | 1.38~1.50 |
| 3000~3460 | 0.8~0.9 | 1.60 | 1.38~1.43 | | 1.38~1.50 |

预测2500~2650m井段，控压作业的重点是保持井底目标压力平稳，防止井塌与井漏复杂发生；2650~3000m井段，控压钻井的重点是防漏；3000~3460m，压力窗口不明确，控压作业重点为预防井漏与井涌。

2.施工情况

1）施工难点分析

根据邻井克301井、克82井、克305井的物性分析、测井资料、钻井液密度使用情况以及实钻反应出的情况，通过对比分析认为佳木河（$P_1j$）组顶部地层主要为泥岩或凝灰质泥岩，存在井径相对扩大的现象。

根据381井北二叠系佳木河组断鼻圈闭裂缝发育特征及邻井克556井取心情况，分析认为白28井佳木河组裂缝较发育，发育较多斜劈缝和网状缝，孔隙度为8%~15%。结合邻井克556井实钻过程中在2519.10m、2624.49m发生井漏及邻井克563井在井段2123~2241m发生多次油气侵，预测本井三开实施钻井作业存在井漏及油气侵的风险。

根据邻井克019、克88、克502等井的钻井液密度使用情况，以及克拉玛依地区钻井试油压力情况，分析认为二叠系有较高压力，三开井段地层漏失压力认识不清，钻遇该地层带来极大的不确定性，增加了钻井的风险。

2）控压钻井目的

为保障钻井安全，使用控压钻井技术，利用控压钻井系统配套有高精度质量流量计，在现场通过实时调整套压进行微溢流与微漏失测试，从而准确确定所钻井段地层压力窗口，提高对压力窗口预测困难地层井漏、溢流的处理和控制能力；使用控压钻井技术，在维持井壁稳定的前提下使用低限钻井液密度钻进，防止钻井漏失且有利于实现勘探发现的目标；通过钻井参数监测、自动决策及指令执行，可实时快速发现溢流、井漏，有效控制消减钻井涌、漏等复杂问题，减少非生产作业时间，增强钻井安全。

3）控压钻井主要设备

控压钻井主要由地面设备和井下设备组成，地面设备主要包括：旋转防喷器、控压钻井自动节流管汇、回压泵等；井下设备主要有：钻具浮阀、随钻井底压力监测仪器（PWD）等，具体设备见表5-13。

表5-13　白28井控压钻井主要装备

| 设备分类 | 序号 | 部件名称 | 主要参数 | 数量 |
|---|---|---|---|---|
| 地面设备 | 1 | 威廉姆斯7100旋转控制头 | 35 MPa | 1套 |
| | 2 | 液动平板阀 | 35 MPa | 1个 |
| | 3 | 旋转控制头胶芯 | | 6个 |
| | 4 | 控压钻井自动节流管汇 | 35 MPa | 1套 |
| | 5 | 自动节流控制系统 | | 1套 |
| | 6 | 回压泵 | 柴油驱动 | 1套 |
| | 7 | 数据采集监测系统 | | 1套 |
| | 8 | 控压钻井系统工作间 | | 1间 |
| 井下设备 | 9 | PWD数据采集房 | | 1间 |
| | 10 | $\phi$165mm钻具浮阀 | 70 MPa | 5只 |
| | 11 | $\phi$172mm PWD随钻测压工具 | | 1套 |
| | 12 | 钻杆滤清器（$\phi$127mm钻杆） | | 2只 |

4）控压钻井实施方案及模拟计算

井深2600~3000m井段：根据设计要求，在该层位推荐使用1.15~1.20g/cm³（若钻具中有螺杆可边钻进边加重），在保证井底安全的前提下逐渐增加井口套压，逐步将井底目标当量密度控制到1.20~1.25g/cm³，进行控压钻进、钻完该段地层。

使用钻井液密度 1.15g/cm³、排量 25L/s、循环压耗为 1.44MPa。井口加套压 1.1MPa 的情况下进行控压钻进，循环停止井口施加套压 2.6MPa，提供当量循环密度 1.25g/cm³，钻穿该地层。起钻重钻井液帽设计：以使用钻井液密度 1.15g/cm³ 为基准，替入重钻井液帽后井口套压为 0 进行设计。水力模拟基础数据见表 5–14 和表 5–15，模拟结果如图 5–31~图 5–34 所示。

表 5–14　白 28 井水力模拟基础数据表

| 项目 | 数　据 |
|---|---|
| 目的层 | 二叠系佳木河组 |
| 地层压力系数 | 1.34~1.43 |
| 地层温度，℃ | 80~100 |
| $9^{5}/_{8}$in 套管下深，m | 2550 |
| $8^{1}/_{2}$in 井眼长度，m | 910 |
| 设计井深，m | 3460 |
| 模拟软件 | Signa |
| 钻柱组合 | $\phi$215.9mm 钻头 +$\phi$165mm 单流阀 1 只 +PWD+$\phi$158.8mm 钻铤 21 根 +$\phi$158.8mm 随钻震击器 +$\phi$158.8mm 钻铤 2 根 +$\phi$127mm 钻杆 |
| 钻头 | $8^{1}/_{2}$in 钻头，水眼：11mm+13mm |
| 钻井液 | 钾钙基聚磺钻井液密度 (1.15~1.50g/cm³) |
| 钻井液性能和流变性 | 见表 5–14 |
| 排量 | 25L/s |

表 5–15　白 28 井设计三开钻井液体系及参数表

| 开钻次序 | 井段 m | 常规性能 | | | 流变参数 | | 总固相含量 % | 膨润土含量 % |
|---|---|---|---|---|---|---|---|---|
| | | 密度，g/cm³ | 静切力，Pa | | 塑性黏度 mPa·s | 动切力 Pa | | |
| | | | 初切 | 终切 | | | | |
| 三开 | 2550~3460 | 1.15~1.50 | 1.5~7 | 2~12 | 12~35 | 5~15 | | 3.0~4.5 |

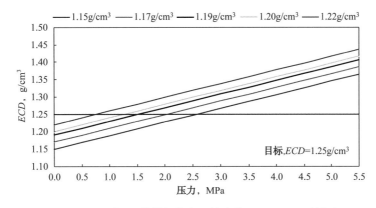

图 5–31　白 28 井模拟状态：钻头位于 2600m，不循环

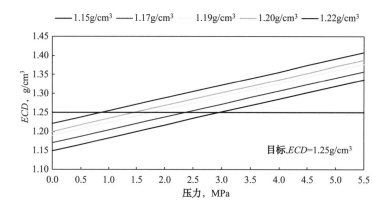

图 5-32　白 28 井模拟状态：钻头位于井底 3000m，不循环

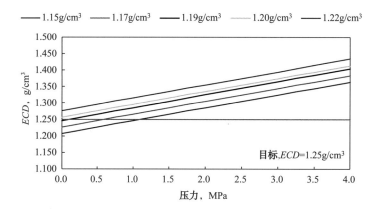

图 5-33　白 28 井模拟状态：钻头位于 2600m，排量 25 L/s 循环状态

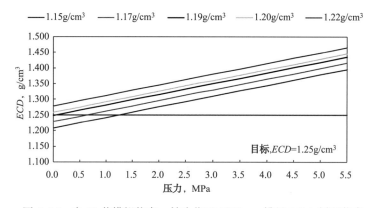

图 5-34　白 28 井模拟状态：钻头位于 3000m，排量 25L/s 循环状态

　　起钻重钻井液帽设计：以使用钻井液密度 1.15g/cm³ 为基准，替入重钻井液帽后井口套压为 0 进行设计，设计结果见表 5-16。

表5-16　白28井井深3000m起钻/下钻钻井液帽置换设计数据表

| $\phi$244.5mm套管环空，$m^3/m$ | $\phi$127mm钻杆内容积，$m^3/m$ | 段长，m | 井深，m |
|---|---|---|---|
| 0.0261 | 0.0093 | 657 | 3000 |
| $\phi$244.5mm套管环空，$m^3/m$ | $\phi$158.8mm钻铤内容积，$m^3/m$ | 段长，m | 带压起钻，m |
| 0.019 | 0.004 | 200 | 2143 |
| 环空容积，$m^3$ | 内容积，$m^3$ | 重浆总体积，$m^3$ | 钻井液帽长度，m |
| 23.23 | 4.6 | 27.83 | 857 |
| 停泵时套压，MPa | 替浆排量，L/s | 替浆时间，min | |
| 0 | 25 | 18.57 | |
| 井底ECD，$g/cm^3$ | 钻井液密度，$g/cm^3$ | 重浆密度，$g/cm^3$ | |
| 1.25 | 1.15 | 1.5 | |

注：现场操作中，以实际控制ECD为准进行调整，合理设计重钻井液帽长度及重钻井液密度值。

井深3000~3460m井段：考虑到这段地层压力系数特点，以及上部地层所用钻井液密度，为了维持该地层稳定性，该层位起步压力不宜过低，在该层位推荐使用钻井液密度1.30~1.38$g/cm^3$，在保证井底安全的前提下逐渐增加井口套压，逐步将井底ECD控制到1.40~1.44$g/cm^3$，进行控压钻进、钻完该段地层。

使用钻井液密度1.34$g/cm^3$、排量25L/s、循环压耗为1.95MPa。井口加套压1.1MPa的情况下进行控压钻进，循环停止井口施加套压3.05MPa，提供当量循环密度1.43$g/cm^3$，钻穿这段地层。模拟结果如图5-35和图5-36所示。

起钻重钻井液帽设计：以使用钻井液密度1.34$g/cm^3$为基准，替入重钻井液帽后井口套压为0进行设计，设计结果见表5-17。

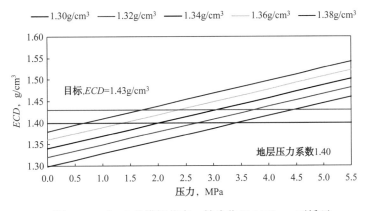

图5-35　白28井模拟状态：钻头位于3460m，不循环

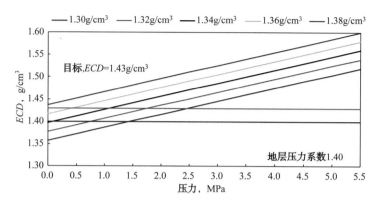

图 5-36　白 28 井模拟状态：钻头位于 3460m，25L/s 循环

**表 5-17　白 28 井井深 3460m 起钻 / 下钻重钻井液帽设计数据表**

| $\phi$244.5mm 套管环空，$m^3/m$ | $\phi$127mm 钻杆内容积，$m^3/m$ | 段长，m | 井深，m |
|---|---|---|---|
| 0.0261 | 0.0093 | 660 | 3460 |
| $\phi$244.5mm 套管环空，$m^3/m$ | $\phi$158.8mm 钻铤内容积，$m^3/m$ | 段长，m | 带压起钻，m |
| 0.019 | 0.004 | 200 | 2600 |
| 环空容积，$m^3$ | 内容积，$m^3$ | 重浆总体积，$m^3$ | 钻井液帽长度，m |
| 21.026 | 6.938 | 27.964 | 860 |
| 停泵时套压，MPa | 替浆排量，L/s | 替浆时间，min | |
| 0 | 25 | 19 | |
| 井底 ECD，$g/cm^3$ | 钻井液密度，$g/cm^3$ | 重浆密度，$g/cm^3$ | |
| 1.43 | 1.34 | 1.70 | |

5）控压钻井施工

白 28 井自 2011 年 11 月 2 日井深 2611m 实施三开控压钻井作业，至 11 月 16 日井深 3113m 停止控压钻井技术服务，控压进尺 502m，钻井液密度 1.15~1.20g/cm³，井口施加套压 0.5~1.2MPa，井底压力当量密度控制在 1.25~1.27g/cm³，控压施工过程中压力控制合理，无井涌、井漏等复杂情况发生，实现了钻井安全和勘探开发的目标。

本区块地层裂缝较发育，采用常规钻井，在井筒循环状态下（钻进）和循环停止状态下（接单根、起下钻）井底压力波动大，易发生井涌与井漏，白 28 井使用控压钻井技术，在控压钻进工况下井口压力波动控制在 0.2MPa 以内，控压停泵和起下钻工况下井口压力波动控制在 0.5~0.8MPa，井底压力波动控制在 1.0~1.5MPa，保持井底压力当量密度在控制的范围内，实现了控压钻井的目标。图 5-37 为控压钻进—停泵压力流量曲线。

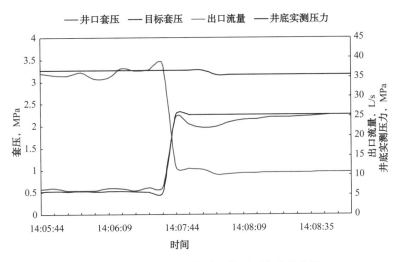

图 5-37 白 28 井控压钻进—停泵压力流量曲线

由于地层漏失压力认识不清，在控压钻井施工过程中利用控压钻井系统配套的高精度质量流量计和随钻井筒压力测量仪进行微溢流和微漏失测试，求得实测地层压力和地层漏失压力，准确确定所钻地层的压力窗口，为控压钻井钻井液密度、井口回压、井底 ECD 等参数的调整及井筒压力的优化控制提供数据支持。图 5-38 为控压钻进至 3012m 进行微漏失测试的曲线图，钻井液密度 $1.18g/cm^3$，井口回压由 0.7MPa 逐渐试压至 3.8MPa，未发生漏失，根据 PWD 采集井底压力由 37.6MPa 上升为 41.1MPa，计算该地层漏失压力系数为 1.39。

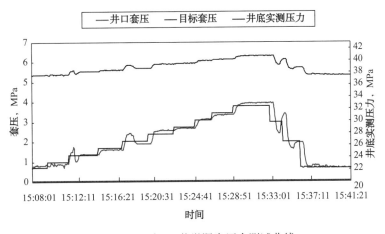

图 5-38 白 28 井微漏失压力测试曲线

3. 应用分析

白 28 井通过使用控压钻井技术，准确确定了施工井段的地层压力窗口，并配合数据监测系统和高精度质量流量计的使用，在整个施工过程中压力控制合理，能够快速发现溢流、井漏等复杂并进行有效控制，确保了施工过程的安全，实现了钻井安全和勘探开发的目标。

## 二、新疆油田奎河 1 井控压钻井应用

1. 基本情况

奎河 1 井是新疆油田勘探事业部在准噶尔盆地南缘冲断带四棵树凹陷独山子背斜部署的一口设计井深 3680m 的预探井（直井）。

构造名称：准噶尔盆地南缘冲断带四棵树凹陷独山子背斜。

构造位置：准噶尔盆地南缘冲断带四棵树凹陷独山子背斜。

钻井目的：查明独山子背斜古近系紫泥泉子组、新近系沙湾组的含油气性；录取独山子背斜新近系—古近系的录井、测井、地化等资料，为下一步钻探提供资料。

目的层位：主探古近系紫泥泉子组，兼探新近系沙湾组。

为解决奎河 1 井在连木沁组地层钻进存在的漏—涌同层窄密度窗口问题，保证钻井安全和实现勘探发现的目标，四开使用控压钻井技术。

1）设计井身结构

奎河 1 井设计井身结构如图 5-39 所示。

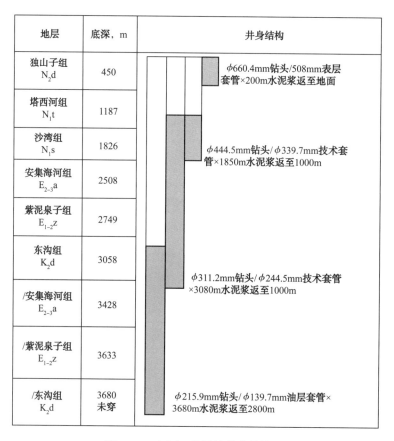

| 地层 | 底深，m | 井身结构 |
|---|---|---|
| 独山子组 $N_2d$ | 450 | $\phi$660.4mm钻头/508mm表层套管×200m水泥浆返至地面 |
| 塔西河组 $N_1t$ | 1187 | |
| 沙湾组 $N_1s$ | 1826 | $\phi$444.5mm钻头/$\phi$339.7mm技术套管×1850m水泥浆返至1000m |
| 安集海河组 $E_{2-3}a$ | 2508 | |
| 紫泥泉子组 $E_{1-2}z$ | 2749 | |
| 东沟组 $K_2d$ | 3058 | $\phi$311.2mm钻头/$\phi$244.5mm技术套管×3080m水泥浆返至1000m |
| /安集海河组 $E_{2-3}a$ | 3428 | |
| /紫泥泉子组 $E_{1-2}z$ | 3633 | |
| /东沟组 $K_2d$ | 3680 未穿 | $\phi$215.9mm钻头/$\phi$139.7mm油层套管×3680m水泥浆返至2800m |

图 5-39　奎河 1 井设计井身结构图

2）地层分层及目标井段岩性分析

奎河 1 井地层分层数据见表 5-18。

表 5-18　奎河 1 井地层分层数据表

| 地　　层 | | | | 设计地层 | | 地层产状 | | 故障提示 |
|---|---|---|---|---|---|---|---|---|
| 界 | 系 | 统/群 | 组 | 底界深度，m | 厚度，m | 倾角，(°) | 倾向 | |
| 新生界 Kz | 新近系 N | 上新统 N₂ | 独山子组 N₂d | 450 | 450 | 25~40 | 南倾 | 1. 防塌、防卡、防掉牙轮；<br>2. 全井防斜；<br>3. 目的层防火、防喷、防漏、防卡 |
| | | 中新统 N₁ | 塔西河组 N₁t | 1187 | 737 | 25~40 | 南倾 | |
| | | | 沙湾组 N₁s | 1826 | 639 | 25~40 | 南倾 | |
| | 古近系 E | 渐新—始新统 E₂₋₃ | 安集海河组 E₂₋₃a | 2508 | 682 | 25~40 | 南倾 | |
| | | 古新统 E₁₋₂ | 紫泥泉子组 E₁₋₂z | 2749 | 241 | 20~40 | 南倾 | |
| 中生界 Mz | 白垩系 K | 上统 K₂ | 东沟组 K₂d | 3058 | 309 | 20~40 | 南倾 | |
| 新生界 Kz | 古近系 E | 渐新—始新统 E₂₋₃ | /安集海河组 E₂₋₃a | 3428 | 369 | 10~55 | 南倾 | |
| | | 古新统 E₁₋₂ | /紫泥泉子组 E₁₋₂z | 3633 | 205 | 10~25 | 南倾 | |
| 中生界 Mz | 白垩系 K | 上统 K₂ | /东沟组 K₂d | 3680 未穿 | 47 | 10~25 | 南倾 | |

古近系（E）：安集海河组 (E₂₋₃a)：上段以浅灰绿色、深灰色、灰色泥岩为主，夹薄层泥质粉砂岩；下段为浅灰绿色、褐色、灰褐色泥岩夹灰色、砂质泥岩、泥质粉砂岩、砂岩。与下伏地层整合接触。紫泥泉子组 (E₁₋₂z)：上段以棕褐色、褐色、灰白色粉砂岩、泥质粉砂岩为主，夹棕褐色、褐色泥岩、粉砂质泥岩及浅棕红色细砂岩、粉砂岩、粉砂质泥岩；下段为棕褐色、灰白色、灰褐色砂岩、砂砾岩、泥岩不等厚互层。与下伏地层角度不整合接触。

白垩系（K）：东沟组 (K₂d)：棕褐色、褐灰色、灰褐色泥岩、粉砂岩、粉砂岩不等厚互层夹薄层棕色泥岩、细砂岩、泥质粉砂岩及灰白色粉砂岩。

3）储集层特征

奎河 1 井主要勘探目的层为紫泥泉子组，兼探沙湾组。独山子背斜仅独山 1 井钻揭古近系紫泥泉子组，储层评价重点参考独山 1 井资料及邻区已钻揭紫泥泉子组的井。

独山 1 井钻探表明，独山子背斜古近系紫泥泉子组储层发育，钻揭累计 81.4m 的细砂岩，根据独山 1 井录井、测井及岩屑资料：古近系紫泥泉子组储层岩性主要为浅灰色粉—细砂岩、灰色细砂岩，孔隙度平均为 12.5%，渗透率为 0.25~10.7mD（测井解释结果）。结合独山子背斜邻区已钻井紫泥泉子组埋深与孔隙度关系图（图 5-40），奎河 1 井紫泥泉子组孔隙度范围预计为：15%~20%，属中孔、低渗储层。其储层岩矿特征总体表现为成分成熟度较低，结构成熟度较高，孔隙类型主要为剩余粒间孔。岩性主要为砂岩，砂粒成分以变质岩岩屑为主，石英、长石次之；填隙物主要有绿泥石化泥质（多为泥质膜）、含铁方解石、硬石膏、硅质等。四棵树凹陷沉积体系研究表明独山子背斜古近系紫泥泉子组主要为辫状河三角洲沉积。

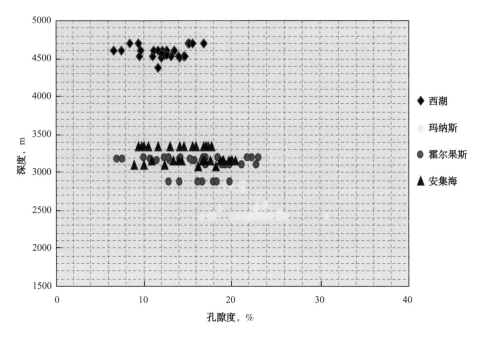

图 5-40　奎河 1 井紫泥泉子组埋深与孔隙度关系图

独深 1 井沙湾组储层岩性主要为中～细砂岩、砂砾岩，砂粒成分以变质岩岩屑为主，石英、长石次之，胶结中等～疏松。据独深 1 井岩心样品的物性分析资料，其孔隙度 17.8%～25.8%，平均 21.1%，渗透率为 693mD，综合评价为中～高孔隙、高渗透砂岩储层，砂岩有效厚度 25m。

根据以上资料分析，预测奎河 1 井古近系紫泥泉子组和新近系沙湾组皆为辫状河三角洲沉积，发育三角洲前缘亚相，孔隙类型以剩余粒间孔为主，见表 5-19。

表 5-19　奎河 1 井目的层储集体特征预测结果表

| 层位 | 深度范围，m | 厚度，m | 岩性 | 相类型 | 孔隙度，% | 孔隙类型 |
|---|---|---|---|---|---|---|
| $N_1s$ | 1187~1826 | 100~300 | 粉砂岩、细砂岩、砂砾岩 | 辫状河三角洲 | 21 | 剩余粒间孔 |
| $E_{1-2}z$ | 2508~2749<br>3428~3663 | 50~170 | 粉细砂岩、细砂岩 | 辫状河三角洲 | 18 | 剩余粒间孔 |

4）地层压力预测

根据邻井独 2 井、独 001 井、独 1 井、独深 1 井、独山 1 井实钻压力监测结果看，该区新近系沙湾组及其以上地层基本为正常压力系统，压力系数 1.05~1.30，古近系安集海河组存在异常高压，压力系数 1.45~2.00。通过区域资料分析，使用地层压力分析系统（Version3.0）软件，针对研究区的砂泥岩地层沉积特征，选择 Fan 经验公式法进行地层孔隙压力预测。预测奎河 1 井沙湾组及其以上地层为正常压力系统，安集海河组会存在异常高压，紫泥泉子组和东沟组为正常压力系统。邻井钻井实测孔隙压力见表 5-20，邻井破裂压力试验见表 5-21。

表 5-20  奎河 1 井邻井钻井实测孔隙压力

| 井号 | 地层 | 井段，m | 压力梯度，MPa/100m |
|---|---|---|---|
| 独山 1 | $N_1s$—$E_{2-3}a$ | 3442.00~3500.00 | 1.05~1.20 |
| | $E_{2-3}a$ | 3500.00~4100.00 | 1.40 |
| | $E_{2-3}a$—$E_{1-2}z$ | 4100.00~4150.00 | 1.40~2.00 |
| | $E_{1-2}z$—$J_3q$ | 4150.00~6200.00 | 2.00~2.47 |
| 独 1 | $N_1s$—$E_{2-3}a$ | 840.00~1536.00 | 1.55 |
| 独 2 | $N_1s$—$E_{2-3}a$ | 1015.00~1793.00 | 1.60 |
| 独 001 | $N_1s$ | 1118.00~1600.00 | 1.35 |
| | $N_1s$—$E_{2-3}a$ | 1600.00~1810.00 | 1.65 |

表 5-21  奎河 1 井邻井邻井破裂压力试验

| 井号 | 层位 | 套管鞋深度，m | 地破实验井深，m | 钻井液密度，g/cm³ | 破裂压力梯度，MPa/100m |
|---|---|---|---|---|---|
| 独深 1 | $N_2d$ | 199.64 | 203.77 | 1.18 | 1.53 |
| | $E_{2-3}a$ | 1863.15 | 1867.30 | 1.50 | 稳不住压，未压裂地层 |
| 独山 1 | $N_2d$ | 491.02 | 532.70 | 1.40 | 2.14 |
| | $E_{2-3}a$ | 3483.35 | 3518.38 | 2.10 | 2.38 |
| 独 1 | $N_2d$ | 501.41 | 521.00 | 1.35 | 3.70 |
| 独 2 | $N_2d$ | 492.02 | 510.00 | 1.38 | 3.78 |
| 独 001 | $N_2d$ | 495.73 | 503.00 | 1.30 | 3.94 |

5）邻井工程复杂情况

独深 1 井：井深 2484.46m（$E_{2-3}a$）钻具长时间静止，加之井壁垮塌，提钻至井深 2476.00m 卡钻，经震击、泡油解卡无效后，爆破松扣、套铣解除事故。井深 2601.78m（$E_{2-3}a$）划眼至井深 2581.00m，由于井壁垮塌造成卡钻，多次爆破松扣、套铣及对扣解除事故。井深 2780.93m（$E_{2-3}a$）提钻至井深 2723.56m 卡钻，经爆破松扣、套铣解除事故。井深 2895.52m（$E_{2-3}a$）划眼至井深 2469.00m 卡钻，经振击、泡油解卡不成功后，爆破松扣、套铣解除事故。井深 2805.42m（$E_{2-3}a$），方钻杆保护接头公扣脱扣，钻具掉入井内，下钢丝打捞筒打捞成功。

独南 1 井：井深 4257.00m（$E_{2-3}a$），提钻时钻铤丝扣根部断脱将下部钻具掉入井内，下卡瓦打捞筒多次打捞不成功，不打捞完钻。

独 62a 井：钻至井深 2306.00m 进行划眼时井壁发生垮塌，井眼被堵，侧钻井眼至井身 2700.00m 完钻。

独山 1 井：钻至井深 4950.00m（$K_1h$）中完，下钻通井后提钻至井深 4927.16m 遇卡，测卡点位置为 3510.00m，爆炸松扣后提出钻具，井内落鱼长 1487.16m。对扣成功上提钻具再次遇卡，爆炸松扣，经套铣、对扣提出钻具。钻至井深 6226.83m（$J_3q$）提钻换钻头，提至井深 6055.80m 遇卡，试转转盘无扭矩，上提钻具顺畅，解除复杂。倒划眼至井深 5936.50m（$J_3q$）发生井漏，上提钻具遇卡，测卡点位置为 5733.00m，爆炸松扣，反复下反扣钻具倒扣、套铣未果，本井报废。

通过对本区已钻井独深1井、独南1井、独山1井、独62a井出现的工程复杂进行统计（表5-22），结合完井工程及地质资料进行以下分析：

表5-22　奎河1井邻井复杂情况统计表

| 井号 | 层位 | 卡钻 | 断/掉钻具 | 井漏 | 溢流 | 油气水侵 | 合计 |
|------|------|------|-----------|------|------|----------|------|
| 独深1 | $E_{2-3}a$ | 4 | 1 | 3 | | | 8 |
| 独南1 | $N_1s$ | | 1 | | | | 1 |
| | $E_{2-3}a$ | | 1 | | | | 1 |
| 独山1 | $E_{2-3}a$ | 1 | | | | | 1 |
| | $K_1l$ | 1 | | | | | 1 |
| | $K_1s$ | | | 1 | | 1 | 2 |
| | $K_1h$ | 1 | | 1 | 2 | 17 | 21 |
| | $K_1q$ | 1 | | 1 | | 2 | 4 |
| | $J_3q$ | 1 | | 3 | | | 4 |
| 独62a | | 3 | | | 2 | 3 | 8 |
| 合计 | | 12 | 3 | 9 | 4 | 23 | 51 |

古近系安集海河、紫泥泉子组：主要表现为阻卡频繁。

根据地层结构和邻井资料来预计奎河1井井漏、井壁垮塌及易卡井段：本区阻卡主要集中在安集海河组、沙湾组和塔西河组。其中恶性卡钻多发生在安集海河组，并且阻卡与井漏并存，因为该组是塑性泥岩地层，能吸附钻头造成卡钻。奎河1井可能卡钻的地方是沙湾组、塔西河组和安集海河组（井段450~2508m、3058~3428m），因此，对易卡井段的钻前预测和钻进过程中的监控，采取必要的防控措施非常必要。

根据邻井已钻井工程资料分析，本区地层压力系数变化较大，钻井过程中普遍发生井漏及卡钻现象，并且独山子背斜较西湖背斜复杂几率高。为保证钻井安全，奎河1井在钻进过程中要密切关注各项钻井参数，发现井漏及卡钻现象应及时采取有效措施，并及时调整钻井液性能，控制好钻井液密度，加强液面及钻井监控。

6）压力窗口分析

根据关井求压情况，地层压力系数2.63。根据已钻井段漏失情况，漏失压力系数为2.73。

本井钻井中使用钻井液密度较高，循环压耗比较高，经计算，井深3550m循环压耗5.6MPa，折算井底当量密度系数0.16，井深3680m循环压耗6.2MPa，折算井底当量密度系数0.172。

根据以上分析以及地层压力预测可以得出奎河1井四开压力窗口如图5-41所示。

2. 施工情况

1）施工难点

地层构造难点：控压钻井井段层位

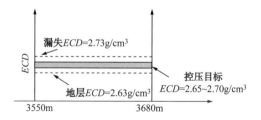

图5-41　奎河1井四开压力窗口预测

（3550~3680m）是白垩系连木沁组，岩性褐灰色、灰色泥岩，岩屑见方解石充填物，有少量掉块。连木沁组底部可能存在断层，地层倾角较大，断层破碎带可能位于

3538~3550m，这是连木沁组最基本的构造特征。该地层是钻井工程设计没有预测到的，具有"两高一低特征"，既高地层坍塌压力、高地层压力、低漏失压力，安全钻井密度窗口较窄。

钻井工程难点：该井四开钻进至井深3527m发生阻卡3次，钻井液密度由原来的2.19g/cm³提高至2.28g/cm³后恢复正常钻进。钻进至井深3549m，气测全烃值有14.45%升高至59.38%，在井深3550.82m再次发生阻卡，解卡后短提静止井口线流（0.15m³/h），钻井液密度有原来的2.28g/cm³提高至2.61g/cm³，关井求压，立压为3.55MPa，套压为3.70MPa，求得地层压力为94.4MPa，地层压力系数为2.71，属于异常高压地层。钻井液密度提高至2.57g/cm³时，漏斗黏度为122s，排量20L/s，循环发生漏失，求得地层压力为98.9MPa，地层漏失压力系数2.84，从而得出连木沁组溢漏密度差窗口为0.13g/cm³，漏失压力与地层压力差为4.5MPa，属于典型的窄密度窗口。常规钻井为了平衡地层压力逐渐提高钻井液密度，由复杂前2.19g/cm³逐渐提高至2.61g/cm³，同时钻井液流动性变差，循环压耗逐渐增高，由复杂前3.2MPa逐渐提高至9.4MPa。循环压耗值大于漏失压力与地层压力差值，形成了在钻井液密度为2.61g/cm³时开泵漏、停泵溢的复杂现象。

2）控压钻井实施原则

通过实施精细控压钻井工艺，控制减少井底压力的波动，解决窄压力窗口易喷易漏的问题，减少非生产时间，缩短钻井周期。建议控压钻井初始井段使用钻井液密度2.58g/cm³钻进，井口回压控制在1MPa，停泵接单根控制井口回压在4MPa左右，整体目标是控制3550~3680m井段井筒压力当量密度2.78g/cm³，以最大限度预防可能的井涌与井漏的发生。

随钻使用高精度质量流量计监测出口钻井液密度及流量变化。若有溢流征兆，每次增加井口压力1MPa，最大增至6MPa，否则关井节流循环，调整钻井液密度；若监测有井漏征兆，则迅速降低井口压力至最小（0~0.3MPa）（节流阀全开），并降低1/3循环排量，观察井漏情况，若井漏仍未得到缓解，则须进行堵漏处理。

起下钻采用密度为2.78g/cm³的重钻井液，以排量10L/s，将井筒内2.58g/cm³钻井液全部循环出来，保证全井筒为密度2.78g/cm³的重钻井液后提钻。

3）控压钻井模拟计算

水力模拟基础数据见表5-23和表5-24，模拟结果如图5-42和图5-43所示。

表5-23　奎河1井水力模拟基础数据表

| 项目 | 数据 |
| --- | --- |
| 开次 | 四开 |
| 目的层 | 连木沁 |
| 地层压力系数 | 2.50~2.71 |
| φ244.5mm套管 | 下至井深3283m |
| φ215.9mm井眼长度 | 332m |
| 设计井深 | 3550m |
| 模拟软件 | Signa |

| 项目 | 数据 |
|---|---|
| 钻柱组合 | $\phi$215.9mm 钻头 +430×4A0 接头 +$\phi$158.8mm 无磁钻铤（1 根）+$\phi$158.8mm 钻铤（21 根）+ 4A1×410 接头 +$\phi$165mm 随钻震击器 + 411×4A0 接头 +$\phi$158.8mm 钻铤（3 根）+4A1×410 接头 +$\phi$165mm 单流阀 +$\phi$127mm 钻杆 + 顶驱 |
| 钻头 | $\phi$215.9mm 钻头，水眼：24mm×3 |
| 钻井液密度选取 | 控压钻井钻井液密度选取范围 (2.5~2.6g/cm³) |
| 钻井液性能和流变性 | 见表 5-23 |
| 钻井液排量 | 23L/s |

表 5-24 奎河 1 井设计四开钻井液体系及参数表

| 钻井液性能 | | | | | | | | 流变性 | |
|---|---|---|---|---|---|---|---|---|---|
| 密度 g/cm³ | 漏斗黏度 s | API 失水 mL | 滤饼厚 mm | pH 值 | 高温高压失水 mL | 切力，Pa | | 塑性黏度 mPa·s | 屈服值 Pa |
| | | | | | | 初切 | 终切 | | |
| 2.53~2.61 | 80~120 | ≤ 3 | ≤ 1 | 8~10 | ≤ 12 | 2~7 | 3~15 | 100~120 | 10~15 |

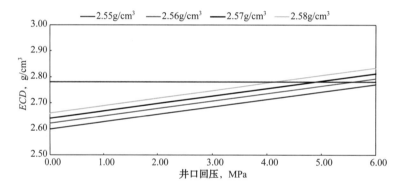

图 5-42 奎河 1 井模拟状态：钻头位于 3550m，不循环

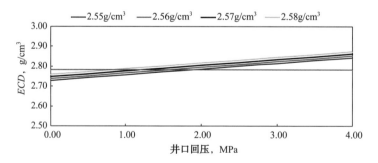

图 5-43 奎河 1 井模拟状态：钻头位于井底 3550m，排量 23L/s

4）控压钻井施工

奎河 1 井自 2014 年 11 月 13 日 18：00 井深 3550.82m 实施控压钻井作业，至 12 月 10 日 17：00 井深 3680m 停止控压钻井技术服务，控压进尺 130m，钻井液密度 2.58~2.61g/cm³，井口施加套压 0.8~1.51MPa，井底压力当量密度控制在 2.78~2.80g/cm³，控压施工过程中压力

控制合理，无井涌、井漏等复杂情况发生，实现了钻井安全和勘探开发的目标。

奎河 1 井四开控压钻井共计实施两趟钻，第一趟钻实施井段 3550.82~3615.00m，进尺 64.18m，钻井液密度为 2.58g/cm³，排量 23~24L/s，目标 ECD 为 2.78g/cm³，目标套压 1.1MPa，实际套压 1.05~1.51MPa。在井深 3604m 进行控压接单根作业，停泵后目标套压 4.0MPa，回压泵排量为 10L/s，实际控制套压为 4.1MPa，保持井底当量循环密度在 2.78g/cm³，停泵接单根的流量压力曲线如图 5-44 所示。

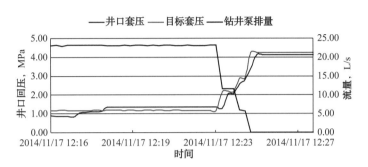

图 5-44　奎河 1 井井深 3604m 控压接单根流量压力曲线图

由于奎河 1 井四开控压钻进所用钻井液密度达 2.58g/cm³，如果采用重钻井液帽技术进行控压起钻，需配制密度高达 3.0g/cm³ 重钻井液，现场不可能配制。因此，采用了全井加重的方式实施控压提钻，以保证井底压力的稳步过渡和恒定[17]。

控压起钻前的基本数据为：排量 23L/s，井口回压 1MPa，井底目标压力当量密度 2.78g/cm³，钻井液密度 2.59g/cm³。经计算得出：加重后钻井液密度为 2.79g/cm³，由于前期经过静止试验，全井加重至 2.66g/cm³ 即可达到提钻要求。

控压钻进至 3615m，循环处理后，以 23L/s 的排量进行循环加重，随着加重的进行，井口套压由 1MPa 逐渐减少至零，然后逐渐降低排量至 17L/s，直至全井钻井液密度加重至 2.66g/cm³，全井加重完成后，停泵观察，无漏无涌。整个全井循环加重过程中，井口回压、井底压力、排量的变化曲线如图 5-45 所示。后续起钻、下钻作业，一切正常。

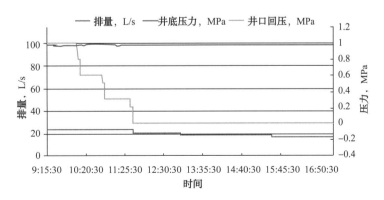

图 5-45　奎河 1 井全井加重过程中井口回压、井底压力及排量变化曲线

第二趟钻控压钻井实施井段 3615~3680m，进尺 65m，钻井液密度为 2.61g/cm³，排量 21~23L/s，目标 ECD 为 2.80g/cm³，实际井口套压 0.8MPa。

在井深 3623~3631m 时，钻井液密度 2.61g/cm³，排量 21L/s，模拟计算循环压耗 6.8MPa，控制实际套压 0.8MPa，井底压力 99.8MPa，保持井底当量循环密度在 2.80g/cm³，控压钻进排量及井口套压曲线如图 5-46 所示。

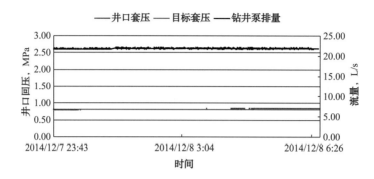

图 5-46　奎河 1 井 3623 至 3631m 控压钻进排量和井口套压曲线图

3. 应用分析

（1）奎河 1 井四开 3550~3680m 采用控压钻井技术，确定了其安全压力窗口为 2.71~2.84g/cm³，为以后该区常规钻井选择钻井液参数提供了参考。

（2）该井在地层出水钻井液密度下降时，及时补充回压，即实现了钻井过程中井筒压力的稳定，又减少了调整钻井液性能所需的时间，有效抑制了地层水溢流和地层水化膨胀，保护了井壁的稳定，减少了非生产作业时效，节约了钻井成本。

（3）因无法配制更高密度重钻井液，导致重钻井液帽技术无法实施的超高钻井液密度井，可采用全井加重法完成控压钻井起钻作业；采用全井加重法的超高钻井液密度井，应满足：全井加重后，以最低排量循环时产生的环空循环压耗不会导致地层漏失。全井加重法也可作为因单向阀失效，而无法实施控压起钻的应急措施。通过奎河 1 井现场应用，证明全井加重法合理可行，满足现场作业的需求。

## 三、新疆油田 HHW2009 井控压钻井应用

1. 基本情况

HHW2009 井是新疆油田开发公司在准噶尔盆地火烧山油田 $H_2$ 油藏部署的一口设计井深 1766.58m 的采油井（水平井）。

构造名称：准噶尔盆地东部隆起。

构造位置：位于准噶尔盆地东部隆起。

钻井目的：开发二叠系平地泉组 $H_2^{1-2}$ 层油藏，新建产能。

目的层位：二叠系平地泉组（$H_2^{1-2}$）。

为解决 HHW2009 井在平地泉组钻进存在的漏—涌同层，窄密度窗口问题，三开使用控压钻井技术。

1）设计井身结构

HHW2009 井设计井身结构如图 5-47 所示。

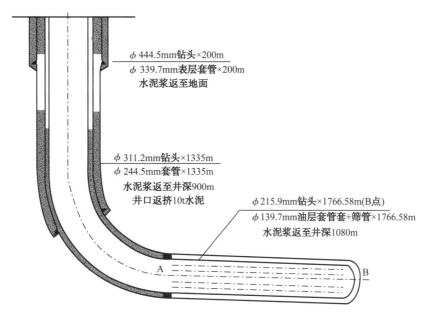

φ 444.5mm 钻头 ×200m
φ 339.7mm 表层套管 ×200m
水泥浆返至地面

φ 311.2mm 钻头 ×1335m
φ 244.5mm 套管 ×1335m
水泥浆返至井深900m
井口返挤10t水泥

φ 215.9mm 钻头 ×1766.58m(B点)
φ 139.7mm 油层套管套+筛管 ×1766.58m
水泥浆返至井深1080m

A B

图 5-47　HHW2009 设计井身结构图

2）地质分层

HHW2009 井地层分层数据见表 5-25。

表 5-25　HHW2009 井地质分层数据表

| 地　　层 | | | | | 设 计 地 层 | | | 故障提示 |
|---|---|---|---|---|---|---|---|---|
| 界 | 系 | 统 | 组（群） | 段 | 底界垂深，m | 厚度，m | 底界海拔，m | |
| 中生界Mz | 侏罗系 J | 下统 J$_1$ | 三工河组 J$_1$s | | 255 | 255 | | 1. 平地泉组高角度直劈裂缝较发育，油层压力系数低，易漏失；2. 造斜点及造斜率选择由钻井工程设计定 |
| | | | 八道湾组 J$_1$b | | 500 | 245 | | |
| | 三叠系 T | 下统 T$_1$ | 上仓房沟群 T$_1$ch | | 650 | 150 | | |
| 古生界Pz | 二叠系 P | 上统 P$_3$ | 下仓房沟群 P$_3$ch | | 930 | 280 | | |
| | | 中统 P$_2$ | 平地泉组 P$_2$p | P$_2$p$_3$ | 1235 | 305 | | |
| | | | | P$_2$p$_2$ H$_1$ | 1330 | 95 | | |
| | | | | 入靶点 A 1339.4 | | | −734.2 井斜89.2° | |
| | | | | H$_2$ 控制点 C 1341.5 | | | −736.3 | |
| | | | | 终靶点 B 1335.9 | | | −730.7 井斜92.0° | |

注：补心高按 6.00m 预计，入靶点（A）、控制点 (C) 和终靶点（B）的垂深均按补心海拔 605.20m 预计，上钻时按实测地面海拔和补心高校正。

3）目的层地层压力及破裂压力预测

本区地层压力参考原始地层压力，平地泉组 H$_2$：油藏原始地层压力 14.26MPa，压力系数 0.97。水平井部署区域油井目前实测压力系数为 0.75~1.23。

部署井区域 H$_1$ 油藏未开发，原始地层压力 13.51MPa，压力系数 0.98；其他层位地层压力系数可参照 SQ1324 井的压力资料，$K_1tg \sim P_3wt$ 地层压力系数为 0.79~1.28。

由于长期注水开发，目的层上覆各开发层系地层压力变化较大，钻井过程中应注意不同地层、不同部位目前的实际地层压力情况。

该区邻井部分已钻井 $H_2$ 油藏井口破裂压力为 26.0~41.0MPa，见表 5-26。

表 5-26　HHW2009 井邻井油藏地层破裂压力统计表

| 井号 | 井段，m | 层位 | 井口破裂压力，MPa | 备 注 |
|---|---|---|---|---|
| H1117 | 1530.0~1537.5 | $H_2$ | 26.0 | |
| H1131 | 1432.0~1615.0 | $H_2$ | 30.0 | |
| H1133 | 1516.0~1612.0 | $H_2$ | 41.0 | |

参考邻区的火西 001 井"三压力"资料，HHW2009 井 $J_1b \sim P_2p$ 地层破裂压力当量密度为 1.74~2.03g/cm³。

4）压力窗口分析

通过对 HHW2009 井已钻邻井复杂情况分析，该井储层地层孔隙压力当量密度范围为 0.75~1.23g/cm³，地层漏失压力当量密度为 1.36g/cm³（图5-48），属于窄安全密度窗口，钻进易发生"先漏后涌"，甚至反复堵漏，反复漏失的钻井复杂问题。

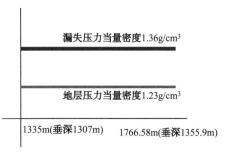

图 5-48　HHW2009 井安全压力窗口示意图

2. 施工情况

1）施工难点

根据地质设计可知，平地泉组（$P_2p$）高角度直劈裂缝较发育，油层压力系数低，易漏失。

据 HHW2009 井水平井钻井工程设计可知，本井三开目的层预测地层压力系数 0.75~1.23，设计钻井液密度为 1.20~1.40g/cm³，钻遇层位属于低压裂缝性地层，钻进时注意防漏，并防止漏转喷事故发生。但需要注意的是，由于长期注水开发，目的层上覆各开发层系地层压力变化较大，钻井过程中应注意不同地层、不同部位目前的实际地层压力情况，如果钻井液密度选择不合理，就存在井喷风险。

邻井 H2448、H2322、H2450、HHW007、H2481 在平地泉组（$P_2p$）钻井时均发生过漏失，因此本井三开防漏是重中之重。

本井属水平井，火烧山油田 2008 年 37 口单井硫化氢检测结果显示：套管气硫化氢含量一般小于 5.68mg/m³，但是有 6 口井套管硫化氢含量大于 20mg/m³，最高达 63.90mg/m³；油管气硫化氢含量一般大于 14.00mg/m³，最高达 397.6mg/m³，其中有 8 口井硫化氢超过 100mg/m³，在 2010—2013 年已实施的加密井中没有发现硫化氢，分析认为：可能为生产过程中次生的硫化氢气体。施工中仍应做好硫化氢等有毒、有害气体的监测，做好预防、应急工作。

采用随钻＋停钻堵漏，造成储层伤害，不利于后期采油作业，影响单井产量；单纯使用储层保护钻井液，或者加强封堵功能不能解决溢流后压井漏失的问题，导致大量的非生产作业时间；单纯堵漏，钻开新地层存在重复漏失的问题。

2）控压钻井实施原则

根据邻井钻井情况，同时为最大限度的保护油气层，减少非生产时间，缩短钻井周期。扫完灰塞后需要将钻井液密度调整至 1.20g/cm³ 且出入口均匀后方能进入新地层；钻入新地层后根据返出情况逐渐调整井口回压以保证钻进的安全。

随钻使用高精度质量流量计监测出口钻井液密度及流量变化。若有溢流征兆（出口流量增加），每次增加井口压力 0.5MPa，循环观察 2min；若井口套压增至 5MPa 还未能控制住溢流则关井节流循环，调整钻井液密度；若监测有井漏征兆（出口流量减少），每次降低井口压力 0.5MPa，循环观察 2min；若井口套压降低至 0MPa 还井漏仍未得到缓解，则须进行堵漏处理。

起下钻时（以 1439.51m 为例），控压提钻至井深 986m，再泵入 1.6g/cm³ 的重钻井液 19.2m³ 以保证井底压力维持在 1.36g/cm³，满足起钻要求。

3）控压钻井模拟计算

水力模拟基础数据见表 5-27 和表 5-28，模拟结果如图 5-49 和图 5-50 所示。

表 5-27　HHW2009 井水力模拟基础数据表

| 项　目 | 数　　据 |
|---|---|
| 开次 | 三开 |
| 目的层 | 平地泉组 |
| 地层压力系数 | 当量密度 1.36g/cm³ |
| $\phi$244.5mm 套管 | 下至井深 1335m |
| $\phi$215.9mm 井眼长度 | 441.58m |
| 设计井深 | 1766.58m |
| 模拟软件 | Signa |
| 钻柱组合 | $\phi$215.9mm 钻头 + $\phi$172mm 导向钻具 + 单流阀 + 随钻定向短节 + $\phi$158.8mm 非磁钻铤(1根) + $\phi$127mm 斜坡钻杆（300m）+ $\phi$127mm 加重钻杆（30 根）+ $\phi$158.8mm 随钻震击器 + $\phi$127mm 加重钻杆（12 根）+ $\phi$127mm 钻杆 |
| 钻井液密度选取 | 控压钻井钻井液密度选取范围 |
| 钻井液性能和流变性 | 见表 5-27 |
| 排量 | 28L/s |

表 5-28　HHW2009 井钻井液性能参数

| 开钻次序 | 井段 m | 钻井液性能 | | | 水　力　参　数 | | | |
|---|---|---|---|---|---|---|---|---|
| | | 密度 g/cm³ | $PV$ mPa·s | $YP$ Pa | 钻头压降 MPa | 泵压 MPa | 冲击力 kN | 上返速度 m/s |
| 三开 | ~1439.51 | 1.20~1.40 | 25 | 8 | 4.62 | 11.79 | 3.18 | 1.12 |
| | ~1766.58 | 1.20~1.40 | 30 | 15 | 4.17 | 13.39 | 2.88 | 1.04 |

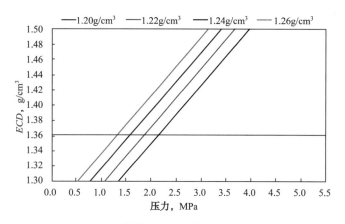

图 5-49　HHW2009 井模拟状态：钻头位于井深 1439m，不循环

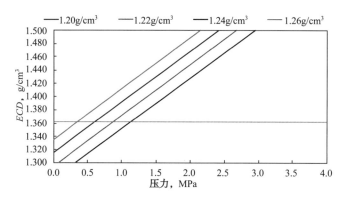

图 5-50　HHW2009 井模拟状态（钻头位于井深 1439m，排量 28 L/s）

　　起钻时重钻井液帽设计：以使用钻井液密度 1.20g/cm³ 为基准，替入重钻井液帽后井口套压为 0 进行设计，设计结果见表 5-29。

表 5-29　HHW2009 井井深 1439m 起钻 / 下钻重钻井液帽设计数据表

| φ244.5mm 套管环空体积，m³/m | φ127mm 钻杆内容积，m³/m | 段长，m | 井深，m |
|---|---|---|---|
| 0.0396 | 0.0092 | 526 | 1439 |
| φ244.5mm 套管环空体积，m³/m | φ158.8mm 钻铤内容积，m³/m | 段长，m | 带压起钻，m |
| 0.0366 | 0.0045 | 9 | 904 |
| 环空容积，m³ | 内容积，m³ | 重浆总体积，m³ | 钻井液帽长度，m |
| 12.1242 | 4.1067 | 19.2 | 535 |
| 停泵时套压，MPa | 替浆排量，L/s | 替浆时间，min | |
| 0 | 28 | 9.6612 | |
| 井底 ECD，g/cm³ | 钻井液密度，g/cm³ | 重钻井液密度，g/cm³ | |
| 1.36 | 1.20 | 1.60 | |

4）控压钻井施工

HHW2009 井于 2016 年 4 月 8 日 13：39，自井深 1270m 开始进行控压钻进，1.20g/cm³，漏斗黏度为 53s，排量 21~24L/s。钻进时不施加回压，环空循环压耗为 0.6MPa，折算井底 $ECD$ 为 1.26g/cm³；接单根时井口施加回压 0.6MPa，折算井底压力 $ECD$ 值也为 1.26g/cm³，裸眼段井底压力保持稳定。4 月 19 日 12：00 控压钻进至 1766m 完钻。

为最大限度的保护油气层使用钻井液密度设计低限 1.20g/cm³ 起步，控制井口回压在 0~0.5MPa，接单根时控制井口回压 0.8~1.3MPa（图 5-51），维持井底压力当量钻井液密度 1.26~1.28g/cm³，减少井底压力波动，预防可能的井涌与井漏的发生。

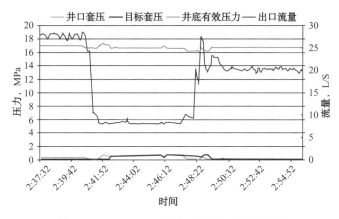

图 5-51　HHW2009 井控压接单根压力曲线图

钻进程中实时监测出入口流量变化，快速判断井漏、溢流，通过回压调整快速控制；调整回压进行微漏失测试，进一步准确确定所钻井段地层压力窗口，从而确定合理的控压值与钻井液密度。

漏失监测：4 月 9 日 11：54 钻至 1328m，质量流量计监测到出口流量由 25L/s 下降至 16L/s（图 5-52），立即停止井队上提钻具循环观察，12：05 坐岗监测到罐面下降 0.5m³，停泵处理。

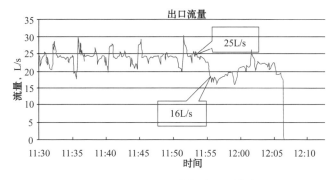

图 5-52　HHW2009 井漏失监测曲线图

漏失压力测试：井深 1378m，密度 1.21g/cm³，利用回压泵和自动节流管汇进行地层漏失压力测试。回压稳定在 1.33MPa，折算井底 $ECD$=1.31g/cm³（图 5-53），为下部地层密度选择提供了依据。

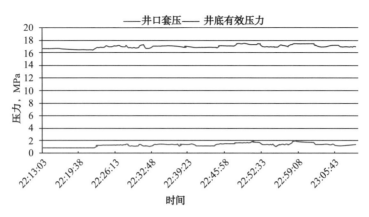

图 5-53　HHW2009 井漏失压力测试曲线图

控压起下钻 + 高黏度气滞塞 + 重钻井液帽的方式压稳地层，维持井底压力平稳。

本井在实钻过程中，根据现场具体情况，对控压钻井工艺进行了相应完善。考虑到该井设计井深只有 1766m，且控压钻井的钻井组合中有单流阀，在控压起钻中，钻具内的钻井液不能全部随钻具上提流入井内，会造成卸开钻具后，钻具内喷钻井液的现象，不仅影响钻台清洁，也影响了工作效率。

因此，对控压起钻中的重钻井液帽工艺进行了优化，当钻头在井底时将稠塞及重钻井液提前打入钻具内，再进行控压起钻，整个过程中，稠塞及重钻井液一直在钻具内（图5-54）。由于钻具内外形成了压差，整个控压起钻过程中，保持了钻台清洁，提高了工作效率。

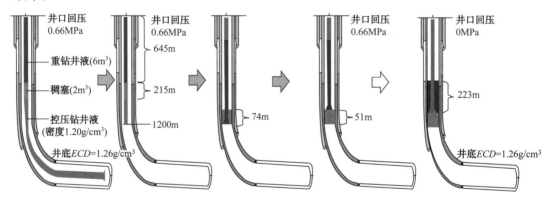

图 5-54　HHW2009 井优化后的重钻井液帽工艺示意图

3. 应用分析

（1）HHW2009 井通过使用控压钻井技术有效解决了目的储层钻进过程中又漏又溢的钻井难题，维持了井壁的稳定，在钻井、下钻过程中无掉块，电测通井（带扶正器）一次性到底。在施工过程中以设计最低钻井液密度为控压钻井液密度；钻进过程中，根据钻井液返出情况、气测值及岩屑情况，准确判断井下情况，迅速调整井口回压；接单根、起下钻过程中，严格按照设计进行控压接单根、控压起下钻，安全钻完该井设计井深。

（2）HHW2009 井通过实施控压钻井技术和 HRD 钻井液体系的应用，实现了零复杂，有效降低了非生产时间，平均机械钻速达 3.53m/h，相比同区块的平均 2.71m/h 提升了 30%，钻井周期由原来平均 19 天缩短为 11 天（图 5-55）。

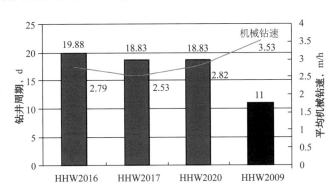

图 5-55　HHW2009 井钻井周期和机械钻速与邻井对比图

（3）控压钻井所用 HRD 钻井液密度低于邻井当量密度 0.18g/cm³ 以上，达到了保护产层的目的；随钻气测明显，如图 5-56 所示。

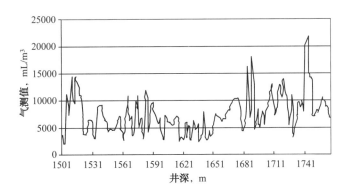

图 5-56　HHW2009 井储层段气测显示图

# 参 考 文 献

［1］陈若铭，伊明，杨刚 . 精细控压钻井系统［J］. 石油科技论坛，2013（5）：55-61.

［2］伊明，陈若铭，兰祖权，等 . 控压钻井系统研究［J］. 石油钻采工艺，2010（11）：69-72.

［3］严新新，陈永明，燕修 . MPD 技术及其在钻井中的应用［J］. 天然气勘探与开发，2007，30(2)：
　　62-66.

［4］周英操，崔猛，查永进 . 控压钻井技术探讨与展望［J］. 石油钻探技术，2008，36(4)：1-4.

［5］陈庭根，管志川 . 钻井工程理论与技术［M］. 北京：中国石油大学出版社，2000：152-153.

［6］HANNEGAN D M. Wanzer Glen. Well Control Considerations−Offshore Applications of Underbalanced
　　Drilling Technology［J］. SPE 79854.

［7］CUAURO A，ALIM I，JADID M B，et al. An Approach for Production Enhancement Opportunities in
　　a Brownfield redevelopment plan［J］. SPE 101491，2006.

［8］兰作军，伊明，杨刚，黄学刚 . 控制压力钻井中重浆帽的确定方法［J］. 钻采工艺，2012，35（5）：
　　25-27.

［9］BELTRAN J C，GABALDON O，et al.Case Studies--Proactive Managed Pressure Drilling and Underbalanced Drilling Application in San Joaquin Wells，Venezudela［J］.SPE 100927.

［10］周英操，刘永贵，鹿志文.欠平衡钻井井底压力控制技术［J］.石油钻采工艺，2007，29（2）：13-17.

［11］向雪琳，朱丽华，单素华，等.国外控制压力钻井工艺技术［J］.钻采工艺，2009，32（1）：27-30.

［12］郝希宁，汪志明，薛亮，等.泥浆帽控压钻井裂缝漏失规律［J］.石油钻采工艺，2008，31（5）：48-51.

［13］朱丽华.控制压力钻井技术与欠平衡钻井技术的区别［J］.钻采工艺，2008，31（5）：136.

［14］李伟廷，侯树刚，兰凯，等.自适应控制压力钻井关键技术及研究现状［J］.天然气工业，2009，29（5）：50-52.

［15］王延民，孟英峰，李皋，等.充气控压钻井过程压力影响因素分析［J］.石油钻采工艺，2009，31（1）：31-34.

［16］刘永伟，杨刚，戴勇，等.控压钻井技术在白28井的应用［J］.石油机械，2013，41（5）：33-34.

［17］张伟，伊明，黄学刚，等.超高密度控压钻井全井加重法的研究与应用［J］.工业，2015（4）：72-73.

# 第六章　连续循环钻井技术与装备

连续循环钻井( Continuous Circulation Drilling-CCD )是一项具有前瞻性的先进钻井技术，是常规钻井钻井液循环方式的一次重大变革，它能够在接单根或立柱期间保持钻井液的连续循环，从而在整个钻进期间实现稳定的当量循环密度和不间断的钻屑排出[1, 2]。

连续循环钻井技术具有以下技术优势：（1）消除了接单根或立根时停开泵引起的正负压力激动，有利于保持井眼稳定；（2）消除了接单根或立根前清除 BHA 内岩屑所需的停钻时间，同时减小了卡钻几率；（3）改善了钻井液的管理，有利于钻井液当量循环密度窗口的控制和井底压力稳定；（4）减少了接单根或立根的总时间，提高了钻井效率；（5）连续将渗入井内的气体循环排出，消除了额外作业时间，减少了井眼的充气和膨胀现象[3]。

连续循环钻井技术可以全面改善井眼条件，提高复杂地层钻井作业的成功率和安全性，具有巨大的应用价值和发展潜力。目前，连续循环钻井技术已形成两种装备：一种放置在钻台井口的连续循环系统，另一种则是安装在钻柱上的连续循环阀。这两种装备具有各自的技术特色，均在现场得到了广泛应用，效果显著。

## 第一节　井口连续循环钻井技术与装备

2000 年，由 Maris 公司领导的联合工业项目组开始进行连续循环钻井系统研制，2001年 Varco Shaffer 作为设备制造与供应商参与研制。2005 年，连续循环钻井系统在意大利南部的 Agri 油田成功实现了首次商业化应用[4]。据有关资料记载，2005—2011 年，国外使用连续循环钻井系统完成钻井服务 16 井次，其中陆地 3 次，海上 13 次，主要服务地区为北海油田[4-5]。现场应用表明，连续循环钻井系统可靠性高，可显著降低钻井非生产作业时间，提高钻井效率。

2008 年，中国石油集团钻井工程技术研究院依托国家科技重大专项项目开展了连续循环钻井系统研制。2010 年，通过自主创新成功开发出国内首台连续循环钻井系统样机，在主机结构设计、接头定位、分流控制以及自动上卸扣控制等关键技术上取得了突破。钻井院在前期基础上研制了 1 台工业样机，并进行了 4 井次实验井试验，累计完成带压循环接 / 卸单根作业 70 次，使样机具备了连续循环钻井和起下钻能力，关键性能指标得到了提升，整体性能达到了国际同类产品的先进水平。

### 一、连续循环钻井系统结构组成及主要参数

连续循环钻井系统主要由主机、分流装置、液压系统、电控系统等组成。液压系统包括液压站、主机和分流装置阀站等，电控系统包括控制中心、主机和分流装置分站等，液压站和控制中心集中安装在一个液压与电控房内[3, 6]，如图 6-1 所示。

连续循环钻井系统主要技术参数如下：

主机开口通径：9in；

适用钻杆规格：$3\frac{1}{2} \sim 5\frac{1}{2}$in；

最大工作压力：35MPa；

最大循环流量：≥3000L/min；

主机外形尺寸：1.8m×2.0m×3.6m；

平衡补偿起下力：600kN；

最大旋扣扭矩：10kN·m；

最大旋扣转速：40r/min；

最大上扣扭矩：67kN·m；

最大卸扣扭矩：100kN·m；

最大悬持载荷：2250kN；

液压系统工作压力：21MPa；

系统总功率：90kW。

连续循环钻井系统作业原理如图6-2所示。

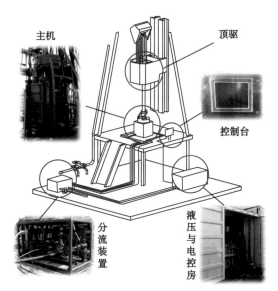

图6-1　连续循环钻井系统组成

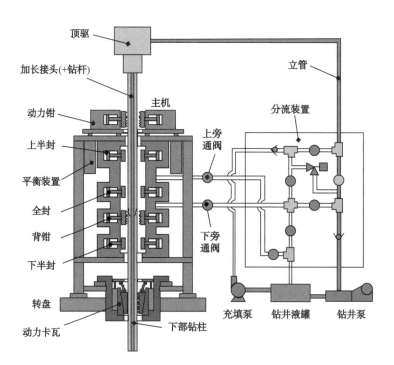

图6-2　连续循环钻井系统作业原理示意图

## 二、连续循环钻井系统作业流程[7]

1. 钻井/下钻作业

首先利用顶驱位移传感器完成钻杆接头定位，使与加长接头连接的母接头位于背钳位置，然后下放动力卡瓦夹紧并悬持钻柱；启动主机动力钳夹紧加长接头，关闭上、下半封和背钳，形成密闭压力腔；打开腔体总成下旁通阀，启动充填泵，通过旁通管道向腔体总成压力腔内充填钻井液；充填完成后，利用分流装置将立管内的高压钻井液引入压力腔进行增压，当压力腔压力与立管压力相等时，启动动力钳崩扣，然后旋转加长接头卸扣；在接头完全卸开后，将加长接头提升到全封上端一定距离，利用分流装置切换钻井液通道，使立管管道关闭，高压钻井液从旁通管道流入压力腔形成循环；关闭腔体总成的中间全封，形成上、下两个腔室，打开上腔旁通阀泄压后，开启腔体总成上半封，松开动力钳，利用顶驱将加长接头提离腔体。

顶驱吊环外倾，液压吊卡抱住位于大门坡的新接钻杆；顶驱提升起吊新接钻杆，启动钻杆导引机构引导钻杆运动，当新接钻杆到达对中位置后，利用顶驱将新接钻杆的公接头平稳下放到腔体总成上腔内；将主机动力钳升至预定高度，启动动力钳夹紧新接钻杆，关闭上半封；下放顶驱，利用顶驱和动力钳连接加长接头与新接钻杆；启动充填泵，通过立管通道向腔体总成上腔充填钻井液，充填完成后，利用分流装置将旁通管道内的高压钻井液引入上腔进行增压，当腔体总成上、下腔压力相等，开启中间全封；利用分流装置切换钻井液通道，使旁通通道关闭，高压钻井液从立管通道流入压力腔形成循环；下放顶驱，同时旋转新接钻杆完成上扣和紧扣；接头旋紧后，打开上腔旁通阀泄压，然后开启腔体总成上、下半封排浆，松开动力钳、背钳和动力卡瓦，完成一次接单根，继续钻井或下放钻柱。

2. 起钻作业

利用顶驱位移传感器完成钻杆接头定位，使与待卸钻杆公接头连接的母接头位于背钳位置，然后下放动力卡瓦夹紧并悬持钻柱；启动主机动力钳夹紧待卸钻杆，关闭上、下半封和背钳，形成密闭压力腔；打开腔体总成下旁通阀，启动充填泵，通过旁通管道向腔体总成压力腔内充填钻井液；充填完成后，利用分流装置将立管管道内的高压钻井液引入压力腔进行增压，当压力腔压力与立管压力相等时，启动动力钳崩扣，然后旋转待卸钻杆卸扣；在接头完全卸开后，将待卸钻杆提升到全封上端一定距离，利用分流装置切换钻井液通道，使立管管道关闭，高压钻井液从旁通管道流入压力腔形成循环；关闭腔体总成的中间全封，形成上、下两个腔室，打开上腔旁通阀泄压；利用顶驱和动力钳卸开加长接头与待卸钻杆之间的连接，液压吊卡挂住待卸钻杆；开启腔体总成上半封，松开动力钳，上提顶驱，将待卸钻杆提离腔体。

启动钻杆导引机构，下放顶驱，将待卸钻杆甩至大门坡，与此同时加长接头下放到腔体总成上腔内；将主机动力钳升至预定高度，启动动力钳夹紧加长接头，关闭上半封；启动充填泵，通过立管通道向腔体总成上腔充填钻井液，充填完成后，利用分流装置将旁通管道内的高压钻井液引入上腔进行增压，当腔体总成上、下腔压力相等，开启中间全封；利用分流装置切换钻井液通道，使旁通通道关闭，高压钻井液从立管通道流入压力腔形成循环；下放顶驱，旋转加长接头完成上扣和紧扣；接头旋紧后，打开上腔旁通阀泄压，然后开启腔体总成上、下半封排浆，松开动力钳、背钳和动力卡瓦，完成一次甩单根，继续起升钻柱。

## 三、井口连续循环钻井装备

1. 主机

主机是连续循环钻井装置的核心设备，如图6-3所示，主机的主要部件包括钻杆导引机构、动力钳、腔体总成、平衡补偿装置和动力卡瓦等[8]。

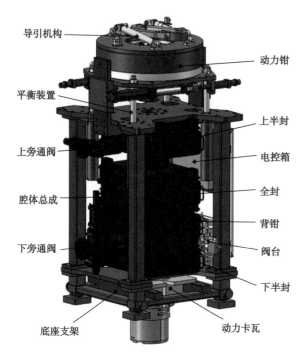

导引机构 —— 动力钳
平衡装置 —— 上半封
上旁通阀 —— 电控箱
腔体总成 —— 全封
下旁通阀 —— 背钳
 —— 阀台
底座支架 —— 动力卡瓦
 —— 下半封

图6-3　主机总体结构

主机具有以下两大功能：一是通过关闭腔体总成上、下半封将钻杆接头封闭在压力腔内，在钻杆接头分离后，利用中间全封开合来控制上、下压力腔室的连通与隔离，并与分流装置配合动作，完成压力腔内钻井液通道的切换；二是利用动力钳、平衡补偿装置、腔内背钳和动力卡瓦的协同动作，在压力腔内实现钻杆的自动上卸扣操作。

1）钻杆导引机构

钻杆导引机构由支撑油缸、回转臂和导引器组成，如图6-4所示。钻杆导引机构用于引导钻杆与主机腔体中心对中，有利于提高加接钻杆的速度和效率。操作时，支撑油缸伸出，驱动回转臂摆动，利用导引器扶持钻杆，然后支撑油缸回缩，导引器引导钻杆向主机腔体中心移动直至对中。

2）动力钳

动力钳主要由夹紧机构、上卸扣机构、旋扣机构和壳体四部分组成[9]，如图6-5所示。其主要功能是：

（1）利用夹紧机构夹紧钻杆，根据钻杆上卸扣扭矩要求调整夹紧力；

（2）利用上卸扣机构实施上卸扣操作，根据钻杆规格调整上卸扣扭矩；

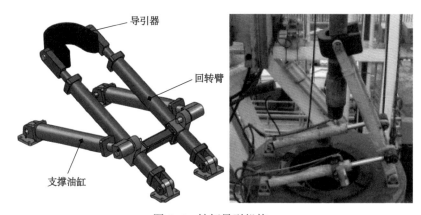

图 6-4 钻杆导引机构

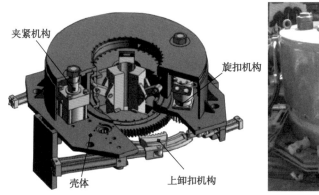

图 6-5 动力钳

（3）利用旋扣机构驱动钻杆回转旋扣，根据需要调整旋扣转速。动力钳可通过更换牙座和牙板夹持 $3\frac{1}{2}$~$5\frac{1}{2}$in 钻杆。

在前期试验过程中，发现动力钳夹持性能和可靠性不能满足高强度连续循环起下钻作业要求，在上卸扣扭矩较大时会发生打滑，导致钻杆本体损伤。经过深入研究分析，决定从优化夹持机构结构等方面对动力钳进行改进。

为便于准确测量动力钳的扭矩加载性能，设计加工了 1 套动力钳扭矩测试装置，如图 6-6 所示[10]。动力钳安装在试验台架上，利用液压试验台提供所需动力，并通过操控台进行控制；测量系统由工控机和 PLC 组成，用于检测、显示和记录扭矩仪输出扭矩和编码器输出转角。通过测量动力钳的上卸扣扭矩和传动齿轮对应转角，可以较准确判断动力钳是否打滑，便于对动力钳上卸扣性能进行定量分析。试验装置使用的扭矩仪最大测试扭矩120kN·m，测量精度 ±0.5%FS；编码器每转输出脉冲为 1024，折算成大齿轮转角测量精度约为 0.1°；液压试验台最大工作压力 31.5MPa，各油路的工作压力采用比例减压阀控制，油压测量精度为 ±0.1MPa。

室内测试表明最大卸扣扭矩可突破 100kN·m，对钻杆本体损伤较小，无明显划痕，牙痕深度小于 0.5mm，如图 6-7 所示[10]。

图 6-6  动力钳扭矩测试装置

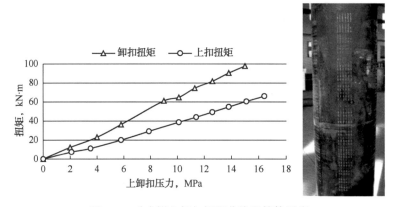

图 6-7  动力钳上卸扣扭矩曲线及管体牙痕

3）腔体总成

腔体总成由上半封、全封、背钳和下半封组成。当关闭上、下半封闸板时，腔体总成内部就形成了一个密闭压力腔，当中间全封闸板闭合时，密闭压力腔就被分隔为上、下两个腔室，背钳用于夹持钻杆母接头，可通过更换牙座和牙板夹持 $3\frac{1}{2}$~$5\frac{1}{2}$in 钻杆接头。两个旁通孔上的旁通阀通过高压胶管与分流装置连接。

腔体总成设计需满足以下要求：

（1）上半封闸板的密封胶芯采用耐磨结构设计，能在 35MPa 高压下密封旋转的钻杆；

（2）背钳闸板能够承受最大的卸扣反扭矩；

（3）为便于现场更换闸板胶芯，壳体和侧门的连接需采用快速拆装结构；

（4）侧门上安装挡圈的部位堆焊不锈钢，避免与井内流体接触部位腐蚀，挡圈脱出，密封失效；

（5）每个旁通孔侧法兰上均预留测压口，便于实时检测上、下压力腔的压力；

（6）侧门油缸上设置有位置传感器，用于检测闸板开关是否到位。

上半封闸板需要在高压条件下，密封旋转下放或上提钻杆，因此与静密封和纯旋转密封相比，密封件磨损更为严重，必须采用特殊的复合材料，以提高其使用寿命。高压旋转密封测试台如图6-8所示，室内旋转密封试验结果表明，新设计的闸板密封胶芯在90r/min转速和25MPa压力条件下可连续旋转33min，约2800转。实验井试验期间，一副闸板平均可完成接/甩单根30次以上，未出现泄漏，耐磨性能良好。

图6-8　高压旋转密封测试台和旋转密封胶芯

4）平衡补偿装置

平衡补偿装置由四个油缸组成，其缸体对称固定安装在底座支架的上连接板上，而活塞杆则与动力钳壳体的底板连接，通过四个油缸驱动动力钳升降，使其能够克服钻井液上顶力等外部阻力，强行驱动钻杆平稳上、下运动，在确保螺纹不受损伤的情况下，完成钻杆接头的准确对扣与上卸扣操作。

5）动力卡瓦

动力卡瓦外形结构如图6-9所示，动力卡瓦安放在转盘补心上，在动力卡瓦的壳体上设置有卡槽，卡槽放置在底座支架的承载梁上。动力卡瓦具有以下两大功能：一是承受整个钻柱重量；二是平衡钻井液上顶力作用，消除上顶力对主机的不利影响[12]。

图6-9　动力卡瓦

2. 分流装置

分流装置采用集成化设计、立体组装，整个设备安装在单独的框架上，其结构如图6-10

所示，其中液动平板闸阀用于控制管道通断，液动节流阀用于控制流量，减小切换时循环压力波动。分流装置具有充填、增压和分流切换功能，采用电液控制方式，可实现立管和旁通两个钻井液通道的无扰动切换[13]。

图 6-10　分流装置结构

分流装置通过立管四通接入钻机管汇系统，如图 6-11 所示。立管四通由三个手动平板闸阀组成，该部件安装在钻井泵出口管路上，其作用是将钻井泵泵出钻井液引入分流装置，在维修时，直接导通钻井泵与立管之间的通道，同时切断分流装置与钻井泵和立管的连接，这样既方便维修，也不影响正常钻进作业。

图 6-11　立管四通结构

为了减小分流引起的循环压力波动，需要在分流前利用充填泵对待开启通道进行预充填。充填泵一般安装在钻井液罐附近，其排水口与分流装置充填管路的入口连接。与直接利用钻井泵泵出钻井液进行充填相比，可以显著缩短作业时间，提高分流时的泵压稳定性。

在前期试验过程中，发现利用分流管汇对低压密封腔进行填充增压时泵压出现骤降，最高下降十几兆帕。分析认为，由于充填后密闭腔内仍残留有大量气体，增压时大量钻井液被分流入密闭腔内，导致井下循环流量不足，因而造成泵压大幅降低[11]。为了避免影响井底压力稳定，通过改进工艺流程方法，减小了腔内残留气体影响，使泵压波动大幅降低，如图 6-12 所示。

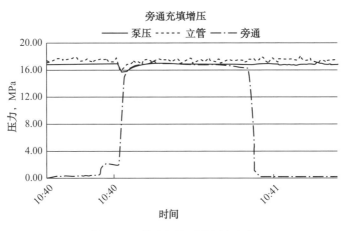

图 6-12 分流切换时的压力变化

3. 液压系统

液压系统分为液压站、主机阀站和分流装置阀站三部分，液压站如图 6-13 所示。液压站配备有泵组、控制阀组、冷却/加热装置以及油箱等；主机阀站用于控制钻杆导引机构、动力钳、平衡补偿装置和腔体总成等；分流装置阀站则用于控制液动平板闸阀和液动节流阀。液压系统采用电磁/比例控制方式，通过电控系统实现远程操作和自动控制。

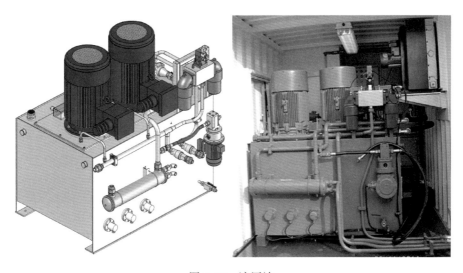

图 6-13 液压站

4. 电控系统

电控系统分为控制台、控制中心、主机和分流装置分站四部分，电控系统配置如图 6-14 所示，具有参数检测、显示，动作指令发布、反馈，安全监控、互锁等控制功能。控制台由一台触摸屏和一台远程屏组成。控制台既可以实时显示系统的各种状态参数和信息，还可以输入控制指令，便于远程遥控。控制中心包括一台工控机和一个 PLC 冗余总站，工控机与冗余总站之间通过以太网进行通讯，而冗余总站则利用总线与主机、分流装置上的分站建立信号连接。电控系统可以检测各执行机构工作压力、位移、运动速度等信号，经过测算判断系统的运行状态，然后向执行机构准确发送相应的动作指令，实现预定控制功能。另外，电控系统还可以自动记录作业过程中的各项重要技术参数，如立管压力、旁通压力、上卸扣压力等[7]。

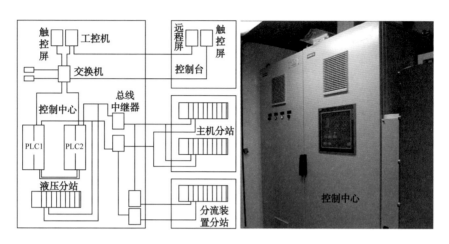

图6-14　电控系统配置

电控系统的控制程序是确保系统安全可靠运行的关键因素之一。控制程序分为液压站控制、手动控制和自动控制三部分，其中手动控制包括主机控制和分流装置控制两个模块，而自动控制则按照钻井/下钻控制和起钻控制两个流程进行设计。手动控制与自动控制可以互相转换，自动控制设置有提示和互锁功能，避免误动作，确保系统运行安全。

5. 配套装置与工具

连续循环钻井系统配套使用的加长接头、液压吊卡和加长吊环需根据工艺和现场设备要求进行设计和选配。加长接头母扣应与顶驱主轴下端的 IBOP 接头匹配，而管体和公接头则应与钻井所用钻杆匹配。加长吊环的长度应根据加长接头长度和施工工艺要求选取。

## 四、实验井试验

为全面测试样机性能、现场适用性和可靠性，在大港油田科学实验井上开展了 4 井次全工况连续循环试验。实验井上配备有完善的 ZJ30DB 钻机和北石新型 DQ40Y 全液压顶驱。可以完成各种钻井装备和井下工具的现场测试试验。

1. 试验样机的测试试验

2011 年 10 月，首次在实验井开展连续循环钻井系统试验，首先对系统进行联调测试，内容包括电控系统测试、控制程序测试、螺纹防护性能测试、密封闸板性能测试以及钻井液上顶力测试。测试结果表明系统各执行机构动作和信号反馈正常，循环切换功能正常，试验过程中高压部件和管汇、管线等无泄漏现象，螺纹油具有良好的防护性能。通过钻井液上顶力测试试验，形成上卸扣过程中平衡补偿机构调试试验方法和不同循环压力下上卸扣时平衡补偿机构的调试和设置方法。

完成联调后，对顶驱悬重、接头定位高度等关键参数进行标定，之后开始尝试在一定循环压力下进行带压上卸扣作业操作，经过反复调整和优化控制参数，最终在 10MPa 压力下成功实现上卸扣作业。

2012年4月，在2011年试验基础上，利用改进后的系统和软件再次在实验井进行试验，经过近一个月的测试，成功利用5in钻杆在泵压10MPa条件下完成9次连续循环模拟接单根作业，平均接单根时间约50min。此次试验表明，研制的连续循环钻井系统设备和控制程序运行正常，系统操作和功能达到设计要求。但也存在一些问题，如旋转密封每接3个单根，需调整一次密封压力，说明旋转密封易磨损；上卸扣过程中，在扭矩较大时偶尔出现动力钳牙板打滑现场；另外由于从安全考虑，没有采用交叉作业，因此接单根时间过长。

针对低压连续循环模拟接单根过程中出现的问题，重点对旋转密封和动力钳等进行改进，并制定了交叉作业规程。2012年10月，尝试在实验井进行首次高压连续循环接单根试验，试验时井内预先下入约192m钻柱，钻柱由$8\frac{1}{2}$in牙轮钻头、15根$\phi$158mm螺旋钻铤和6根5in钻杆组成。完成系统调试后，启动钻井泵进行循环，通过增大钻井泵排量使循环压力达到约20MPa，在此条件下按照交叉作业模式成功完成15次连续循环接单根作业，共接入15根5in钻杆，上扣扭矩控制在20kN·m左右，接单根作业时间最短缩小至20min以内，钻杆连接良好无损伤，钻井液分流切换过程稳定，主机腔体、分流装置和高压管线等承压部件无泄露。此后，将循环压力调增至约25MPa以上，按照工艺流程成功完成3次接单根上卸扣试验，未出现异常。试验现场如图6-15所示。

(a) 钻台连接　　　　　　　　　(b) 地面连接

图6-15　连续循环接单根试验

2. 工业改进样机试验

为了满足现场作业需求，对原样机进行了工业化改进，并于2015年6月至8月，在实验井对工业改进样机进行测试。本次试验的主要目标是测试连续循环下钻接单根和起钻甩单根施工工艺流程，检验工业样机的综合技术性能和可靠性，为连续循环钻井系统的现场使用积累经验。试验的内容包括连续循环接/甩单根工艺试验、上卸扣扭矩测试、压力波动测试以及气密封测试等。

经过持续试验，在5~20MPa循环压力、1000~1600L/min循环流量下成功完成40次液体连续循环接/卸单根作业，其中接单根23次，甩单根17次，接/甩单根作业时间

20~30min，上扣扭矩 25~30kN·m。接/甩单根试验统计见表 6-1。

表 6-1　液体连续循环接/甩单根试验统计表

| 循环泵压，MPa | 接单根次数 | 甩单根次数 |
|---|---|---|
| 5~6 | 13 | 6 |
| 10~11 | 2 | 0 |
| 14~15 | 1 | 3 |
| 17~20 | 7 | 8 |

　　为测试改进动力钳的夹持性能，利用井场现有钻杆和钻井液样品进行最大扭矩测试。考虑到测试钻杆为旧钻杆，抗扭强度偏低，为确保安全，测试时将最大卸扣扭矩限定在 60kN·m。测试结果表明，动力钳未发生打滑，经肉眼观察，钻杆本体上的牙痕较小，其形态与常规气动卡瓦牙痕类似，因此牙板未对钻杆本体造成明显损伤，如图 6-16 所示。

　　由于采用了新的工艺流程，使被充填腔体内的残留气体体积减小，显著降低了充填增压时腔内气体体积变化对泵压稳定的影响。测量数据表明，在接/卸单根过程中，钻井液分流切换时的泵压波动显著减小，恢复时间明显缩短，泵压稳定性得到提高，达到了预期效果。接/卸单根时泵压变化如图 6-17 所示。

图 6-16　钻杆本体表面牙痕

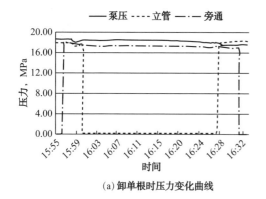

(a) 卸单根时压力变化曲线

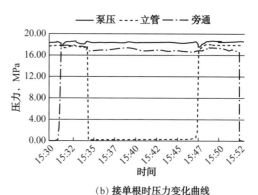

(b) 接单根时压力变化曲线

图 6-17　泵压变化曲线

　　为检验连续循环钻井系统对气体钻井的适应性，在完成液体连续循环试验后，使用车载空压机作为气源，开展了主机气密封试验。测试时在井下管柱上安装一个旋塞阀，以封闭管柱水眼，将钻机立管与空压机连接，关闭主机上、下半封后，通过立管充压，利用主机腔体上的两个压力传感器分别测量上腔和下腔的气压值及压力降。

气密封试验分为静密封测试和带压上卸扣测试两部分。静密封测试时，首先关闭上、下半封，启动空压机充压，当主机腔内压力达到较低压力时停机憋压，等待一定时间后观察压力降，若无明显泄漏，再继续提高气压并观察对应的压力降；完成上、下半封的静密封测试后，关闭全封，待上腔卸压后观察下腔压力降，以测试全封气密封性能。完成静密封测试后，打开全封开始进行带压上卸扣作业，在完成一定次数上卸扣后，观察腔内对应的压力降，进而检测上半封的动密封性能。

按照上述试验方案，在 1~5MPa 气压条件下，成功完成了 6 次主机静密封和 11 次上卸扣动密封测试，静密封和带压上卸扣时的上、下腔压力变化如图 6-18 所示。通过对试验过程中气压变化的分析可以看出，主机全封和下半封的静密封性能良好，充压 4.4MPa 后 8 分钟压力降仅为 0.03MPa；而上半封的静密封性能略差，且与预紧压力、密封件贴合状态及管柱表面条件有关，充压 5MPa 后 10min 压力降为 0.1~0.7MPa。带压上卸扣时，充压 5MPa 以上，每完成 1 次上卸扣操作（耗时 2~4min），压力下降最大约 0.2MPa，与静密封时相比，带压上卸扣对上半封的气密封性能无显著影响。测试结果表明，连续循环钻井系统主机气密封性能可基本满足气体连续循环钻井要求。

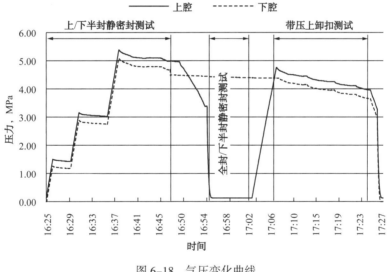

图 6-18　气压变化曲线

实验井试验验证了工业改进样机已完全具备液体连续循环钻井和起下钻能力，并具有开展气体连续循环钻井的潜力，为下一步开展现场试验和工业化应用奠定了基础。

## 第二节　阀式连续循环钻井技术与装备

钻井在接单根（立柱）或起下钻过程中，须停止钻井流体循环，而停止循环、开停泵的激动压力在某些复杂井可能导致井下复杂。阀式连续循环钻井技术这一传统方式，在接单根（立柱）、起下钻过程中，保持钻井流体连续循环，消除开停泵影响，持续清洁井底，维持井底压力相对稳定。提高窄密度窗口钻井成功率和安全性，有利于进一步提高欠平衡钻井的井底负压控制效果，并消除气体聚集风险保障作业效果；降低携砂不畅、易垮塌井沉砂、掉块卡钻风险；改善大位移井、水平井井眼清洁条件、保护储层；提高充气钻井效率和安全性；避免因循环中断引发的井下复杂和事故。

## 一、阀式连续循环钻井系统结构原理

阀式连续循环钻井系统包括连续循环阀和连续循环控制系统[13-15]（图 6-19，图 6-20）。连续循环地面控制系统控制连续循环阀，在不同钻井工况下，根据需要实现正循环、侧循环转换，正循环时侧循环自动关闭和密封，侧循环时正循环自动关闭和密封。

图 6-19　连续循环阀　　　　　　　　　图 6-20　连续循环控制系统

阀式连续循环钻井技术预先将连续循环阀配在立柱（单根）顶端，在接单根（立柱）、起下钻时连接一条侧循环管线至连续循环阀，通过地面循环通道切换装置对主循环通道和侧循环通道进行切换，保持钻井介质始终处于连续循环状态。工艺流程如图 6-21 所示。

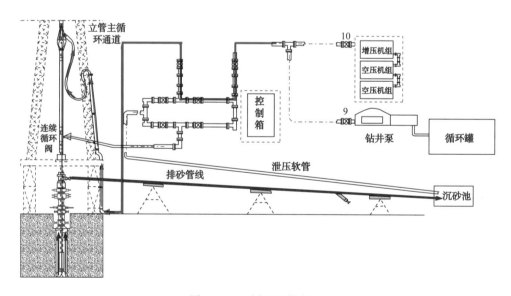

图 6-21　正循环工艺流程图

## 二、连续循环地面控制系统

连续循环地面控制系统控制循环介质的流向，包括执行装置、控制装置。

执行装置及配套管汇的气密封压力 35MPa、液密封压力 70MPa。执行装置由一系列控制阀、连通管、钻井液过滤装置组成，有四个外接通道：一个连接循环介质注入设备（钻井泵或增压机）、一个连接立管、一个连接侧循环管线、一个与循环罐或其他泄压排放装置连接（图 6-22）。连续循环执行装置如图 6-23 所示。

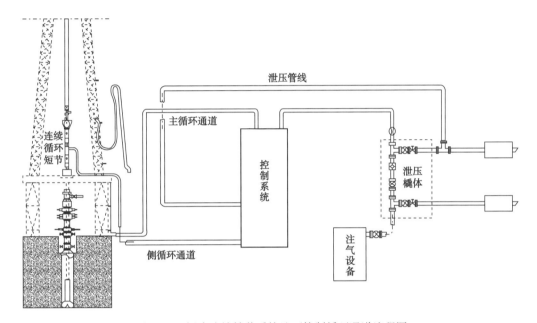

图 6-22　阀式连续钻井系统地面控制循环通道流程图

控制装置主要由电泵、蓄能器、气泵、二位四通换向阀、减压调压阀、安全阀、压力继电器和油箱组成（图 6-24）。它将各个阀门的开关全部集中在一个控制面板上，设置联动开关，缩短切换时间，减少人为误差率。

图 6-23　连续循环执行装置

图 6-24　连续循环控制装置

### 三、连续循环阀

阀式连续循环阀包括主阀和侧阀，主阀在连续循环阀短节内，侧阀在连续循环阀短节侧面（图 6-25）。连续循环阀使用时，需提前将短节连接在即将下井的钻柱或单根上端。

正常钻井时，钻井液通过接在顶驱上的钻杆，流经连续循环主阀，进入下部钻杆，形成一个内部循环通路；在接、卸单根或立柱时，将旁通管接入其侧阀孔内，控制系统转换阀通道（打开侧阀循环通道，关闭主阀循环通道），钻井液通过旁通管，流经连续循环阀，进入下部钻杆，形成一个旁通内部循环通道。钻柱连接完成后，控制系统转换阀通道（打开主阀循环通道，关闭侧阀循环通道），钻井液经轴向通道循环。此时，可将旁通管拔出、移开。通过两个通道的不断切换，实现

图 6-25　连续循环侧阀

了钻井液的不间断循环。在正常工况下，连续循环阀随钻柱一起下入井内。当完成一个钻柱的钻深后，在钻柱上部再接入提前接有连续循环阀的立柱；起钻时，操作过程与接钻柱时相反。

连续循环阀参数：

长度：0.88m；

气密封压力：35MPa；

液密封压力：70MPa；

抗拉强度：4900kN；

抗扭强度：135.6kN·m；

内径/外径：$\phi 62mm/168mm$、$\phi 71mm/178mm$、$\phi 71mm/184mm$。

## 四、工艺流程

### 1. 钻井流体地面循环工艺

纯气体介质连续循环工艺即由注气设备产生的压缩气体通过连续循环地面控制机构分别形成主循环及侧循环两个通道，通过操作地面控制机构闸阀，使压缩气体的注入通道在主循环通道和侧循环通道间相互切换，从而实现在接单根（立柱）、起下钻等作业期间纯气体介质的连续循环。

纯液体介质连续循环工艺即由钻井泵泵出的钻井液，通过连续循环地面控制机构分别形成主循环及侧循环两个通道，通过操作地面控制机构闸阀，使钻井液的注入通道在主循环通道和侧循环通道间相互切换，从而实现在接单根（立柱）、起下钻等作业期间纯液体介质的连续循环。

在进行雾化、泡沫及充气连续循环钻井作业时，需要同时注入气相和液相作为循环介质，气液两相介质条件下地面循环工艺相对于单相流体而言，流体介质必须提前

混合后再进入地面控制机构，即在控制机构上游段安装气液混合装置。气液混合装置为一种将气体和液体均匀混合的装置，一端与注气设备连接，另一端与钻井泵连接，则注入的气相、液相介质在气液混合装置处混合后，进入控制机构。控制机构主循环通道端口通过高压硬管与立管相连，形成主循环通路，侧循环通道端口通过高压软管连接至钻台面，与接入钻具上的连续循环阀相连接，形成侧循环通路；控制机构的泄压端口通过高压软管连接至钻井液循环罐，构成控制机构泄压通路。气液两相介质连续循环工艺是通过操作地面控制机构闸阀，使气液混合流体的注入通道在主循环通道和侧循环通道间相互切换，实现在接单根（立柱）、起下钻等作业期间气液混合流体介质的连续循环。

2. 连续循环接立柱工艺

1）纯气体连续循环接立柱工艺

上提钻具至连续循环阀出转盘面，坐吊卡→钻台操作人员连接好侧循环管线、并固定好钢丝绳→发出"倒换流程"信号→连续循环控制箱操作人员收到信号后、进行闸阀倒换、由立管主循环切换至侧循环→泄主循环通道压力→卸顶驱、接立柱→发出"倒换流程"信号→连续循环控制箱操作人员收到信号后、进行闸阀倒换、由侧循环切换至立管主循环→泄侧循环通道压力→钻台操作人员拆除侧循环管线→待各项注入参数正常后恢复钻进。

2）纯液体连续循环接立柱工艺

上提钻具至连续循环阀出转盘面、坐吊卡→钻台操作人员连接好侧循环管线、并固定好钢丝绳→发出"倒换流程"信号→连续循环控制箱操作人员收到信号后、进行闸阀倒换、由立管主循环切换至侧循环→泄主循环通道压力→卸顶驱，接立柱→发出"倒换流程"信号→连续循环控制箱操作人员收到信号后、进行闸阀倒换、由侧循环切换至立管主循环→泄侧循环通道压力→钻台操作人员拆除侧循环管线→待各项注入参数正常后恢复钻进。

3）气液两相连续循环接立柱工艺

上提钻具至连续循环阀出转盘面、坐吊卡→钻台操作人员连接好侧循环管线、并固定好钢丝绳→发出"倒换流程"信号→连续循环控制箱操作人员收到信号后、进行闸阀倒换、由立管主循环切换至侧循环→泄主循环通道压力→卸顶驱、接立柱→发出"倒换流程"信号→连续循环控制箱操作人员收到信号后、进行闸阀倒换、由侧循环切换至立管主循环→泄侧循环通道压力→钻台操作人员拆除侧循环管线→待各项注入参数正常后恢复钻进。

3. 连续循环起钻工艺

1）纯气体连续循环起钻工艺

操作程序：

（1）保持正循环工况下上提钻具至连续循环阀出转盘面，坐吊卡；

（2）钻台操作人员连接好侧循环管线，并固定好钢丝绳；

（3）钻台发出"倒换流程"信号；

（4）连续循环控制箱操作人员收到信号后，进行闸阀倒换，由立管主循环切换至侧循环通道，泄主循环通道压力；

（5）井队操作人员从连续循环阀之上卸扣，倒出立柱和连续循环阀后，接顶驱；

（6）钻台发出"倒换流程"信号；

（7）连续循环控制箱操作人员收到信号后，进行闸阀倒换，由侧循环通道切换至立管主循环通道，泄侧循环通道压力；

（8）钻台操作人员拆除连接在连续循环阀上的侧循环管线，继续起钻；

（9）重复（1）~（8）操作步骤，完成连续循环起钻作业；

（10）当起钻至最后一个连续循环阀时，操作步骤为：发出停止注入信号→停止注气→待泄压为零后，卸顶驱→恢复常规起钻作业。

2）纯液相连续循环起钻工艺

操作程序：

（1）保持正循环工况下上提钻具至连续循环阀出转盘面，坐吊卡；

（2）钻台操作人员连接好侧循环管线，并固定好钢丝绳；

（3）钻台发出"倒换流程"信号；

（4）连续循环控制箱操作人员收到信号后，进行闸阀倒换，由立管主循环切换至侧循环通道，泄主循环通道压力；

（5）井队操作人员从连续循环阀之上卸扣，倒出立柱和连续循环阀后，接顶驱；

（6）钻台发出"倒换流程"信号；

（7）连续循环控制箱操作人员收到信号后，进行闸阀倒换，由侧循环通道切换至立管主循环通道，泄侧循环通道压力；

（8）钻台操作人员拆除连接在连续循环阀上的侧循环管线，继续起钻；

（9）重复（1）~（8）操作步骤，完成连续循环起钻作业；

（10）当起钻至最后一个连续循环阀时，操作步骤为：发出停止注入信号→停钻井泵，停止注液→待泄压为零后，卸顶驱→恢复常规起钻作业。

3）气液两相介质连续循环起钻工艺

操作程序：

（1）保持正循环工况下上提钻具至连续循环阀出转盘面，坐吊卡；

（2）钻台操作人员连接好侧循环管线，并固定好钢丝绳；

（3）钻台发出"倒换流程"信号；

（4）连续循环控制箱操作人员收到信号后，进行闸阀倒换，由立管主循环切换至侧循环通道，泄主循环通道压力；

（5）井队操作人员从连续循环阀之上卸扣，倒出立柱和连续循环阀后，接顶驱；

（6）钻台发出"倒换流程"信号；

（7）连续循环控制箱操作人员收到信号后，进行闸阀倒换，由侧循环通道切换至立管主循环通道，泄侧循环通道压力；

（8）钻台操作人员拆除连接在连续循环阀上的侧循环管线，继续起钻；

（9）重复（1）~（8）操作步骤，完成连续循环起钻作业；

（10）当起钻至最后一个连续循环阀时，操作步骤为：发出停止注入信号→停止注气，继续注液 3~5min 再停钻井泵，充气钻井需注液将气体替出钻头再停泵→待泄压为零后，卸顶驱→恢复常规起钻作业。

4. 连续循环下钻工艺

1）纯气体连续循环下钻工艺

操作程序：

（1）下钻遇阻后，接入钻杆旋塞阀，安装好旋转控制头；

（2）接入顶部带有连续循环阀的立柱，接好顶驱，恢复注气，立管主循环正常，进行下步作业；

（3）下放钻具，将连续循环阀坐于转盘面上，连接好侧循环管线；

（4）钻台发出"倒换流程"信号，连续循环控制箱操作人员收到信号后，进行闸阀倒换，由立管主循环切换至侧循环通道，泄主循环通道压力，卸顶驱，接入顶部带连续循环阀的钻杆，接顶驱；

（5）钻台发出"倒换流程"信号，连续循环控制箱操作人员收到信号后，进行闸阀倒换，由侧循环切换至立管主循环通道，泄侧循环通道压力；

（6）钻台操作人员拆除连接在连续循环阀上的侧循环管线，下钻；

（7）重复（3）~（6）步骤，完成连续循环下钻作业。

2）纯液相连续循环下钻工艺

操作程序：

（1）下钻遇阻后，接入顶部带有连续循环阀的立柱，接好顶驱，恢复注液，立管主循环正常，进行下步作业；

（2）下放钻具，将连续循环阀坐于转盘面上，连接好侧循环管线；

（3）钻台发出"倒换流程"信号，连续循环控制箱操作人员收到信号后，进行闸阀倒换，由立管主循环切换至侧循环通道，泄主循环通道压力，卸顶驱，接入顶部带连续循环阀的钻杆，接顶驱；

（4）钻台发出"倒换流程"信号，连续循环控制箱操作人员收到信号后，进行闸阀倒换，由侧循环切换至立管主循环通道，泄侧循环通道压力；

（5）钻台操作人员拆除连接在连续循环阀上的侧循环管线，下钻；

（6）重复（3）~（6）步骤，完成连续循环下钻作业。

3）气液两相连续循环下钻工艺

操作程序：

（1）下钻遇阻后，接入钻杆旋塞阀，安装好旋转控制头；

（2）接入顶部带有连续循环阀的立柱，接好顶驱，恢复注液、注气，立管主循环正常，进行下步作业；

（3）下放钻具，将连续循环阀坐于转盘面上，连接好侧循环管线；

（4）钻台发出"倒换流程"信号，连续循环控制箱操作人员收到信号后，进行闸阀倒换，由立管主循环切换至侧循环通道，泄主循环通道压力，卸顶驱，接入顶部带连续循环阀的钻杆，接顶驱；

（5）钻台发出"倒换流程"信号，连续循环控制箱操作人员收到信号后，进行闸阀倒换，由侧循环切换至立管主循环通道，泄侧循环通道压力；

（6）钻台操作人员拆除连接在连续循环阀上的侧循环管线，下钻；

（7）重复（3）~（6）步骤，完成连续循环下钻作业。

## 五、现场应用效果分析

1. 气相条件下阀式连续循环钻井应用

1）BZ101 井现场应用

（1）试验井基本情况。

BZ101 井设计井深 7200m。地质预测在 Q~N₁j 层段钻遇巨厚砾石层，邻井 BZ1 井砾石层沉积厚度达 5830m，钻井液钻井机械钻速低，钻井周期长，如 $E_{2-3}s$ 以上地层平均机械钻速 0.88m/h，共耗用钻头 94 只，单只钻头平均进尺仅 65.26m。为提高中深部砾石层机械钻速，缩短钻井周期，设计在 2502~3802m、3802~5500m 井段开展气体钻井作业，全井段采用连续循环钻井技术。

（2）施工难点及应对措施。

施工难点：该构造上部为厚度超过 5000m 的巨厚砾石层，可钻性差、胶结差、钻井周期长。2000m 以下砾石层段逐渐成岩，胶结情况由泥质胶结过渡为灰质胶结，强度逐渐变好。钻井液实钻过程掉块、蹩卡严重，气体钻井井壁失稳风险更加严重，连续循环气体钻井期间可能钻遇井壁垮塌卡钻的风险。

应对措施：立压、扭矩变化不大，出口连续返出，增大注气量循环，待井筒畅通后控制钻时钻进；立压、扭矩波动大，出口返出不均匀，停止钻进，增大注气量循环观察，短起下钻探静砂面、增加循环划眼时间，控制钻时钻进；蹩停顶驱，出口失返，立压上涨，保证地面安全情况下，关环形防喷器注气蹩压处理。

（3）连续循环气体钻井试验过程及效果分析。

连续循环气体钻井系统在 BZ101 井三开（井段 2502.00~3602.00m）空气钻井及通井划眼全过程应用，空气排量 300~330m³/min，工作时间 520h，工作压力 3.0~4.0MPa，正循环转侧循环瞬时压力波动 0.08MPa，进尺 1100.00m。

同时，在四开井段（3602.00~4652.00m）空气钻井期间全过程应用该技术，空气排量 300~380m³/min，工作时间 400h，工作压力 3.0~4.0MPa，实现进尺 1050.00m，正循环转侧循环瞬时压力波动 0.09MPa。

整个作业期间系统运转正常，满足现场施工要求，在空气钻井接立柱、起下钻、划眼过程中，实现井下连续循环，保证了井底压力稳定，提高了钻井时效，避免了砾石层垮塌卡钻的风险。

（4）结论：

①首次全过程连续循环气体钻井技术成功应用。本井三开、四开空气钻井全过程采用连续循环，累计作业周期 45d，作业期间连续循环气体钻井系统运转正常，满足

现场施工要求。在空气钻井接立柱、起下钻、划眼过程中，实现井下连续循环，避免了砾石层垮塌卡钻的风险，延长了气体钻井进尺。四开空气钻井只钻进了138m井下沉砂达到30m，钻进308m后沉砂上涨达到50m，通过增大气量、延长循环时间等技术手段井下沉砂均未减少，无法实施常规空气钻井作业（表6-2）。采用连续循环气体钻井技术有效解决井下沉砂难题，作业19d，最终实现进尺1050m，避免了沉砂卡钻的风险。

表 6-2　BZ101 井停止循环沉砂统计表

| 井深，m | 注气量，m³/min | 循环时间，h | 井下沉砂，m |
|---|---|---|---|
| 3602 | 280 | — | 开始钻进 |
| 3740 | 280 | 1.5 | 30 |
| 3770 | 310 | 1 | 33 |
| 3799 | 310 | 2.5 | 34 |
| 3910 | 310 | 2.5 | 50 |
| 4105 | 340 | 2 | 48 |
| 4319.6 | 340 | 2.5 | 51 |
| 4652 | 370 | 3 | 56 |

②BZ101 井 2502~3602m 井段、3602~4652m 井段开展连续循环空气钻井，进尺2150m，占设计井深30%，平均机械钻速4.34m/h。与 BZ1 井同井段钻井液钻井相比，钻速分别提高3.8倍、4.3倍，BZ101 井钻进相同进尺仅用49d，而 BZ1 井耗用168d，节省钻井时间119d（图6-26）。

③提高单只钻头进尺，节省钻头数量，降低综合钻井成本。BZ101 井三开井段连续循环空气钻井耗用钻头4只，单只钻头平均进尺275m，与钻井液钻井相比，节省钻头15只，单只钻头进尺提高4.7倍。四开井段连续循环空气钻井耗用钻头3只，单只钻头平均进尺350m，与钻井液钻井相比，节省钻头14只，单只钻头进尺提高4.9倍。

2）BZ102 井现场应用

（1）试验井基本情况。BZ102 井中深部砾石层机械钻速慢，钻井周期长，为有效解决该难题，设计在三开 2502~3802m、四开 3802~5500m 井段开展连续循环气体钻井作业。

（2）施工难点及应对措施。

施工难点：构造上部为厚度超过5000m的巨厚砾石层，可钻性差、胶结差、钻井周期长。2000m以下砾石层段逐渐成岩，胶结情况由泥质胶结过渡为灰质胶结，强度逐渐变好。钻井液实钻过程掉块、蹩卡严重，气体钻井井壁失稳风险更加严重，连续循环气体钻井期间可能钻遇井壁垮塌卡钻的风险。

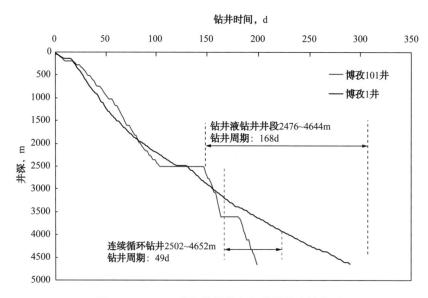

图 6-26　BZ101 井气体钻井与邻井钻井液钻井对比

应对措施：立压、扭矩变化不大，出口连续返出，增大注气量循环，待井筒畅通后控制钻时钻进；立压、扭矩波动大，出口返出不均匀，停止钻进，增大注气量循环观察，短起下钻探静砂面、增加循环划眼时间，控制钻时钻进；整停顶驱，出口失返，立压上涨，保证地面安全情况下，关环形防喷器注气整压处理。

（3）连续循环气体钻井试验过程及效果分析。

连续循环气体钻井技术在 BZ102 井三开 2532.98~3502.00m 井段空气钻井、起下钻、划眼过程中全过程应用，空气排量 300~350m³/min，工作压力 3.5~4.5MPa，工作时间 377h，正循环转侧循环瞬时压力波动 0.09MPa。

同时，在四开井段（3502.00~3992.59m）空气钻井期间全过程应用该技术，空气排量 300~380m³/min，工作时间 210h，工作压力 3.0~15.0MPa，正循环转侧循环瞬时压力波动 0.15MPa。

整个作业期间系统运转正常，满足现场施工要求，在空气钻井接立柱、起下钻、划眼过程中，实现井下连续循环，保证了井底压力稳定，提高了钻井时效，避免了砾石层垮塌卡钻的风险。

本井四开从井深 3502m 开展空气钻井，进尺 88m，井下沉砂就达到 8m；进尺 167m 后，沉砂上涨到 39m；进尺 458m 后，沉砂上涨到了 60m，采用连续循环技术可以在接立柱、起下钻过程中保持井下不间断循环，连续循环空气钻井技术解决了井下沉砂阻碍常规空气钻井继续钻进的问题，延长了空气钻井进尺（表 6-3）。

表 6-3　BZ102 井停止循环沉砂统计表

| 井段，m | 钻进时注气量，m³/min | 循环时注气量，m³/min | 循环时间，h | 沉砂，m |
|---|---|---|---|---|
| 3502~3590 | 300 | 300 | 0.5 | 8.00 |
| 3590~3669 | 300 | 300 | 0.5 | 39.00 |

续表

| 井段，m | 钻进时注气量，m³/min | 循环时注气量，m³/min | 循环时间，h | 沉砂，m |
|---|---|---|---|---|
| 3669~3768 | 300 | 300 | 0.5 | 58.00 |
| | | 330 | 0.5 | |
| 3768~3960 | 300~330 | 330 | 1.0 | 60.11 |
| | | 350 | 1.0 | |
| | | 300 | 2.0 | |

2.气液两相条件连续循环钻井现场应用

1）Y005-H1井现场应用

（1）试验井基本情况。Y005-H1井为解决表层井漏问题，设计在420.00~1422.00m井段设计实施充气钻井，期间使用连续循环钻井技术（图6-27）。

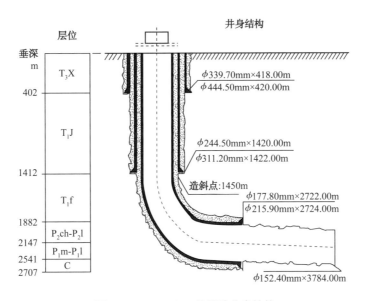

图6-27　Y005-H1井设计井身结构

（2）施工难点及应对措施。本井为第一口连续循环充气钻井现场试验，气液两相流的密封难度高于纯气体和纯液体条件，试验过程中可能存在连续循环阀密封失效的问题。若发现连续循环阀刺漏，立即停止注气、注液，分析原因并更换连续循环阀。

（3）连续循环气体钻井试验过程及效果分析。

试验过程：本井在井深910.21m接入第一个循环短节开展，钻至井深927.15m共接入3只连续循环短节。

效果分析：Y005-H1井在井眼311.2mm连续循环充气钻井试验井段910.21~927.15m，充气排量60m³/min，液量45L/s，工作时间5.25h，工作压力7MPa，接单根前后立压波动0.3MPa，接单根后液面变化量0.4m³（表6-4）。

表 6-4  Y005-H1 井连续循环钻井现场试验过程

| 井深<br>m | 供气量<br>m³/min | 供液量<br>L/s | 主循环压力<br>MPa | 侧循环压力<br>MPa | 工况 |
|---|---|---|---|---|---|
| 910.21 | 60 | 45 | 7.0 | 0 | 坐卡，连侧循环管线 |
| 910.21 | 60 | 45 | 6.9 | 6.8 | 同时侧、主循环 |
| 910.21 | 60 | 45 | 0 | 6.9 | 主循环泄压，接单根 |
| 910.21 | 60 | 45 | 6.8 | 6.9 | 同时主、侧循环 |
| 910.21 | 60 | 45 | 6.9 | 0 | 侧循环泄压，拆侧循环管线，恢复钻进 |
| 919.89 | 60 | 45 | 7.0 | 0 | 坐卡，连侧循环管线 |
| 919.89 | 60 | 45 | 7.0 | 6.8 | 同时侧、主循环 |
| 919.89 | 60 | 45 | 0 | 7.0 | 主循环泄压，接单根 |
| 919.89 | 60 | 45 | 6.9 | 6.9 | 同时主、侧循环 |
| 919.89 | 60 | 45 | 7.0 | 0 | 侧循环泄压，拆侧循环管线，恢复钻进 |

现场试验表明，采用连续循环充气钻井技术，在接单根过程中保持井筒内气液连续循环，消除了由于气体滑脱造成的压力波动，维持稳定的环空当量密度。接单根前后压力稳定，液面变化仅 0.4m³，有效解决了充气钻井接单根后由于压力波动大，环空当量密度变化造成的井漏（图 6-28 和图 6-29）。同时连续循环改善了井眼清洁效果，消除沉砂卡钻的风险，提高充气钻井效率 30% 以上，确保了井下安全。

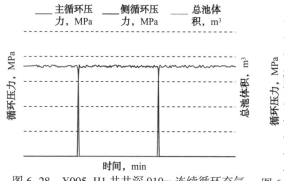

图 6-28  Y005-H1 井井深 910m 连续循环充气
钻井接单根压力曲线图

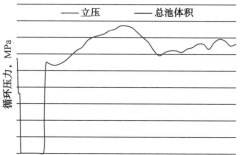

图 6-29  Y005-H1 井井深 963m 常规充气钻井
接单根压力曲线图

2）ST2 井连续循环现场应用

（1）试验井基本情况。ST2 井三开钻井液钻井至井深 3104m，期间共发生井漏 12 次，通过降低钻井液密度治漏无效果（由 1.3g/cm³ 降低至 1.1g/cm³），后采用加堵漏剂、注水泥、智能凝胶等多种方式进行堵漏 28 次无效，累计漏 2780.60m³（表 6-5），累计损失时间 507 小时 35 分钟，井内钻井液密度 1.1g/cm³，测定液面距井口 325m（折算井底压力系数 0.98）。测算漏层压力系数为 0.95。

表 6-5  ST2 井三开漏失情况统计表

| 井段，m | 层位 | 钻井液密度，g/cm³ | 最大漏速，m³/h | 漏失量，m³ | 处理方法 |
|---|---|---|---|---|---|
| 2293.05~2293.25 | J₁Z | 1.30 | 31.2 | 95.8 | 加堵漏剂 |
| 2333.54~2346.72 | J₁Z | 1.31 | 6.6 | 31 | 加堵漏剂 |
| 2762.44~2846.27 | T₃X | 1.31 | 2.5 | 20.2 | 加堵漏剂 |
| 2854.28 | T₃X | 1.31 | 42 | 106.8 | 加堵漏剂 |
| 2875.35 | T₃X | 1.31 | 27.5 | 46.7 | 加堵漏剂 |
| 2915.22 | T₃X | 1.31 | 42 | 54.2 | 加堵漏剂 |
| 2916.72 | T₃X | 1.31 | 42 | 33.7 | 加堵漏剂 |
| 2922.73 | T₃X | 1.31 | 57.6 | 254.2 | 加堵漏剂 |
| 2926.08 | T₃X | 1.3 | 36 | 281.5 | 加堵漏剂 |
| 2967.08~2985.07 | T₃X | 1.25 | 16.8 | 367.7 | 水泥堵漏 |
| 2993.12~3004.02 | T₃X | 1.27 | 33 | 103.1 | 加堵漏剂 |
| 3063.74~3065.50 | T3X | 1.28 | 失返 | 1385.7 | 智能凝胶 + 水泥 |
| 合计 | | | | 2780.6 | |

本井若采用充气钻井治漏，常规充气钻井接立柱压力波动会再次造成井漏或地层出水，并有可能形成钻井液帽，无法建立循环（图 6-30）。设计采用连续循环充气钻井技术保持相对稳定的井底压力，解决本井井漏难题。

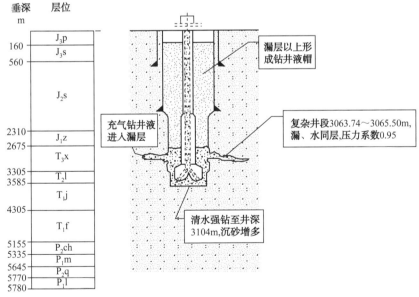

图 6-30  ST2 井井下复杂示意图

（2）施工难点及应对措施。

本井二开固井后，三开采用钻井液密度 1.0~1.3g/cm³ 从井深 1750.69m 钻井至井深 3104m 未出现井壁失稳，但由于自流井组以泥岩、页岩为主，采用连续循环充气钻井降低循环当量密度可能造成井壁失稳的风险，实钻过程中加强对钻井参数和返出岩屑的监测。

（3）连续循环气体钻井试验过程及效果分析。

试验过程：ST2井连续循环充氮气钻井试验井段3014.00~3157.90m，充氮气排量：30~50m³/min，液量40~45L/s，工作时间80.00h，工作压力8.5~10.4MPa，接立柱转换循环通道压力波动0.4MPa，接立柱后液面变化量0.6m³，整个钻进接立柱、起下钻过程实现井下连续循环，保持了井底压力稳定，减少了钻井液漏失（图6-31）。

图6-31 ST2井连续循环接立柱作业

效果分析：

①通过现场试验证明，采用连续循环充气钻井技术，在接单根过程中保持井筒内气液连续循环，消除了由于气体滑脱造成的压力波动，维持稳定的环空当量密度。接单根前后压力稳定，液面变化仅0.6m³，有效解决了沉砂卡钻、堵塞水眼、充气钻井接立柱恢复时间长等难题，明显提高了充气钻井效率，确保了井下安全。

②ST2井常规钻井液从井深1750.69m开始钻进至井深3104.00m共发生井漏12次、堵漏28次无效，累计漏失钻井液2780.60m³、损失时间22d。采用连续循环充氮气钻井技术控制稳定的环空当量密度，有效解决了井漏问题，在停钻13d后恢复钻进。连续循环充氮气钻井录井曲线如图6-32所示。

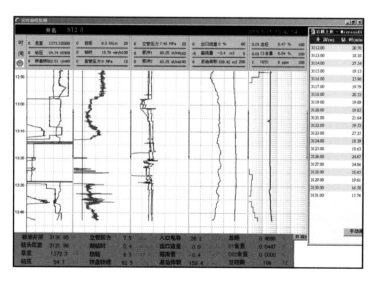

图6-32 ST2井连续循环充氮气钻进录井曲线

3. 纯液体条件YS108H9平台连续循环钻井现场应用

（1）试验井基本情况：YS108H9平台表层可能发育较大的裂缝和溶洞，易发生井漏和钻遇水层。为了提升钻井液钻井处理井漏复杂的能力，本井在飞仙关层段进行钻井液连续循环钻井现场试验。

（2）施工难点及应对措施：根据邻井实钻资料，YS108H9 平台邻井在上部嘉陵江组主要存在井漏、出水显示。预计本井二开 $\phi$311.2mm 钻井液钻进期间有钻遇地层出水井漏的可能性。连续循环钻进期间加强对液面的监测，控制好稳定的循环当量密度，降低钻井液漏失。

（3）施工过程及效果分析。

施工过程：

YS108H9-1 井从井深 356.00m 开始实施连续循环钻井液钻井，钻进至井深 461.89m 结束。

YS108H9-2 井从井深 356.00m 开始实施连续循环钻井液钻井，钻进至井深 933.82m 结束。

YS108H9-3 井从井深 349.00m 开始实施连续循环钻井液钻井，钻进至井深 1048.66m 结束（表 6-6）。

表 6-6　YS108H9-3 井连续循环钻井现场施工过程

| 井深<br>m | 供气量<br>m³/min | 供液量<br>L/s | 主循环压力<br>MPa | 侧循环压力<br>MPa | 工况 |
|---|---|---|---|---|---|
| 384.90 | — | 38 | 8.1 | 0 | 接单根划眼循环，连侧循环管线 |
| 384.90 | — | 38 | 8.1 | 8.1 | 同时侧、主循环 |
| 384.90 | — | 38 | 0 | 8.5 | 主循环泄压，接立柱 |
| 384.90 | — | 38 | 8.1 | 8.1 | 同时主、侧循环 |
| 384.90 | — | 38 | 8.1 | 0 | 侧循环泄压，拆侧循环管线，恢复钻进 |
| …… | | | | | |
| 724.14 | — | 40 | 9.4 | 0 | 接单根划眼循环，连侧循环管线 |
| 724.14 | — | 40 | 9.7 | 9.7 | 同时侧、主循环 |
| 724.14 | — | 40 | 0 | 9.7 | 主循环泄压，接立柱 |
| 724.14 | — | 40 | 9.4 | 9.4 | 同时主、侧循环 |
| 724.14 | — | 40 | 9.4 | 0 | 侧循环泄压，拆侧循环管线，恢复钻进 |
| …… | | | | | |
| 1034.62 | – | 40 | 10.0 | 0 | 接单根划眼循环，连侧循环管线 |
| 1034.62 | – | 40 | 10.0 | 10.0 | 同时侧、主循环 |
| 1034.62 | – | 40 | 0 | 10.7 | 主循环泄压，接立柱 |
| 1034.62 | – | 40 | 10.0 | 10.0 | 同时主、侧循环 |
| 1034.62 | – | 40 | 10.0 | 0 | 侧循环泄压，拆侧循环管线，恢复钻进 |

效果分析：

YS108H9-1 井在 $\phi$311.2mm 井眼连续循环钻井液钻井试验井段 356.00~461.89m。试验层位：飞仙关；岩性：泥岩、砂岩；循环介质：钻井液；排量：45~50L/s；工作时间：30h；工作压力：7.0~7.5MPa；正循环转侧循环压力波动：0.3~0.4MPa；侧循环转正循环压力波动：0.5~0.7MPa；试验效果：在钻井接立柱、起钻过程中，保持了井下连续循环，避免了开停泵对井下的影响，未发生井漏。

YS108H9-2井在 $\phi$311.2mm 井眼连续循环钻井液钻井试验井段 356.00~933.82m。试验层位：飞仙关~峨眉山；岩性：灰岩、泥岩；循环介质：钻井液；排量 50~60L/s；工作时间：67h；工作压力：9.1~11.6MPa；正循环转侧循环压力波动：0.3~0.5MPa；侧循环转正循环压力波动：0.6~0.8MPa；试验效果：实现了钻井接立柱、起下钻过程井下连续循环，维持了稳定的井底压力，避免了开停泵对井下的影响。

YS108H9-3井在 $\phi$311.2mm 井眼连续循环钻井液钻井试验井段 49.00~1048.66m。试验层位：飞仙关~峨眉山；岩性：灰岩、泥岩；循环介质：钻井液；排量 45~55L/s；工作时间：142h；工作压力：8.1~10.7MPa；正循环转侧循环压力波动：0.4~0.5MPa；侧循环转正循环压力波动：0.7~0.9MPa；试验效果：在钻井接立柱过程中，保持了井下连续循环，维持了稳定的井底压力，避免了井停泵对井下的影响及井漏情况的发生。

# 参 考 文 献

［1］AYLING L J, JENNER J W, H.Elkins. Continuous Circulation Drilling［C］. OTC 14269, 2002.

［2］周爽，夏力.连续循环钻井［J］.国外油田工程，2003，19（10）：25-26.

［3］胡志坚，马青芳，邵强，等.连续循环钻井技术的发展与研究[J].石油钻采工艺，2011，33（1）：1-6.

［4］JENNER J W, ELKINS H L, Springett F, et al. The Continuous Circulation System：An ADVACE IN constant pressure drilling［R］. SPE 90702, 2004.

［5］Ross N, Scaife T, Macmillan R, et al. Use of the Continuous Circulation System on the Kvitebjorn Field［C］. SPE/IADC 156899, 2012.

［6］马青芳.不间断循环钻井系统［J］.石油机械，2008，36（9）：210-212.

［7］胡志坚，马青芳，侯福祥.钻井液连续循环系统过程控制关键技术分析与探讨［J］，石油机械，2010，38（2）：62-65.

［8］马青芳，胡志坚，肖建秋，等.一种不间断循环钻井装置：ZL201010271989.1［P］.2012-12-12.

［9］肖建秋，马青芳，胡志坚，等.连续循环钻井系统动力钳的结构设计［J］.石油机械，2016，44（1）：1-4，9.

［10］AYLING L J, JENNER J W, ELKINS H.Continuous Circulation Drilling［C］.OTC 14269, 2002.

［11］马青芳，肖建秋，胡志坚，等.连续循环钻井系统可承担的卡瓦装置：ZL201210149629.3［P］.2014-08-06.

［12］马青芳，胡志坚，肖建秋，等.连续循环钻井系统的钻井液分流控制管汇：ZL2010201228722［P］.2010-11-03.

［13］胡志坚,肖建秋,梁国红.连续循环钻井系统分流增压过程压力波动机理[J].石油机械,2017,45(1)15-18.

［14］JENNER J W, ELKINS H L, Lurie P G, et al.The Continuous Cir-culation System：An Advance in Constant-Pressure Drilling［R］.SPE 90702, 2004.

［15］VOGEL R.Continuous Circulation System Debuts with Commercial Successes O ffshore Egypt, Norway［J］.Drilling Contractor, 2006, 62(6)：50-52.

# 第七章 控压钻井技术展望

历经"十一五""十二五"国家科技重大专项科技攻关,我国在控压钻井理论、设计、工艺、装备及软件等实现全面突破,形成以控压钻井实验、检测与测试方法、系列化控压钻井装备、欠平衡精细控压钻井技术为代表的控压钻井软硬件体系, 开发出适合各种不同地质条件、井下复杂工况的高效实用控压钻井工艺技术, 使之成为有效解决"窄压力窗口"的"技术利器", 成功实现能够"蹭"着非均质性储集体"头皮"、穿越多套缝洞单元、有利于降低溢漏复杂、增强水平段延伸能力的裂缝溶洞型碳酸盐岩水平井控压钻井工艺技术, 最大限度地裸露油气层, 有效提高单井产量, 延长油气井寿命, 达到高产、稳产的目标。

控压钻井技术与装备未来发展规划分为近期("十三五")、中期("十四五")和远期("十五五"及以后)三个目标,具体包括:

近期目标:进一步简化、改进控压钻井装备,从大型橇装向小型橇装和灵活组合式方向发展,降低市场服务成本,拓展技术服务区域,满足不同用户的技术需求与价格需求;重点开展可实现自动分流、节流控制的闭环压力控制钻井技术与装备研究、与连续循环结合的相关技术以及海洋控压钻井技术及配套装备研究,在"十三五"末形成中、高、低三挡控压钻井装备,满足不同市场和工程技术要求,开展海洋控压钻井试验与应用。

中期目标:开展控压钻井与井控技术的融合,使装备的功能更加完善、操作更加简单、性能更加稳定,逐步使控压钻井技术成为钻井的主体技术,并且完成井控装备的职能,成为井队的基本配置装备,全面提高钻井的综合效率。

远期目标:一方面,开展井筒综合技术服务,形成地质、工程、测试一体化技术,实现储层评价、分析、保护、开发与钻井安全管理、实时优化等多重目标;另一方面,开展水合物控压钻井勘探开发技术研究,保障水合物开发安全、提高开发效率,形成水合物工业化勘探开发技术。

控压钻井技术的应用,一方面需将油气田钻井特点、井控工艺要求与其有机结合,科学管理,改进措施,逐步形成具有适合本油气田特色的控压优快钻井技术体系,实现高效勘探开发;另一方面加强在海洋及天然气水合物等非常规油气藏钻探的应用,解决由于海洋深水环境下海底疏松的沉积和海水柱作用,地层压力与破裂压力窗口狭窄导致常规钻井方法难于维持精确控制井筒环空压力的技术难题,有效避免井下复杂的发生,提高钻探综合效率。技术创新是未来发展的重中之重,控压钻井技术未来重点发展方向主要包括海洋控压钻井技术、双梯度钻井技术和加压钻井液帽技术三个方面。

## 第一节 海洋控压钻井技术

当今海洋已成为全球油气资源的重要接替区,墨西哥湾、北海、巴西及我国南海等区域是海洋油气资源开发的重要场所。近 10 年来,我国新增石油产量的 53% 来自海洋。

随着勘探技术的进步，海洋勘探开发逐步从常规水深不断向深水、超深水发展，深水油气田已成为世界石油产量的主要增长点。深水钻井中的涌、漏、塌、卡等井下复杂是进行海洋油气资源勘探开发的重要障碍，控压钻井技术对于解决这些井下复杂状况有着独特优势，已在国外海洋钻井作业中得到广泛应用，在防止钻井事故、保护储层、减少钻井作业时间、降低作业费用等方面均取得了良好效果。据统计，自2007年控压钻井技术被引入海洋钻井以来，在海上已经完成了400多口井的作业，其中在亚太地区完成了100多口井，应用最多；墨西哥湾也有应用，该海域的Bolontiku油田2010年采用控压钻井技术，获得了较高的机械钻速，减少了井下复杂与事故的发生，与邻井相比，钻井作业时间减少了35%。

海洋控压钻井技术[1]与陆地控压钻井技术相比，从装备到工艺都有着很大的差异，海洋控压钻井关键技术研究在国内基本处于空白阶段。根据我国目前海洋钻井水平，海洋控压钻井应着重进行以下三方面研究。

## 一、海洋控压钻井适用性研究

分析当前国际上现有海洋控压钻井设备的类型、结构、原理、功能、工艺流程及配套技术等内容（图7-1），了解使用限制与优缺点，针对海洋钻井及我国深水地质与环境特点，深入研究我国应用各种海洋控压钻井的可行性和适用性。

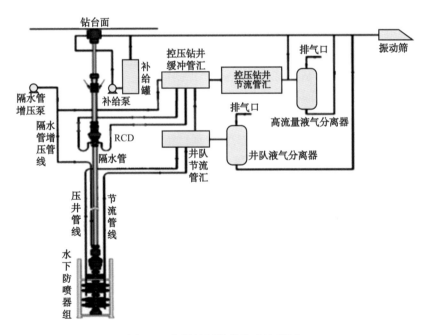

图7-1　海洋控压钻井技术流程图

## 二、海洋控压钻井装备研究

海洋控压钻井装备与陆地控压钻井设备差异很大，而这些差异是限制控压钻井进行海上作业的关键问题，需要着重深入研究。海洋钻井因受平台工作面积限制、天气条件恶劣、设备运输困难等条件的制约，对海上钻井装备应用提出了更高的要求，针对海洋钻井作业的限制，分析对控压钻井装备可能产生的影响，研究海洋控压钻井装备作业需注意的问题和可能出现的隐患。同时根据海洋钻井装备制造标准，优化海洋控压钻井装备，提出工作的基本条件和技术要求。

### 三、海洋控压钻井工艺研究

海洋控压钻井作业要面对泥线浅层气、浅层流活跃，部分地区存在水合物，浅层地层破裂压力低，窄密度窗口，海洋井控风险高、后果严重，井控安全余量小等影响钻井安全的问题，借鉴国外成熟工艺和经验，从水力学、井筒压力控制工艺、自动控制技术、计算机技术入手，开展海洋控压钻井工艺的研究。

总之，由于控压钻井技术对于解决深水钻井中的涌、漏、塌、卡等井下复杂状况有着独特的优势，在国外的海洋钻井作业中得到了广泛应用，对防止钻井事故发生、保护储层、减少钻井作业时间、降低作业费用等方面均取得了良好的效果。我国海洋控压钻井技术的研究需要掌握当前国际海洋控压钻井技术和装备的核心技术，开展适用性研究，发展我国的技术与装备。海洋控压钻井技术的发展对提高我国深水钻井技术的水平具有促进作用，对减少或降低深水钻井工程风险具有重要意义。拥有这项技术与装备，可以极大地提高我国深水油气开发产业的国际竞争力，有效开发我国深水油气资源，维护国家海洋权益。

## 第二节　双梯度钻井技术

双梯度钻井技术[2]是近年来提出的一种高效深水安全钻井新技术，可有效解决地层孔隙压力和破裂压力之间的窄压力窗口问题，相对而言，隔水导管中的钻井液静液柱压力过大给钻井工程带来涌、漏、塌、卡等技术难题。在深水环境，所用的钻井液密度若是太小，形成井底压力小于地层孔隙压力，就会导致地层流体侵入井筒，引起井控险情；如果钻井液密度太大，形成的井底压力超过地层破裂压力，将导致地层破裂、坍塌，可能出现漏失、井壁坍塌、卡钻、井径扩大等一系列的钻井难题，无法实施安全钻井。使用双梯度钻井技术 (DGD，Dual Gradient Drilling) 可有效解决以上难题，即采取一定技术措施使隔水导管内的流体密度与海水密度接近，从而使井底压力在地层破裂压力和孔隙压力之间，保障作业安全余量，基本原理如图 7-2 所示。

双梯度钻井具有许多技术优势，主要包括：（1）与常规深水钻井技术相比，该技术可有效减少套管层数，节省了套管及下套管和固井时间，大幅缩短了建井周期，提高作业效率，节约了钻井成本。据有关资料统计，该技术可将建井周期缩短 65%，节约钻井成本500 万 ~1500 万美元 / 井；（2）保障了地层破裂压力和孔隙压力间的安全余量，使溢流和漏失事故大幅减少，减少非生产时间，降低钻井综合成本；（3）与常规钻井技术相比，可以用更紧凑、经济的钻井设备钻更深的深水井，降低对钻井平台和钻机等钻井装备的要求；（4）使隔水导管内、外受力平衡，钻井液不通过隔水导管内环空上返，从而降低了环空流动阻力，有效解决了钻井液在隔水导管内返速过低导致的携岩问题；（5）有效减少钻井液的用量，钻井综合效益增加；（6）双梯度钻井技术对水深没有限制，可在任何水深中进行应用，且井深越深效果越突出。

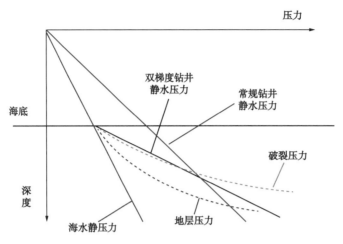

图7-2  双梯度井筒压力曲线

双梯度钻井有多种方式，包括：钻井海底泵双梯度系统、空心微球双梯度钻井系统、无隔水管钻井液回收系统、隔水管气举和稀释双梯度钻井系统等。双梯度钻井的各种方式在设备、操作工艺以及成本等方面都有不同，各种方案的特点如下：（1）钻井海底泵双梯度系统举升钻井液方法是降低隔水管环空压力最有效的方式，也是目前研究最成熟的方案，使用费用高，且保障复杂的泵系统在海底作业可靠性是一项艰巨挑战。（2）空心微球双梯度钻井系统仅需要较小的动力，便能产生线性压力梯度。但采用该技术有效降低钻井液密度的范围较小，目前存在的主要问题在于空心微球注入以及分离技术及设备方面。（3）无隔水管钻井液回收系统已在里海上部井眼钻进作业中进行了大量的工业应用，作业水深已经达到了450m，很好地解决了浅层水流动等上部风险，平均每口井节约165万美元。（4）隔水管气举方法主要利用现有的工艺设备，与假设没有事故处理费用的常规工艺相比，整个过程费用可以降低50%，但该技术遇到的主要问题是：较高的压缩机、氮气费用，腐蚀以及气体压缩性导致的压力梯度的非线性，重新将氮气从钻井液中分离出来困难等。隔水管稀释技术费用降低效果不是很明显，试验证明与常规技术相比只节省7%。相对而言，空心微球及隔水管气举注入的经济性优于海底泵方案，但前者降低钻井液密度的能力有限，通常在钻井液密度大于$1.45g/cm^3$的情况下使用海底泵方案更有效，而如果低于$1.45g/cm^3$，则使用空心微球注入方式更经济。

目前，需要深入开展新型多功能水中泵系统关键设备研制、工艺技术设计、适用的井控方法等，加快新型多功能水中泵系统的工业化进程，并在我国浅水海上油田大胆进行工业应用试验，不断向深水推进，促进和推动双梯度钻井技术发展，满足我国深水钻井技术的迫切需求。未来，逐步发展至多梯度钻井是科技进步一个重要发展方向，需要进一步开展相关工艺技术、关键设备及井控方法的研究，重点需攻关降密度材料液随钻分离注入装置及井下工况模拟，随钻分离注入工艺分析，完成技术、经济、安全、战略等层面的可行性研究，实现技术、经济和社会效益。

# 第三节　加压钻井液帽技术

加压钻井液帽技术[3]主要用于钻较深地层的高压裂缝层，在亚太地区广泛应用，该地区近20%的钻井作业因遇到溶洞地层而导致钻井液大量漏失，钻井液帽钻井技术是解决这类问题的主要方法之一，是通过向环空注入高密度钻井液，钻杆中注入"牺牲流体"（通常牺牲流体密度较低），以此获得较高的机械钻速（图7-3）。牺牲流体与环空注入的高密度钻井液在环空相遇，形成钻井液—牺牲流体界面，界面以上的高密度钻井液被称为钻井液帽。此方法已在海洋钻井作业中获得成功应用，对解决海洋钻井中遇到的溶洞型及裂缝地层导致的严重漏失有良好效果。日常作业中，钻井液帽钻井技术通常与井底恒压控压钻井技术方法相结合，既可以在漏失解决后维持井筒压力稳定，也弥补了井底恒压钻井技术在处理漏失时的缺陷，使钻井作业安全地通过漏失井段，降低了作业风险。

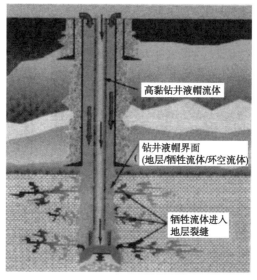

图 7-3　钻井液帽钻井方式示意图

通过钻井泵调节钻井液帽的液面高度来更好的控制井底压力，隔水管单根通过高压阀与钻井液举升泵相连，泵系统通过回流管线和灌浆液输送管线与钻井液池相连，泵可以增加或减少隔水管中钻井液的体积，调节隔水管中钻井液的液面高度，实现井底压力控制。加压钻井液帽钻井技术可以继续降低环空压力，使作业人员能够继续钻穿裂缝地层或断层钻达最终完井井深，减少发生井下复杂情况的时间，使钻井液漏失最小化。其结果是低密度钻井液不但提高了机械钻速，而且进入衰竭地层的钻井液费用远低于普通钻井液费用。应用常规钻井技术会发生完全漏失或接近完全漏失，应用该技术不但提高了井控能力，而且对储层伤害也比较小。

## 参 考 文 献

［1］瞿小强，王金磊，李鹏飞，等.海洋控压钻井技术探讨与展望［J］.石油科技论坛，2015，34（3）：56-60.

［2］陈国明，殷志明，许亮斌，等.深水双梯度钻井技术研究进展［J］.石油勘探与开发，2007，34（2）：246-250.

［3］王子建.控制泥浆帽压力钻井工艺技术研究［D］.中国石油大学，2009.